普通高等院校数据科学与大数据技术专业"十三五"规划教材

U0642587

汇编语言
程序设计

ASSEMBLY LANGUAGE PROGRAMMING

雷向东 雷振阳 龙军 ⊙ 编著

中南大学出版社
www.csupress.com.cn
·长沙·

图书在版编目（CIP）数据

汇编语言程序设计／雷向东，雷振阳，龙军编著.
—长沙：中南大学出版社，2019.8
高等教育大数据科学与技术"十三五"规划教材
ISBN 978 – 7 – 5487 – 3669 – 1

Ⅰ.①汇… Ⅱ.①雷… ②雷… ③龙… Ⅲ.①汇编语
言－程序设计－高等学校－教材 Ⅳ.①TP313

中国版本图书馆 CIP 数据核字（2019）第 138460 号

汇编语言程序设计
HUIBIAN YUYAN CHENGXU SHEJI

雷向东　雷振阳　龙　军　编著

□责任编辑	韩　雪
□责任印制	易建国
□出版发行	中南大学出版社
	社址：长沙市麓山南路　　　　邮编：410083
	发行科电话：0731 – 88876770　　传真：0731 – 88710482
□印　　装	长沙市宏发印刷有限公司

□开　　本	787 × 1092　1/16	□印张 19.5	□字数 496 千字
□版　　次	2019 年 8 月第 1 版	□2019 年 8 月第 1 次印刷	
□书　　号	ISBN 978 – 7 – 5487 – 3669 – 1		
□定　　价	56.00 元		

总序
Preface

随着移动互联网的兴起，全球数据呈爆炸式增长，目前 90% 以上的数据是近年产生的，数据规模大约每两年翻一番，而随着人工智能下物联网生态圈的形成，数据的采集、存储及分析处理、融合共享等技术需求都能得到响应，各行各业都在体验大数据带来的革命，"大数据时代"真正来临。这是一个产生大数据的时代，更是需要大数据力量的时代。

大数据具有体量巨大、速度极快、类型众多、价值巨大的特点，对数据从产生、分析到利用提出了前所未有的新要求。高等教育只有转变观念，更新方法与手段，寻求变革与突破，才能在大数据与人工智能的信息大潮面前立于不败之地。据预测，中国近年来大数据相关人才缺口达 200 万人，全世界相关人才缺口更超过 1000 万人之多。我国教育部门为了适应社会发展需要，率先于 2016 年开始正式开设"数据科学与大数据技术"本科专业及"大数据技术与应用"专科专业，近几年，全国形成了申报与建设大数据相关专业的热潮。随着专业建设的深入，大家发现了一个共同的难题：没有成系列的大数据相关教材。

中南大学作为首批申报大数据专业的学校，2015 年在我校计算机科学与技术专业设立大数据方向时，信息科学与工程学院院领导便意识到系列教材缺失的严重问题，因此院领导规划由课程团队在教学的同时积累素材，形成面向大数据专业知识体系与能力体系、老师自己愿意用、同学觉得买得值、关联性强的系列教材。经过两年的准备，针对 2017 年《教育部办公厅关于推荐新工科研究与实践项目的通知》的精神，中南大学出版社组织对系列教材文稿进行相应的打磨，最终于 2018 年底出版"普通高等院校数据科学与大数据技术专业'十三五'规划教材"。

该套系列教材具有如下特点：

1. 本套教材主要参照"数据科学与大数据技术"本科专业的培养方案，综合考虑专业的来源，如从计算机类专业、数学统计类专业以及经济类专业发展而来，同时适当兼顾了专科类偏向实际应用的特点。

2. 注重理论联系实际，注重能力培养。该系列教材中既有理论教材也有配套的实践教程，力图通过理论或原理教学、案例教学、课堂讨论、课程实验与实训实习等多个环节，训练学生掌握知识、运用知识分析并解决实际问题的能力，以满足学生今后就业或科研的需求，同时兼顾"全国工程教育专业认证"对学生基本能力的培养要求与复杂问题求解能力的要求。

3.在规范教材编写体例的同时，注重写作风格的灵活性。本套系列教材中每本书的内容都由教学目的、本章小结、思考题或练习题、实验要求等组成。每本教材都配有 PPT 电子教案及相关的电子资源，如实验要求及 DEMO、配套的实验资源管理与服务平台等。本套系列教材的文本层次分明、逻辑性强、概念清晰、图文并茂、表达准确、可读性强，同时相关配套电子资源与教材的相关性强，形成了新媒体式的立体型系列教材。

4.响应了教育部"新工科"研究与实践项目的要求。本套教材从专业导论课开始设立相关的实验环节，作为知识主线与技术主线把相关课程串接起来，力争让学生尽早具有培养自己动手能力的意识、综合利用各种技术与平台的能力。同时为了避免新技术发展太快、教材纸质文字内容容易过时的问题，在相关技术及平台的叙述与实践中，融合了网络电子资源容易更新的特点，使新技术保持时效性。

5.本套丛书配有丰富的多媒体教学资源，将扩展知识、习题解析思路等内容做成二维码放在书中，丰富了教材内容，增强了教学互动，有利于提高学生的学习积极性与主动性。

本套丛书吸纳了数据科学与大数据技术教育工作者多年的教学与科研成果，凝聚了作者们的辛勤劳动，同时也得到了中南大学等院校领导和专家的大力支持。我相信本套教材的出版，对我国数据科学与大数据技术专业本科、专科教学质量的提高将有很好的促进作用。

桂卫华

2018 年 11 月

前言

Foreword

汇编语言是面向机器的低级语言,通过学习汇编语言,才能真正理解计算机的工作原理和工作过程,才能深入地了解高级语言的一些概念。应用汇编语言,程序员可以直接操纵计算机的硬件,编写出运行速度快、占有空间小的高效程序。即便是在高级语言功能非常强大的今天,一些程序设计语言不断被淘汰,新的优秀的编程语言不断出现,汇编语言仍然处于重要地位,发挥着它的重要作用,并且不能由其他语言所替代。

本书全面系统地介绍了 Intel 80x86 指令系统,16/32 位整数汇编语言程序设计方法。全书分为 16 章,第 1 章"基础知识"介绍了汇编语言的特点、数据的表示、布尔运算等基础知识。第 2 章"Intel 80x86 计算机组织"讲述了微型计算机的基本结构,以及 Intel 80x86 组织结构,包括寄存器、控制器、运算器、存储器和外部设备。第 3 章"汇编语言基础"介绍汇编语言的基本元素、Intel 80x86 的指令格式以及与数据相关的操作符和伪指令,并且给出一个完整的汇编语言程序。第 4 章"寻址方式"介绍了寻址方式,包括立即寻址、寄存器寻址、直接寻址、寄存器间接寻址、寄存器相对寻址、基址变址寻址和相对基址变址寻址。第 5 章"数据传送"介绍了数据传输指令、常用技术以及要注意的一些问题。第 6 章"算术运算"介绍了算术运算指令以及指令使用方法。Intel 80x86 的算术运算指令包括二进制运算和十进制运算指令。第 7 章"条件处理"主要介绍逻辑指令、比较指令、条件转移指令和条件循环指令,以及指令使用方法,并给出了大量应用编程。第 8 章"位移指令"介绍了位移和循环位移指令,这类指令是最具汇编语言特征的指令之一,在控制各种硬件设备的时候特别有用。第 9 章"串操作"介绍了字符串指令,以及对字符串处理的基本编程方法。第 10 章"DOS 中断调用"介绍了 MS – DOS 的基本内存组织、如何使用 MS – DOS 功能调用(称为中断)以及如何在操作系统层次执行基本输入输出。第 11 章"过程"介绍了过程设计方法和技术。第 12 章"汇编语言程序格式"介绍了汇编语言程序格式,包括程序运行步骤及生成的文件、伪操作。第 13 章"结构和宏"介绍了结构和宏概念、设计方法和技术。第 14 章"高级汇编语言技术"介绍了汇编语言的模块化程序设计、高级过程、重复汇编、条件汇编高级技术。第 15 章"文件系统"介绍了 MS – DOS 磁盘文件系统组织和使用方法,包括 MS – DOS 文件结构和标准 MS – DOS 文件 I/O 服务。第 16 章"BIOS 程序设计"介绍了 BIOS 基本程序设计方法和技术。全书提供了大量应用实例,每章后均配有丰富的习题。

　　本书适合作为高等院校计算机科学与技术、数据科学与大数据技术、软件工程、信息安全等相关专业的教材。由于本书具有内容广博、语言浅显、结构清晰、实例丰富等特点，所以本书的适应面非常广泛，如电子、自动控制等专业的高校学生，计算机应用开发人员，深入学习微机应用技术的普通读者等。

　　由于作者水平有限，书中难免有错误和不妥之处，恳请读者给予指正和提出修改意见。

编　者

2019 年 3 月

目 录

Contents

第1章 基础知识

汇编语言(assembly language)是直接面向处理器(processor)的程序设计语言。处理器是在指令的控制下工作的,处理器可以识别的指令称为机器指令。每一种处理器都有自己可以识别的一整套指令,称为指令集。在汇编语言中,用助记符(mnemonics)代替机器指令的操作码,用地址符号(symbol)或标号(label)代替指令或操作数的地址。汇编语言保持了机器语言的优点,具有直接和简捷的特点,可有效地访问、控制计算机的各种硬件设备,如磁盘、存储器、CPU、I/O 端口等,且占用内存少,执行速度快,是高效的程序设计语言。汇编语言通常被应用在底层、硬件操作和高要求的程序优化的场合。驱动程序、嵌入式操作系统和实时运行程序都需要汇编语言。本章将讲述汇编语言的特点、数据的表示、布尔运算等基础知识,为学习以后各章打下良好基础。

1.1 汇编语言

汇编语言是一种面向机器的语言,汇编语言的指令与机器指令是一一对应的。它用符号、文字来表示指令,所以又称为符号语言。用汇编语言编写的程序是不能被计算机直接识别和执行的(如同用高级语言编写的程序),它需要翻译成目标程序后方可执行,这个过程我们称为汇编。汇编语言虽然没有高级语言在使用上那么简单方便,但因它与机器语言是一一对应的,故可充分利用计算机硬件系统的特性,提高编程技巧和编程质量。另外,利用汇编语言处理 I/O 设备是汇编语言的独到之处,这是其他语言所无法取代的。汇编语言是所有程序设计语言中最原始的语言,它与计算机的机器语言最为接近,通过汇编语言可以直接访问计算机的硬件,所以如果要深入了解计算机体系结构和操作系统,就必须学会汇编语言。

汇编语言虽然较机器语言在阅读、记忆及编写方面都前进了一大步,但对描述任务、编程设计仍十分不便,于是产生了具有机器语言优点,而又能较好地面向问题的语言,即宏汇编语言。

宏汇编语言不仅包含一般汇编语言的功能,而且用了高级语言使用的数据结构,是一种接近高级语言的汇编语言。例如它提供了记录、结构和字符串操作,具有宏处理、条件汇编及磁盘操作系统 DOS 功能调用等多种功能,其程序的开发以及调试手段也比较完善,因而宏汇编语言是一种更高级的汇编语言。

机器语言是一种二进制语言,只有特定的处理器(CPU)才能理解它,比如在某种 Intel 处理器上使用的机器语言在其他 Intel 系列的处理器上也能被理解。机器语言由纯粹的数字构成。汇编语言也使用短助记符的语句构成,如 ADD、MOV、SUB 和 CALL 等。汇编语言同机器语言之间是一一对应的关系，也就是说一条汇编语言指令对应一条机器语言指令。

高级语言和汇编语言之间的一个重要区别就是移植性。如果一种语言的程序源代码可以在多种计算机系统上编译运行，那么这种语言就是可移植的，例如一个 C++ 程序就几乎能够在任何计算机上编译并运行，除非它引用了某个操作系统特有的库函数。Java 语言的一个重要特征就是编译好的 Java 程序几乎能够在任何计算机系统上运行。而汇编语言正好相反，它没有移植的可能。汇编语言总是和特定系列的处理器捆绑在一起，以至于当今有多种广泛使用的汇编语言，每种都是基于特定系列的处理器或特定的计算机的。

因为编写和维护大型纯汇编语言程序需要太多的时间，所以几乎看不到完全用汇编语言编写的大型程序。汇编语言主要用于优化程序中对执行速度要求苛刻的部分或实现对计算机硬件的访问，在编写嵌入式系统程序和驱动程序的时候也使用汇编语言。表 1.1 比较了高级语言和汇编语言在编写几种不同类型的应用程序时的优缺点。

表 1.1　高级语言和汇编语言的对比

应用程序	高级语言	汇编语言
用于单一平台的中到大的商业应用软件	正式的结构化支持使组织和维护大量代码很方便	最小的结构支持使程序员需要人工组织大量代码，使各种不同水平的程序员维护现存代码的难度极高
硬件驱动程序	语言本身未必提供直接访问硬件的能力，即使提供了也由于要经常使用大量的技巧而导致维护困难	硬件访问简单直接。当程序很短且文档齐全时很容易维护
多种平台下(不同的操作系统)的商业应用软件	通常可移植性很好，在不同平台可以重新编译，需要改动的源代码很少	必须为每种平台重新编写程序，通常要使用不同的汇编语法，难于维护
需要直接访问硬件的嵌入式系统和计算机游戏	由于生成的执行码过大导致执行效率低	很理想，执行代码很小且运行很快

C/C++ 中也可以使用汇编，这就在使用高级结构和访问层细节之间提供了一种折中方案。用户可以用汇编语言直接地访问硬件，但这将导致程序完全丧失可移植性。大多数 C/C++ 编译器都具有生成汇编语言源代码的能力，程序员可以对生成的汇编语言代码进行优化，再生成可执行文件。

1.2　虚拟机

虚拟机(virtual machine)指通过软件模拟的具有完整硬件系统功能的、运行在一个完全隔离环境中的完整计算机系统，如图 1.1 所示。假设计算机的数字逻辑硬件代表虚拟机的第 0 层，那么第 1 层是由处理器内部被称为微结构(microarchitecture)的硬件解释器实现的。在此之上的是代表指令集体系结构的第 2 层，虽然这时程序还是由二进制数字组成的，但这是用户能实际编写程序的第一个层次。接下来的几层分别为操作系统、汇编语言、高级语言。

第 0 层数字逻辑。计算机是由具有各种逻辑功能的逻辑部件组成的,这些逻辑部件按其结构可分为组合逻辑电路和时序逻辑电路。组合逻辑电路是由与门、或门和非门等门电路组合形成的逻辑电路;时序逻辑电路是由触发器和门电路组成的具有记忆能力的逻辑电路。有了组合逻辑电路和时序逻辑电路,再进行合理的设计和安排,就可以表示和实现布尔代数的基本运算。

第 1 层微结构。计算机芯片制造商通常不允许普通用户编写微指令,特殊的微结构指令通常是商业秘密。类似于从内存中取数字并加 1 的基本操作可能会用到 3~4 条微指令。

第 2 层指令集体系结构。处理机内部都会有一套固化的指令集,可用于执行如移动、加法和乘法等基本操作,这套指令称为常机器语言,也简称机器语言。每条机器语言指令将分解成几条微指令执行。

图 1.1　虚拟机第 0 层到第 5 层

第 3 层操作系统。随着计算机的发展,人们设计了其他能使程序员更高产的虚拟机。第 3 层的虚拟机能够理解用户加载执行程序、显示目录之类的交互命令,这就是众所周知的计算机操作系统,而操作系统软件被翻译成机器码在第 2 层机器上运行。

第 4 层汇编语言。在操作系统层次之上的程序设计语言提供了能够实际用来开发大型软件的翻译层。汇编语言属于第 4 层,它使用 ADD、SUB 和 MOV 等易于翻译到指令集体系结构层(第 2 层)的短助记符,其他一些汇编语句,如中断调用,则由操作系统(第 3 层)直接执行。汇编语言程序在执行前一般需要全部被编译成机器语言。

第 5 层高级语言。该层是类似 C ++ 、Java、C#等高级语言。这些语言有强大的表达式,每条语句通常要翻译成第 4 层的多条指令。大多数的 C ++ 调试器允许有选择地在单独的窗口中查看语句生成的汇编语言代码,在 Java 中查看 Java 字节码符号列表也同样可以看到类似的翻译过程。第 5 层的程序通常有编译器翻译成第 4 层的程序,接着由编译器内建的汇编编译器立即将其翻译成机器语言。

1.3　数据的表示方法

每种数制都有一个基数,也就是单个数字所能表示的最多符号数目。表 1.2 中列出了计算机文献中经常使用的数制中所有可能的数字。十六进制数使用了数字 0~9,并且字母 A~F 表示十进制值的 10~15。在显示计算机内存中的内容和机器指令时,十六进制数的使用是非常普通的。

表 1.2　二进制、八进制、十进制、十六进制数字

数制	基数	可能的数字
二进制	2	0 1
八进制	8	0 1 2 3 4 5 6 7
十进制	10	0 1 2 3 4 5 6 7 8 9
十六进制	16	0 1 2 3 4 5 6 7 8 9 A B C D E F

在计算机里，通常用数字后面跟一个英文字母来表示该数的数制。一般而言，十进制数用 D（decimal）、二进制数用 B（binary）、八进制数用 O（octal）、十六进制数用 H（hexadecimal）来表示。

1.3.1　二进制数

二进制数字是以 2 为基数的，每个二进制数字（称为一个位）可以是 0 或 1。数据位从最右边的第 0 位开始计算，向左依次递增，最左边的位称为最高有效位（most significant bit，MSB），最右边的位称为最低有效位（least significant bit，LSB）。下面显示了一个 16 位二进制数中的 MSB 位和 LSB 位：

MSB   LSB

1	0	1	1	0	0	1	1	0	0	1	1	1	1	0	0

二进制整数既可以是有符号的也可以是无符号的，有符号整数既可以是正数也可以是负数，而无符号整数只能是正数或 0。通过特殊的编码方案，二进制数甚至可以用来表示实数，但现在，让我们从简单的二进制数字——无符号整数开始介绍下面的内容。

在无符号二进制整数中，从最低有效位开始的每个位都代表递增的 2 的幂。下面包含了一个二进制整数，说明了 2 的幂是如何从右向左递增的：

1	1	1	1	1	1	1	1
2^7	2^6	2^5	2^4	2^3	2^2	2^1	2^0

表 1.3 列出了 $2^0 \sim 2^{15}$ 对应的十进制值。

表 1.3　二进制位的位权值

2^n	十进制值	2^n	十进制值
2^0	1	2^8	256
2^1	2	2^9	512
2^2	4	2^{10}	1024
2^3	8	2^{11}	2048
2^4	16	2^{12}	4096
2^5	32	2^{13}	8192
2^6	64	2^{14}	16384
2^7	128	2^{15}	32768

n 位二进制数可以表示 2^n 个数。如 3 位二进制数可以表示 8 个数，它们分别为：

二进制数	000	001	010	011	100	101	110	111
相应的十进制	0	1	2	3	4	5	6	7

位权表示法是把 n 位无符号二进制整数转换为十进制数的便捷的方法，转换公式如下：

$$(D_{n-1} \times 2^{n-1}) + (D_{n-2} \times 2^{n-2}) + \cdots + (D_1 \times 2^1) + (D_0 \times 2^0)$$

公式中的 D 代表二进制位。例如二进制数 00100101 等于 37，计算过程如下（其中等于 0 的位被省略掉了）：

$$(1 \times 2^5) + (1 \times 2^2) + (1 \times 2^0) = 37$$

十进制数转换成二进制数的方法比较多，下面介绍两种比较简单的方法：除法和降幂法。

（1）除法。

该方法是：将十进制数重复除以 2，每次的余数记录下来，直到商为 0 为止。下面的例子是将 37 转换为二进制数，从第一行开始到第 6 行的余数，分别是二进制整数的数据位 D_0、D_1、D_2、D_3、D_4 和 D_5 的值：

除法	商	余数
37/2	18	1
18/2	9	0
9/2	4	1
4/2	2	0
2/2	1	0
1/2	0	1

将余数列的数字反向排列就得到了二进制数 100101，由于我们习惯使用 8 位或其整数倍的二进制数，因此用 0 填充最左边的两位，就得到了 37 对应的二进制数 00100101。

（2）降幂法。

首先写出要转换的十进制数，其次写出所有小于此数的各位二进制权值，然后用要转换的十进制数减去与它最相近的二进制权值，如够减则减去并在相应位记为 1；如不够减则在相应位记为 0 并跳过此位；如此不断反复，直到该数为 0 为止。

例如若要将十进制数 115 转换为二进制数，则其小于 115 的二进制位权为：

64　　32　　16　　8　　4　　2　　1

对应的二进制数是 1110011。

根据上述介绍的方法，具体过程如下：

$$
\begin{array}{ll}
115 - 2^6 = 115 - 64 = 51 & 1 \\
51 - 2^5 = 51 - 32 = 19 & 1 \\
19 - 2^4 = 19 - 16 = 3 & 1 \\
3 - 2^3 = 3 - 8 < 0 & 0 \\
3 - 2^2 = 3 - 4 < 0 & 0 \\
3 - 2^1 = 3 - 2 = 1 & 1 \\
1 - 2^0 = 1 - 1 = 0 & 1
\end{array}
$$

经过上述转化过程可知，十进制数 115 对应的二进制数为 1110011。

1.3.2   十六进制整数

大的二进制数字非常难于阅读，因此汇编编译器和调试器常用十六进制数表示二进制数。十六进制数的每个数据位可以代表4个二进制位，由于一个字节是8个二进制位，所以两个十六进制位就可以代表一个字节。

单个十六进制数据位的取值范围是0～15，使用数字0～9和字母A～F来表示，其中字母A＝10，B＝11，C＝12，D＝13，E＝14，F＝15。表1.4列出了如何将4位二进制数字转换成十进制值或十六进制值。

表1.4   4位二进制数对应的十进制数和十六进制数

二进制	十进制	十六进制	二进制	十进制	十六进制
0000	0	0	1000	8	8
0001	1	1	1001	9	9
0010	2	2	1010	10	A
0011	3	3	1011	11	B
0100	4	4	1100	12	C
0101	5	5	1101	13	D
0110	6	6	1110	14	E
0111	7	7	1111	15	F

从下面的例子可以看到，二进制整数000101101010011110010100可由十六进制数16A794表示：

1	6	A	7	9	4
0010	0110	1010	0111	1001	0100

表示二进制整数时通常每4个二进制位为一组，以空格分隔，这样将其转换为十六进制数就变得非常容易了。

在十六进制表示法中，每个位的位权都是16的幂，这非常有助于计算十六进制整数的十进制值。n位的十六进制数转化为其对应的十进制整数值公式：

$$(H_{n-1} \times 16^{n-1}) + (H_{n-2} \times 16^{n-2}) + \cdots + (H_1 \times 16^1) + (H_0 \times 16^0)$$

例如十六进制数1245转化为十进制数为4677，具体转化过程如下：

$$(1 \times 16^3) + (2 \times 16^2) + (4 \times 16^1) + (5 \times 16^0) = 4677$$

表1.5列出了16的幂值，范围是从16^0～16^7。

表 1.5　16 的幂对应的十进制值

16^N	十进制值	16^N	十进制值
16^0	1	16^4	65 536
16^1	16	16^5	1 048 576
16^2	256	16^6	16 777 216
16^3	4096	16^7	268 435 456

与十进制转换成二进制一样，也可使用除法和降幂法。

（1）除法。

将无符号十进制整数转换为十六进制数的除法是：将十进制数除以 16，保留余数作为当前位十六进制数字的值，重复这个过程直到商为 0 为止。下面的算法演示了如何将十进制数 4784 转换成十六进制数：

除法运算	商	余数
4784/16	299	0
299/16	18	B
18/16	1	2
1/16	0	1

反向排列（从下到上）余数栏中的值，就得到了对应的十六进制数 12B0。

1.3.3　有符号整数

有符号二进制整数既可以是正数也可以是负数。在机器中，把一个数连同其符号在内数值化表示的数称为机器数。通常用最高有效位（MSB）表示数的符号，该位为 0 表示该整数是正数，为 1 表示该整数为负数。

机器数可以用不同的码制来表示，常用的有原码、补码和反码表示法。由于目前大多数机器的有符号数采用补码表示法。

在补码表示法中，正整数采用符号—绝对值表示，即数的最高有效位为 0 表示符号为正，数的其他部分则表示数的绝对值。若假设机器字长为 8 位，那么 $[+1]_补 = 0000\ 0001$，$[+127]_补 = 0111\ 1111$，$[+0]_补 = 0000\ 0000$。

当用补码表示负整数时则相对麻烦些。假设有一个负整数 x，要将其表示成补码形式，那么它的补码表达式为：

$$[x]_补 = 2^n - X$$

其中，n 为机器的字长。

例如，当 $n = 8$ 时，$[-1]_补 = 2^8 - 1 = 1111\ 1111$，而 $[-127]_补 = 2^8 - 127 = 1000\ 0001$，可以看出最高有效位为 1 表示该数的符号为负。

应该注意到，$[-0]_补 = 2^8 - 0 = 0000\ 0000$，因此，在补码表示法中，0 只有一种表示，也就是 0000 0000。

计算一个负整数的补码还有一种比较常用而且简单的方法：先写出与负整数相对应的正整数的补码表示，然后将其按位求反后在末位加 1，就可得到该负数的补码表示了。

例如假设机器字长为 8，欲求 -37 的补码表示，则其计算过程如下：

原负整数	-37
步骤 1：对应的正整数补码表示	0011 0111
步骤 2：按位求反	1100 1000
步骤 3：末位加 1	1100 1001
得到原负整数补码表示	1100 1001

用补码表示法有时会遇到符号扩展问题。所谓符号扩展是指一个数从位数较少扩展到位数较多（如从 8 位扩展到 16 位，或从 16 位扩展到 32 位）时遇到的问题。对于用补码表示的正整数，进行符号扩展时应当在前面补 0，而对于负整数而言，则应当在前面补 1，例如，当机器字长为 8 位时，$[+37]_\text{补} = 0011\ 0111$，$[-37]_\text{补} = 1100\ 1001$。如果想将它们扩展到 16 位，则 $[+37]_\text{补} = 0000\ 0000\ 0011\ 0111$，$[-37]_\text{补} = 1111\ 1111\ 1100\ 1001$。

n 位二进制数可以表示 2^n 个数，而有符号整数的补码表示的第一位为符号位，所以只能使用 $n-1$ 位表示数字的大小。例如当 n 为 8 时，所表示的范围为 $-128 \sim +127$，一般而言，n 位有符号整数的表示范围是：

$$-2^{n-1} \sim (2^{n-1} - 1)$$

表 1.6 列出了有符号字节、字、双字和八字节所能表示的最大值和最小值。

表 1.6　有符号整数的存储大小及表示范围

存储类型	范围（低 ~ 高）	2 的幂
有符号字节（8 位）	$-128 \sim +127$	$-2^7 \sim (2^7 - 1)$
有符号字（16 位）	$-32768 \sim +32767$	$-2^{15} \sim (2^{15} - 1)$
有符号双字（32 位）	$-2147483648 \sim +2147483648$	$-2^{31} \sim (2^{31} - 1)$
有符号八字节（64 位）	$-9223372036854775808 \sim +9223372036854775808$	$-2^{63} \sim (2^{63} - 1)$

1.3.4　字符的存储

假如计算机只能存储二进制数据，那么有人可能会问计算机是如何存储字符的。为了存储字符，计算机必须支持特定的字符集，字符集的作用是将字符映射为整数。在几年以前，字符集还仅仅使用 8 个数据位来表示，但由于全世界语言的多样性，人们发明了 16 位的 UNICODE 字符集来支持上万种不同的字符符号。

一些常见的字符包括：

（1）字母：A，B，C，…，Z；a，b，c，…，z；

（2）数字：0，1，2，…，9。

（3）专用字符：＋，－，＊，／，SP（space 空格）等。

（4）非打印字符：BEL（bell 响铃）、LF（line feed 换行）、CR（carriage return 回车）等。

这些字符在机器里必须用二进制数来表示。IBM 兼容机的字符模式下运行的时候使用 ASCII 字符集，ASCII 是美国标准信息交换码（American Standard Code for Information Interchange）的首字母缩写，在 ASCII 字符集中，每个代码用一个字节（8 位二进制数）来表示一个字符，其中低 7 位为字符的 ASCII 值，最高位一般用作校验位。表 1.7 列出了用十六进制数表示的常见字符的 ASCII 值。

表 1.7　常用字符的 7 位 ASCII 值（十六进制表示）

字符	ASCII	字符	ASCII	字符	ASCII	字符	ASCII
NUL	00	4	34	M	4D	f	66
BEL	07	5	35	N	4E	g	67
LF	0A	6	36	O	4F	h	68
FF	0C	7	37	P	50	i	69
CR	0D	8	38	Q	51	j	6A
SP	20	9	39	R	52	k	6B
!	21	:	3A	S	53	l	6C
"	22	;	3B	T	54	m	6D
#	23	<	3C	U	55	n	6E
$	24	=	3D	V	56	o	6F
%	25	>	3E	W	57	p	70
&	26	?	3F	X	58	q	71
'	27	@	40	Y	59	r	72
(	28	A	41	Z	5A	s	73
)	29	B	42	[	5B	t	74
*	2A	C	43	\	5C	u	75
+	2B	D	44	]	5D	v	76
,	2C	E	45	↑	5E	w	77
−	2D	F	46	←	5F	x	78
.	2E	G	47	`	60	y	79
/	2F	H	48	a	61	z	7A
0	30	I	49	b	62	{	7B
1	31	J	4A	c	63	|	7C
2	32	K	4B	d	64	}	7D
3	33	L	4C	e	65	~	7E

1.4   布尔运算

布尔代数定义了一套基于真和假的运算。布尔代数是由 19 世纪中叶的数学家乔治·布尔发明的，在早期设计计算机的时候，人们发现这种代数正好可以用来描述数字电路。同时，在程序设计中也用布尔表达式来表示逻辑运算。

布尔表达式中包括一个布尔运算符和一个或多个操作数。每个布尔表达式的值要么是真要么是假。布尔运算符集包括 NOT、AND、OR 和 XOR。其中 NOT 运算符是一元运算符，其余的都是二元运算符。布尔表达式的操作数也可以是布尔表达式，例如：

NOT X

X AND Y

X OR Y

(NOT X) AND Y

NOT(X OR Y)

1.4.1   NOT 运算符

NOT 操作将布尔值取反。假设 X 是包含真(T)或假(F)值的变量，下面的真值表列出了对 X 进行 NOT 操作的所有可能结果，其中输入值在左边，输出值在右边，为了方便起见，在真值表中可以用 0 来表示 FALSE，用 1 来表示 TRUE。

X	NOT X
1	0
0	1

1.4.2   AND 运算符

布尔运算符 AND 需要两个操作数，下面的真值表列了对 X 和 Y 进行 AND 运算时所有可能的输出结果：

X	Y	X AND Y
0	0	0
0	1	0
1	0	0
1	1	1

注意：仅当输入全部为真时输出才为真。

1.4.3   OR 运算符

布尔运算符 OR 需要两个操作数，下面的真值表列出了对 X 和 Y 进行 OR 运算时所有可能的输出结果：

X	Y	X OR Y
0	0	0
0	1	1
1	0	1
1	1	1

注意：仅当输入全部为假时输出才为假。

1.4.4　XOR 运算符

异或运算符 XOR 需要两个操作数，其运算规则为当两个变量的取值相异时，运算结果为 1，否则为 0。

X	Y	X XOR Y
1	1	0
1	0	1
0	1	1
0	.0	0

1.4.5　布尔运算符优先级

在包含一个以上运算符的布尔表达式里面，优先级是很重要的。正如下面例子所表明的，NOT 运算符优先级最高，其次是 AND、OR 及 XOR，这三者的优先级是一样高的。为了避免混淆，读者可以使用小括号来强制表达式被优先求值：

表达式	运算顺序
NOT X AND Y	先 NOT，然后 AND
NOT(X OR Y)	先 OR，然后 NOT
X OR(Y XOR Z)	先 XOR，然后 OR

1.4.6　布尔表达式的真值表

布尔表达式接受布尔输入并产生布尔输出。可为任何布尔表达式构建真值表，以便列出所有可能的输入和输出。例如下面例子列出了在 X 和 Y 的各种输入下布尔表达式 NOT X AND Y 的输出：

X	NOT X	Y	NOT X AND Y
0	1	0	0
0	1	1	1
1	0	0	0
1	0	1	0

下面例子列出了在 X 和 Y 的各种输入下布尔表达式 X XOR NOT Y 的输出：

X	Y	NOT Y	X XOR NOT Y
0	0	1	1
0	1	0	0
1	0	1	0
1	1	0	1

1.5　本章小结

　　本章介绍了汇编语言的特点、数据的表示、布尔运算等基础知识。汇编语言是面向机器的程序设计语言。在汇编语言中，用助记符代替操作码，用地址符号或标号代替地址码。这样用符号代替机器语言的二进制码，就把机器语言变成了汇编语言。使用汇编语言编写的程序，机器不能直接识别，要由一种程序将汇编语言翻译成机器语言，这种起翻译作用的程序叫作汇编程序，汇编程序是系统软件中语言处理系统软件。汇编就是汇编程序把汇编语言翻译成机器语言的过程。

习　题

1. 什么是机器语言？什么是汇编语言？简述汇编语言的特点。
2. 什么是程序可移植性？
3. 什么是虚拟机？
4. 汇编语言适用于写哪类程序？
5. 为什么要发明 UNICODE？

第 2 章　Intel 80x86 计算机组织

80x86 是 Intel 公司生产的微处理器系列。IA－32 为 Intel Architecture 32－bit 简称,即英特尔 32 位体系架构,属于 x86 体系结构的 32 位版本,即具有 32 位内存地址和 32 位数据操作数的处理器体系结构。本章首先讲述了微型计算机的基本结构,然后介绍 Intel 80x86 组织结构,包括寄存器、控制器、运算器、存储器和外部设备。

2.1　Intel 80x86 计算机系统概述

计算机系统包括硬件和软件两部分。硬件包括电路、插件板、机柜等,软件则是为了运行、管理和维护计算机而编制的各种程序的总和。

2.1.1　计算机硬件

图 2.1 展示了一台典型的微型计算机的基本结构。其中包括由微处理器芯片构成的中央处理器(central processor unit,CPU)、存储器(memory)和输入输出(I/O)设备三个主要组成部分,并用系统总线把它们连接在一起。

中央处理器是进行所有计算和逻辑操作的地方,它包含了数量有限的被称为寄存器的存储单元、一个高频时钟、一个控制单元和一个算术逻辑单元。

- 时钟用于对 CPU 的内部操作和其他系统部件同步。
- 控制单元(CU)协调执行机器指令时各个步骤的次序。
- 算术逻辑单元(ALU)执行加法和减法之类的算术运算以及 AND、OR、NOT 和 XOR 之类的逻辑操作。

CPU 通过插入 CPU 插槽的引脚同计算机的其余部分相连接,大部分引脚与数据总线、控制总线和地址总线相连接。

内存储器是计算机程序运行时存放指令和数据的地方,简称内存。存储单元接受 CPU 的数据请求,从随机访问存储器(RAM)中取出数据送至 CPU,并将数据从 CPU 送回存储器中。

I/O 子系统一般包括大容量存储器及 I/O 设备。大容量存储器是指可存储大量信息的外部存储器,如磁盘、磁带、光盘等。机器的内存一般来说容量有限,所以计算机用外存储器作为内存的后援设备,它的容量可以比内存大得多,但存取信息的速度要比内存慢得多。所以,除必要的系统程序外,一般程序(包括数据)是存放在外存中的。只有当运行时,才把它从外存传送到内存的某个区域,再由中央处理器控制执行。I/O 设备则是指负责与计算机的外部世界通信用的输入、输出设备，如显示终端、键盘输入、打印输出等多种类型的外部设备。

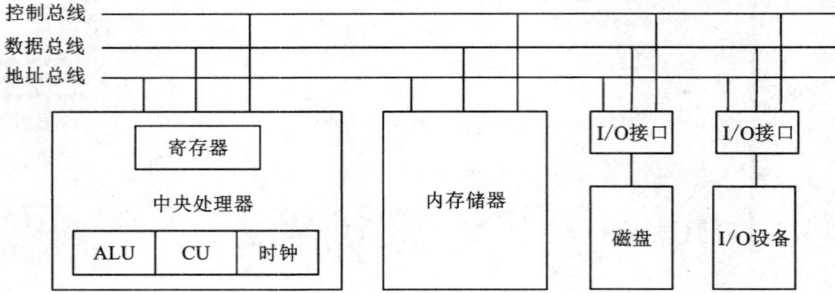

图 2.1　微型计算机结构图

总线是一组用于在计算机各部分之间传送数据的并行线。计算机的系统总线一般由三种不同的总线构成：数据总线、控制总线和地址总线。数据总线在 CPU 和内存之间传送指令和数据，控制总线使用二进制信号对连接到系统总线上的所有设备的动作进行同步。如果当前执行的指令要在 CPU 和内存之间传送数据，则地址总线上保持着指令和数据的地址。

2.1.2　计算机软件

计算机软件是计算机系统的重要组成部分，它可分成系统软件和用户软件两大类。系统软件是由计算机的生产厂家提供用户的一组程序，这些程序是用户使用机器时为准备、生成和执行用户程序所必需的。用户软件则是用户自行编制的各种程序。

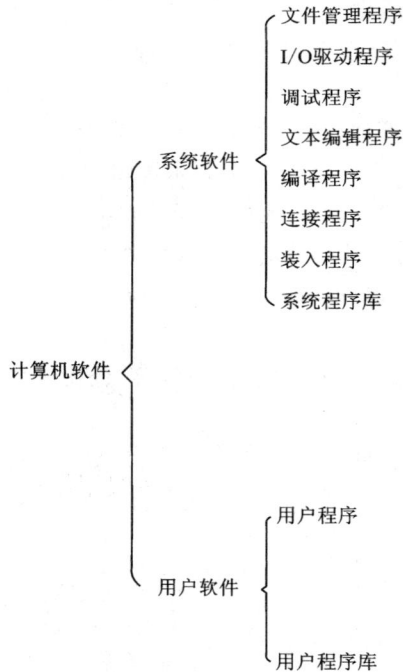

图 2.2　计算机软件层次图

系统软件的核心为操作系统(operating system)。操作系统是系统程序的集合，它的主要作用是对系统的软、硬件资源进行合理的管理，为用户创造方便、有效和可靠的计算机工作环境。

操作系统的主要部分是常驻监督程序(monitor)，只要一开机它就存在于内存中，它可以从用户接受命令，并使操作系统执行相应的动作。

I/O 驱动程序(I/O driver)用于对 I/O 设备进行控制或管理。当系统程序或用户程序需要使用 I/O 设备时，就调用 I/O 驱动程序来对设备发出命令，完成 CPU 和 I/O 设备之间的信息传送。

文件管理程序(file management)用来处理存储器中的大量信息，它可以和外存储器的设备驱动程序相连接，对存储在其中的信息以文件(file)的形式进行存取、复制及其他管理操作。

文件编辑程序(text editor)用于建立、输入或修改文本，并使它存入内存储器或大容量存储器中。文本是指由字母、数字、符号等组成的信息，它可以是一个用汇编语言或高级语言编写的程序，也可以是一组数据或一份报告。

翻译程序(translator)用于将计算机编程语言编写的程序翻译成另外一种计算机语言，而后者与前者在逻辑上是等价的。翻译程序主要包括编译程序和解释程序，汇编程序也被认为是翻译程序。我们已经知道，计算机是通过逐条地执行组成程序的指令来完成人们所给予的任务的，所以指令就是计算机所能识别并能直接加以执行的语句，当然它是由二进制代码组成的。这种语言称为机器语言，它对于人们显然是很不方便的。计算机能识别的唯一语言是机器语言，而用这种语言编写程序又很不方便，所以在计算机语言的发展过程中就出现了汇编语言和高级语言。汇编语言是一种符号语言，它和机器语言几乎一一对应，但在书写时却使用由字符串组成的助记符。例如，加法在汇编语言中一般是用助记符 ADD 表示的，而机器语言则用二进制代码来表示。显然，相对于机器语言来说，汇编语言是易于为人们所理解的，但计算机却不能直接识别。汇编程序就是用来把由用户编制的汇编语言程序翻译成机器语言程序的一种系统程序。微机的汇编程序有多种版本，如 MASM、TASM 等。MASM 为 Microsoft 公司开发的，TASM(Turbo Assembler)则为 Borland 公司开发的汇编程序，它们都具有较强的功能和宏汇编能力。

高级语言脱离于机器指令，用人们更加理解的方式来编写程序，当然它们也要翻译成机器语言才能在机器上执行。高级语言的翻译程序有两种方式：一种是先把高级语言程序翻译成机器语言(或先翻译成汇编语言，然后再由汇编程序再次翻译成机器语言)程序，然后再在机器上执行，这种翻译程序称为编译程序(compiler)，多数高级语言如 C/C++，FORTRAN 等都采用这种方式。另一种是把高级语言程序直接运行于机器上，一边解释一边执行，这种翻译程序称为解释程序(interpreter)，如 BASIC 就经常采用这种方式。

连接程序(linker)用来把要执行的程序与库文件或其他已经翻译好的过程(能完成一种独立功能的程序模块)连接在一起，形成机器能执行的程序。

装入程序(loader)用来把程序从外存储器传送到内存储器，以便机器执行。例如，计算机开机后就需要立即启动转入程序把常驻监督程序装入存储器，使机器运转起来。又如，用户程序经翻译和连接后，由连接程序直接调用装入程序，把可执行的用户程序装入内存以便执行。

调试程序(debug)是系统为用户提供的能监督和控制用户程序的一种工具。它可以装入、修改、显示或逐条执行一个程序。微机上的汇编语言程序可以通过 DEBUG 来调试,完成建立、修改和执行等工作。

系统程序库(system library)和用户程序库(user library)、各种标准程序、过程和一些文件的集合称为程序库,它可以被系统程序或用户程序调用。操作系统还允许用户建立程序库,以提高不同类型用户的工作效率。

2.2　中央处理器结构

1978 年英特尔公司生产的 8086 是第一个 16 位的 CPU。很快 Zilog 公司和摩托罗拉公司也宣布计划生产 Z8000 和 68000。这就是第三代微处理器的起点。

8086 CPU 最高主频速度为 8 MHz,具有 16 位数据通道,内存寻址能力为 1 MB。同时,英特尔还生产出与之相配合的数学协处理器 i8087,这两种芯片使用相互兼容的指令集,但 Intel 8087 指令集中增加了一些专门用于对数、指数和三角函数等数学计算的指令。人们将这些指令集统一称之为 x86 指令集。虽然以后英特尔又陆续生产出第二代、第三代等更先进和更快的新型 CPU,但都仍然兼容原来的 x86 指令,而且英特尔在后续 CPU 的命名上沿用了原先的 x86 序列,直到后来因商标注册问题,才放弃了继续用阿拉伯数字命名。

1979 年,英特尔公司又开发出了 8088 CPU。8086 CPU 和 8088CPU 在芯片内部均采用 16 位数据传输,所以都称为 16 位微处理器,但 8086 CPU 每周期能传送或接收 16 位数据,而 8088 CPU 每周期只能传输 8 位。因为最初的大部分设备和芯片是 8 位的,而 8088 CPU 的外部 8 位的数据传送、接收能与这些设备相兼容。8088 CPU 采用 40 针的 DIP 封装,工作频率为 6.66 MHz、7.16 MHz 或 8 MHz,集成了大约 29000 个晶体管。

1981 年,IBM 公司将 8088 CPU 用于其研制的 PC 机中,从而开创了全新的微机时代。也正是从 8088 开始,IBM PC 机的概念开始在全世界范围内发展起来。从 8088 CPU 应用到 IBM PC 机上开始,个人电脑真正走进了人们的工作和生活之中,它也标志着一个新时代的开始。

从程序员角度看到的 8086/8088 CPU 内部结构如图 2.3 所示,CPU 由执行部件(EU)和总线接口部件(BIU)两部分组成。

1. 执行部件(EU)

执行部件由内部寄存器组、算术逻辑运算单元(ALU)与标志寄存器(FR)及内部控制逻辑 3 部分组成。

(1)内部寄存器组。8088/8086 CPU 共有 8 个 16 位的内部寄存器,分为两组通用数据寄存器和变址寄存器。8088/8086 CPU 寄存器如图 2.4 所示。

4 个通用数据寄存器 AX、BX、CX、DX 均可用作 16 位寄存器,也可用作 8 位寄存器。用作 8 位寄存器时分别记为 AH、AL、BH、BL、CH、CL、DH、DL。

● AX(AH、AL):累加器。有些指令约定以 AX(或 AL)为源或目的寄存器。实际上大多数情况下,8086 的所有通用寄存器均可充当累加器。

● BX(BH、BL):基址寄存器。BX 可用作间接寻址的地址寄存器和基地址寄存器,BH、BL 可用作 8 位通用数据寄存器。

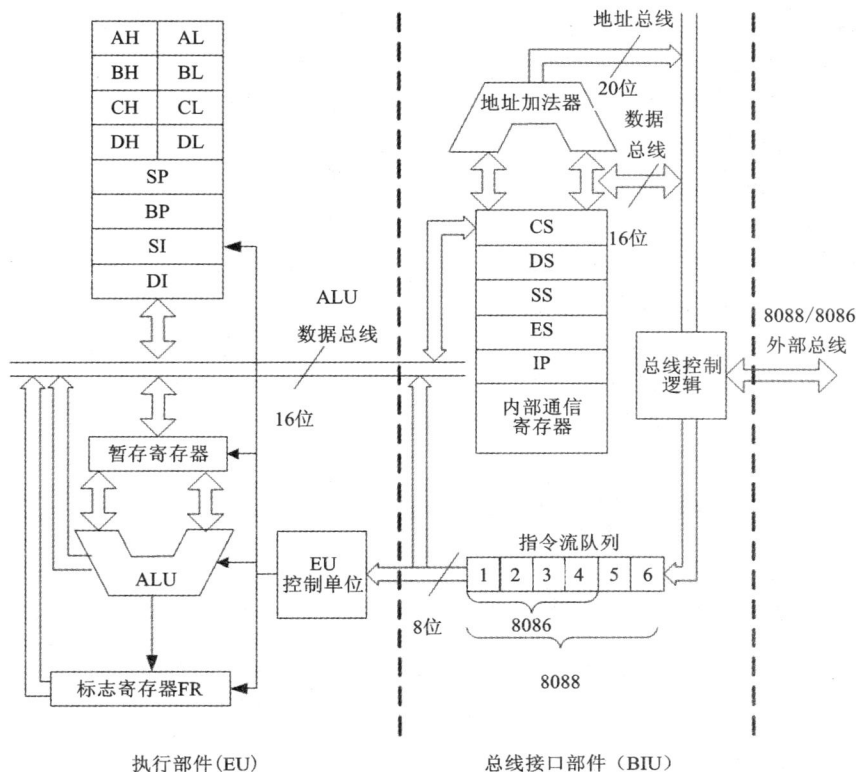

图 2.3　8088/8086 CPU 内部结构图

- CX(CH、CL)：计数寄存器。CX 在循环和串操作中充当计数器，指令执行后 CX 内容自动修改，因此称为计数寄存器。
- DX(DH、DL)：数据寄存器。除用作通用寄存器外，在 I/O 指令中可用作端口地址寄存器，乘除指令中用作辅助累加器。

指针和变址寄存器包括：

- SP(stack pointer register)：堆栈指针寄存器。
- BP(basic pointer register)：基址指针寄存器。
- SI(source index register)：源变址寄存器。
- DI(destination index register)：目的变址寄存器。

BP、SP 称为指针寄存器，用来指示相对于段起始地址的偏移量。BP 和 SP 一般用于堆栈段。SI、DI 称为变址寄存器，可用作间接寻址、变址寻址和基址变址寻址的寄存器。SI 一般用于数据段，DI 一般用于数据段或附加段。

8086/8088 CPU 和 80286 CPU 所具有的寄存器都是 16 位寄存器，而对于 80386 CPU 及其后继处理器则是 32 位的通用寄存器，包括 EAX、EBX、ECX、EDX、ESP、EBP、EDI 和 ESI，它们可以用来保存不同宽度的数据，如可以用 EAX 保存 32 位数据，用 AX 保存 16 位数据，用 AH 或 AL 保存 8 位数据。在计算机中，8 位二进制数可组成一个字节，8086/8088 和

80286 的字长为 16 位,因此把 2 个字节组成的 16 位数称为字。这样,80386 及其后继处理器就把 32 位数据称为双字,64 位数据称为 4 字。上述 8 个通用寄存器可以以双字的形式或对其低 16 位以字的形式被访问,其中 EAX、EBX、ECX 和 EDX 的低 16 位还可以以字节的形式被访问。当这些寄存器以字或字节形式被访问时,不被访问的其他部分不受影响,如访问 AX 时,EAX 的高 16 位不受影响,访问 AL 时 AX 的高 8 位 AH 不受影响,同样,访问 AH 时 AX 的低 8 位 AL 不受影响。

此外,这 8 个通用寄存器还可用于其他目的。在 8086/8088 和 80286 中只有 4 个指针和变址寄存器以及 BX 寄存器可以存放偏移地址,用于存储器寻址。在 80386 及其后继机型中,所有 32 位通用寄存器既可以存放数据,也可以存放地址。也就是说,这些寄存器都可以用于存储器寻址。在这 8 个通用寄存器中,每个寄存器的专用特性与 8086/8088 和 80286 的 AX、BX、CX、DX、SP、BP、DI 及 SI 是一一对应的。如 EAX 专门用于乘、除法和 I/O 指令,ECX 的计数特性,EDI 和 ESI 作为串处理指令专用的地址寄存器等。

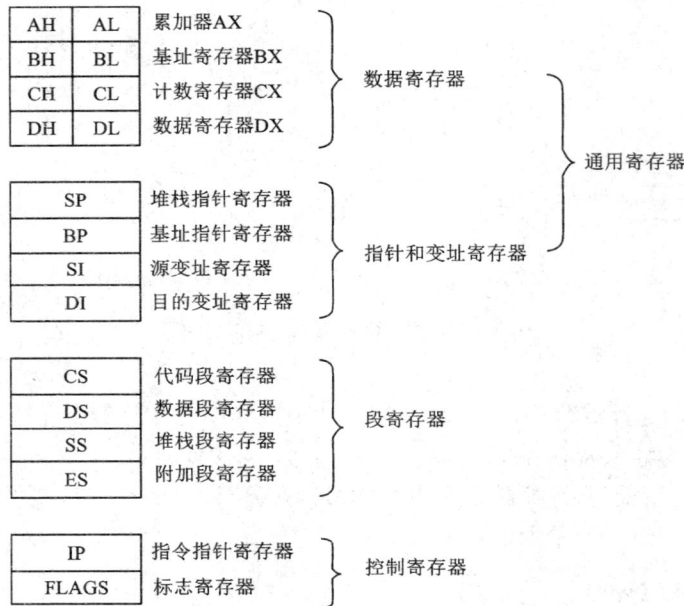

图 2.4   8086/8088 CPU 寄存器

(2)算术逻辑单元(ALU)与标志寄存器(FR)。算术逻辑单元完成 16 位或 8 位算术逻辑运算。运算结果送给 ALU 内部数据总线,同时在标志寄存器 FLAGS 中建立相应的标志。标志寄存器是一个 16 位寄存器,使用其中的 9 位作为条件和控制标志。条件标志(6 位)根据算术逻辑运算结果由硬件自动设定,它们反映运算结果的某些特征或状态,可作为后继操作(如条件转移)的判断依据。控制标志(3 位)由用户通过指令来设定,它们可控制机器或程序的某些运行过程。8086/8088 CPU 标志寄存器如图 2.5 所示。

15	14	13	12	11	10	9	8	7	6	5	4	3	2	1	0
				OF	DF	IF	TF	SF	ZF		AF		PF		CF

图 2.5　8086/8088 CPU 标志寄存器

标志寄存器的内容包括条件标志和控制标志。条件标志共 6 位，用于寄存程序运行的状态信息，这些标志往往用作后续指令判断的依据。

● CF(carry flag)：进位标志，反映运算结果的最高位有无进位或借位。如果运算结果的最高位产生了进位(加法)或借位(减法)，则 CF=1，否则 CF=0。

● PF(parity flag)：奇偶标志，反映运算结果中"1"的个数的奇偶性，主要用于判断数据传送过程中是否出错。若结果的最低 8 位中有偶数 1 个，则 PF=1，否则 PF=0。

● AF(auxiliary carry flag)：辅助进位标志，又称半进位标志。加减运算时，若 D_3 向 D_4 产生了进位或借位则 AF=1，否则 AF=0。在 BCD 码运算时，该标志用于十进制调整。

● ZF(zero flag)：零标志，反映运算结果是否为 0。若结果为零则 ZF=1，否则 ZF=0。

● SF(sign flag)：符号标志，反映运算结果最高位即符号位的状态。如果运算结果的最高位为 1，则 SF=1(对带符号数即为负数)，否则 SF=0(对带符号数即为正数)。

● OF(overflow flag)：溢出标志，反映运算结果是否超出了带符号数的表数范围。若超出了机器的表数范围，即为产生溢出，则 OF=1，否则 OF=0。对于字节运算，结果范围为 -128 ~ +127，字运算的结果范围为 -32768 ~ +32767。机器实际处理时判断是否溢出的方法是根据最高位的进位 CF 与次高位的进位是否相同来确定，若两者不同则 OF=1(表示有溢出)，否则 OF=0(表示无溢出)。

控制标志共 3 位，用于控制机器或程序的某些运行过程。

● DF(direction flag)：方向标志，用于串处理指令中控制串处理的方向。当 DF=1 时，每次操作后变址寄存器 SI、DI 自动减量，因此处理方向是由高地址向低地址方向进行。当 DF=0，则 SI、DI 自动增量，处理方向由低地址向高地址方向进行。该标志由方向控制指令 STD 或 CLD 设置或清除。

● IF(interrupt flag)：中断允许标志，用于控制 CPU 是否允许响应可屏蔽中断请求。IF=1 为允许响应可屏蔽中断请求，IF=0 则禁止响应可屏蔽中断请求。该标志可由中断控制指令 STI 或 CLI 设置或清除。

● TF(trap flag)：陷阱标志，用于单步操作。TF=1 时，每执行一条用户程序指令后自动产生陷阱，进入系统的单步中断处理程序。TF=0 时，用户程序会连续不断地执行，不会产生单步中断。

(3)内部控制逻辑电路。它是 EU 的内部控制系统，主要功能为从指令队列缓冲器中取出指令，对指令进行译码，并产生各种控制信号，控制各部件的协同工作以完成指令的执行过程。

2. 总线接口部件(BIU)

总线接口部件负责 CPU 与存储器、I/O 设备之间传送数据、地址、状态及控制信息，它由段寄存器(CS、DS、SS、ES)、指令指针寄存器(IP)、地址加法器、内部暂存器(对用户透明,用户无权访问)、指令队列缓冲期及 I/O 控制逻辑等部分组成。

(1)段地址寄存器(CS、DS、SS、ES)。8086 CPU 内部数据结构是 16 位的,即所有的寄存器都是 16 位的,而外部寻址空间为 1 MB,即需要 20 位地址线。为了能用内部寄存器中的 16 位地址来寻址 1 MB 的空间,8086 将 1 MB 空间以 16 字节为一个内存节(paragraph),共分成 64 k 个节。节的起始地址分别为 00000H,00010H,00020H,…,FFFF0H,称为段基址。节的起始地址的后 4 位二进制数为全 0,故只需记住高 16 位地址即可,分别为 0000H,0001H,…,FFFFH,称为节的段地址。用于存放段地址的寄存器称为段寄存器,根据其主要用途,分为代码段寄存器 CS、数据段寄存器 DS、堆栈段寄存器 SS、附加段寄存器 ES。

● 代码段寄存器 CS:代码段是存放程序代码的存储区域,代码段寄存器用来存放代码段存储区域的起始地址。

● 数据段寄存器 DS:数据段是存放程序中所使用的数据的存储区域,数据段寄存器用来存放程序的数据存储区的起始地址。

● 堆栈段寄存器 SS:堆栈是按照后进先出原则组织的一段特殊存储区域,主要用于过程调用时断点和返回地址的保存和恢复,也可用于数据的传送。堆栈段寄存器用来存放堆栈存储区的起始地址。由堆栈段寄存器 SS 与堆栈指针寄存器 SP 来确定当前堆栈指令的操作地址。

● 附加段寄存器 ES:附加段是为某些字符串操作指令存放目的操作数而设置的一个附加的数据段,附加段寄存器用来存放该附加数据段存储区域的起始地址。

(2)地址加法器。用于产生 20 位物理地址。两个加数,一个来自段寄存器并左移 4 位,另一位来自 IP 或内部暂存器。内部暂存器的内容根据不同的寻址方式,可以通过内部总线由内部寄存器提供,也可由输入/输出控制电路从存储器中读取。

(3)指令指针寄存器(IP)。又称程序计数器,是 16 位寄存器。IP 中存放当前将要执行的指令的有效地址,每取出一条指令 IP 自动增量,即指向下一条要执行的指令,因此可以说 IP 总是指向将要执行的指令。

(4)指令队列缓冲器。是一个与 CPU 速度相匹配的高速缓冲寄存器。在 EU 执行指令的同时,BIU 可以从内存中取出下一条或下几条指令放到指令缓冲器中,EU 执行完一条指令后,可以立即从指令缓冲器中执行下一条指令。因此取指令和执行指令可以并行进行,从而提高了总线的利用率,也提高了处理器总的处理速度。当遇到转移、调用及返回指令时,要清除指令队列缓冲器中的指令,从内存中取新的指令,以适应新的指令执行顺序。

(5)输入/输出控制电路(总线控制逻辑)。它是 CPU 外部三总线(AB、DB、CB)的控制电路,控制 CPU 与其他部件交换数据、地址、状态及控制信息。

2.3　存储器

Intel 80x86 处理器以几种不同的基本操作模式对内存进行不同方式的管理。基本操作模式是实地址模式(real address model)和保护模式(protected model)。在保护模式下还具有一种子模式,即虚拟 8086 模式(virtual 8086 model)。

在实地址模式下,处理器只能寻址 1 MB 的内存空间,地址是从十六进制的 00000H 到

FFFFFH。处理器一次只能运行一个程序，但可以随时打断程序的执行以便处理来自外围设备的请求（称为中断）。应用程序被允许读取和修改 RAM（随机访问存储器）的任何区域，可以读取但不能修改 ROM（只读存储器）。MS – DOS 操作系统运行于实地址模式下，Windows 操作系统可以通过重新启动切换到该模式。

在保护模式下，处理器可同时运行多个程序，并为每个进程分配高达 4 GB 的内存。每个程序都可以自由分配属于自己的保留内存区域，但系统将阻止程序偶然访问其他程序的代码和数据。MS – Windows 和 Linux 都运行于保护模式下。

虚拟 8086 模式是计算机运行于保护模式下后创建的有 1 MB 地址空间的虚拟机，虚拟机对运行于实地址模式下的 Intel 80x86 计算机进行模拟。

计算机存储信息的基本单位是一个二进制位，一位可存储一个二进制数：0 或 1。每八位组成一个字节。在存储器里是以字节为单位来存储信息的。为了正确存取信息，每一个字节单元都有一个唯一的存储器地址，该地址称为物理地址。物理地址从 0 开始，每次加 1，顺序递增，所以存储器里的物理地址空间是呈线性增长的。在机器里，地址是用无符号二进制整数来表示的，书写格式为十六进制。

每个字节单元对应一个二进制数地址，那么 16 位二进制数就可以表示 2^{16} 个字节单元的地址，所以它可以表示的地址范围为 0 ~ 65535，即 64 kB。

8086/8088 CPU 的地址总线为 20 位，那么它可以访问的字节单元地址范围为 00000H ~ FFFFFH。80286 CPU 的地址总线宽度为 24 位，它可访问的地址范围为 000000H ~ FFFFFFH。80386 CPU、80486 CPU 和 Pentium 的地址总线宽度为 32 位，相应的地址范围为 00000000H ~ FFFFFFFFH。Pentium Pro 和 Pentium Ⅱ 的地址总线宽度为 36 位，则相应的地址范围为 000000000H ~ FFFFFFFFFH。

8086 CPU 和 80286 CPU 的字长为 16 位，也就是说它们当中的大部分数据是以字为单位存储的。一个字包括两个字节，也就是说在存放字时需要占用相继的两个字节，低位字节存入低地址，高位字节存入高地址，这两个字节单元就构成了一个字单元，该字单元的地址用它的低地址来表示。

与字单元类似，双字单元是存放在相继的 4 个字节单元中，低位字存放在低地址，高位字存放在高地址。

同一个地址 0002H 可以同时看作是字节单元、字单元、双字单元和 4 字单元的地址，所以要根据机器的具体情况来确定。字单元的地址可以是偶数，也可以是奇数。但是，在 8086 和 80286 中，访问存储器都是以字为单位进行的，换句话说，就是机器是以偶地址访问存储器的。所以，当机器要存取奇地址字单元时，需要访问两次存储器，这样就要花费更多的时间。因此，为了使访问速度最快，双字单元地址应为 4 的整数倍，4 字单元的地址应为 8 的整数倍。

2.4　外部设备

外部设备又简称外设，是计算机系统中输入、输出设备（包括外存储器）的统称，是计算机系统中的重要组成部分。外设对数据和信息起着传输、转存和存储的作用。计算机运行时的程序和数据都要通过输入输出设备送入机器，程序运行的结果要通过输出设备送给用户，所以输入、输出设备是计算机必不可少的组成部分。大容量的外存储器(如磁盘、光盘)能存储大量信息,也是现代计算机不可缺少的一部分。对于外部设备的管理是汇编语言的重要使用场合之一。

外部设备与主机(CPU 和存储器)的通信是通过外设接口进行的。每个接口包括一组寄存器。

●数据寄存器:用来存放要在外设和主机间传送的数据,这种寄存器实际上起到缓冲器的作用。

●状态寄存器:用来保存外部设备或接口的状态信息,以便 CPU 在必要时测试外设状态,了解外设的工作情况,例如,每个设备都有忙闲位,用来标识设备当前是否正在工作,是否有空接受 CPU 给予的新任务等。

●命令寄存器:CPU 给外设或接口的控制命令通过此寄存器送给外部设备。例如,CPU 要启动磁盘工作,必须发出启动命令等。

各种外设都有以上三种类型的寄存器,只是每个接口所配备的寄存器数量是根据设备的需要确定的。例如:工作方式较简单、速度慢的键盘只有一个 8 位的数据寄存器,并把状态和命令寄存器合二为一控制寄存器;如工作速度快、工作方式比较复杂的磁盘则需要多个数据、状态和命令寄存器。

为使主机访问外设方便,外设中的每个寄存器给予一个端口地址(端口号),这样就组成了一个独立于内存储器的 I/O 地址空间。80x86 机的 I/O 地址空间可达 64 kB,所以端口地址的范围是 0000H ~ FFFFH,用 16 位二进制代码来表示。端口可以是 8 位或 16 位的,80386 及其后继机型还可以有 32 位端口,但整个 I/O 空间不允许超过 64 kB。

主机与外设之间的通信需要通过输入、输出指令来完成,信息传送的方式主要有直接、查询、中断、成组传送等。对外设的管理是汇编语言中比较复杂但又经常使用的一部分,所以相对来说还是比较重要的。

80x86 提供了两种类型的例行程序以方便用户调用外设。一种是 BIOS(basic input/output system),另一种是 DOS(disk operating system)功能调用。两者都是系统编制的过程,通过中断方式转入所需要的过程去执行,执行完后再返回原来的程序继续执行。这些例行程序有的完成一次简单的外设信息传送,如从键盘输入一个字符,或送一个字符到显示器等,也有的完成一次相当复杂的外设操作,如磁盘读写一个文件等。总而言之,操作系统将一些复杂的外设操作编成例行程序,让用户只用简单的中断指令(INT)就可进入这些例行程序,从而完成所需要的外设操作。因此,用户应当尽量使用这些系统所提供的工具来编写自己的程序。

BIOS 和 DOS 功能调用都是系统提供的例行程序,但是 BIOS 存放在机器的只读存储器 ROM 中,所以可以把它看成是机器硬件的一个组成部分。它的层次比 DOS 更低,更接近硬件,因此它的语句要完成每一个对设备的直接命令或信息传送。DOS 功能调用是操作系统 DOS 的一个组成部分,它在开机时由磁盘装入存储器,在它的例行程序中可以一次或多次调用 BIOS,以完成比 BIOS 更高级的功能。用户需要使用外设时,应尽可能使用层次较高的 DOS 功能调用。但有时它不能满足要求,就需要直接调用 BIOS。

2.5　IA - 32 处理器体系结构

IA - 32(Intel Architecture 32 - bit)属于 x86 体系结构的 32 位版本,即具有 32 位内存地址和 32 位数据操作数的处理器体系结构,从 1985 年面世的 80386 直到 Pentium 4,都是使用 IA - 32 体系结构的处理器。IA - 32 微处理器支持实模式和保护模式。实模式相当于高性能的 16 位 80x86 微处理器,但进行了功能扩充,能够使用 8086 所没有的寻址方式和 32 位通用寄存器以及大部分指令。不具有保护机制,不能使用部分特权指令。实模式下只有 20 条地址线有效,存储空间为 1 MB。保护模式充分发挥 IA - 32 微处理器的存储管理功能和硬件支持的保护机制,为多任务操作系统设计提供支持。该模式下每个任务的存储空间为 4 GB。虚拟 8086 模式是在保护模式下的一种子模式,可以在保护模式的多任务环境中以类似实模式的方式运行 16 位 8086 软件。

2.5.1　IA - 32 处理器寄存器

IA - 32 处理器提供了 10 个 32 位和 6 个 16 位的寄存器,分为通用寄存器、控制寄存器和段寄存器三类。图 2.6 列出了 IA - 32 处理器寄存器,其中有 8 个通用寄存器、6 个段寄存器、一个存放处理器标志寄存器(EFLAG)和一个指令指针(EIP)。

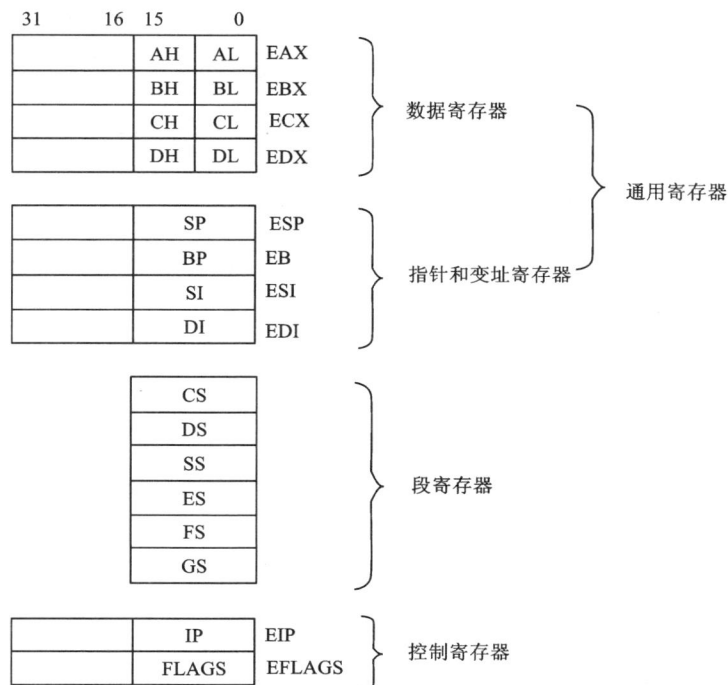

图 2.6　IA - 32 处理器寄存器

数据寄存器 EAX、EBX、ECX 和 EDX 作为 32 位寄存器使用,AX、BX、CX 和 DX 作为 16

位寄存器使用。AX、BX、CX 和 DX 中每个寄存器可以分成两个单独的 8 位寄存器使用，例如 AX 可以分成两个单独的 8 位寄存器 AH 和 AL 使用。AH 为 AX 的高 8 位，AL 为 AX 的低 8 位使用。

段寄存器用于存放段的基址，CS 寄存器用于存放应用程序代码所在段的段基址，SS 寄存器用于存放栈段的段基址，DS 寄存器用于存放数据段的段基址。ES、FS、GS 寄存器用来存放程序使用的附加数据段的段基址。

EFLAGS 标志寄存器用来存储相关指令的某些执行结果，为 CPU 执行相关指令提供行为依据，以及用来控制 CPU 的相关工作方式。Pentium/ Pentium Pro 处理器标志寄存器如图 2.7 所示。32 位标志寄存器 EFLAGS 增加的标志位有：

①I/O 特权标志 IOPL(I/O privilege level)：I/O 特权标志用两位二进制位来表示，也称为 I/O 特权级字段。该字段指定了要求执行 I/O 指令的特权级。如果当前的特权级别在数值上小于等于 IOPL 的值，则该 I/O 指令可执行，否则将发生一个保护异常。

②嵌套任务标志 NT(nested task)：嵌套任务标志 NT 用来控制中断返回指令 IRET 的执行。当 NT = 0 时用堆栈中保存的值恢复 EFLAGS、CS 和 EIP，执行常规的中断返回操作；当 NT = 1 时通过任务转换实现中断返回。

③重启动标志 RF(restart flag)：重启动标志 RF 用来控制是否接受调试故障。规定：RF = 0 时，表示"接受"调试故障，否则拒绝之。在成功执行完一条指令后，处理机把 RF 置为 0，当接收到一个非调试故障时，处理机就把它置为 1。

④虚拟 8086 方式标志 VM(virtual 8086 mode)：如果该标志的值为 1，则表示处理机处于虚拟的 8086 方式下的工作状态，否则，处理机处于一般保护方式下的工作状态。

15	14	13	12	11	10	9	8	7	6	5	4	3	2	1	0
	NT	IOPL		OF	DF	IF	TF	SF	ZF		AF		PF		CF
31	30	29	28	27	26	25	24	23	22	21	20	19	18	17	16
										ID	VIP	VIF	AC	VM	RF

图 2.7　Pentium/ Pentium Pro 处理器标志寄存器

IA－32 有一个特别适合于高速浮点运算的浮点单元(FPU)。这部分曾经被放到单独的协处理器芯片中，但从 Intel 486 开始，它被集成到主处理芯片中。FPU 内有 8 个浮点数据寄存器，分别是 ST(0)，ST(1)，ST(2)，ST(3)，ST(4)，ST(5)，ST(6) 和 ST(7)，以及指针寄存器和控制寄存器，如图 2.8 所示。

为了快速处理大量的图形图像、声频、动画和视频等多种媒体形式的数据，IA－32 微处理器增加了多媒体扩展 MMX 指令，单指令多数据流 SIMD 扩展 SSE、SSE2 和 SSE3 等指令。MMX 技术含有 8 个 64 位的 MMX 寄存器(MM0 ~ MM7)，只有 MMX 指令可以使用 MMX 寄存器。SSE 技术新增 8 个 128 位的 SIMD 浮点数据寄存器(XMM0 ~ XMM7)，每个都可以随机存取。SSE 技术还提供了一个新的控制状态寄存器 MXCSR。

80位数据寄存器
ST(0)
ST(1)
ST(2)
ST(3)
ST(4)
ST(5)
ST(6)
ST(7)

48位的指针寄存器
FPU指令指针
FPU数据指针

16控制寄存器
标记寄存器
控制寄存器
状态寄存器

操作码寄存器

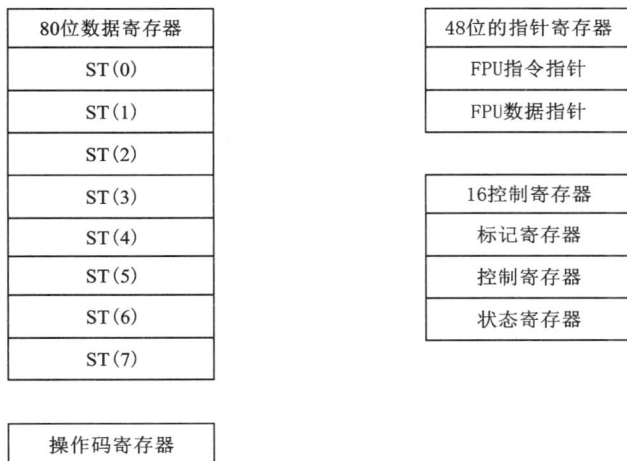

图 2.8　浮点寄存器

2.5.2　实地址模式

在实地址模式下时，Intel 8086/8088 处理器使用 20 位的地址线，可以访问 1048576 字节的内存(1 MB)，其范围是从十六进制的 00000H 到 FFFFFH。由于最初的 Intel 8086 处理器只有 16 位的寄存器，因此用它来直接表示 20 位的地址是不可能的，因此 Intel 工程师提出了一种称为分段内存的解决方案，所有的内存被分成 64 kB 被称为段的单位，如图 2.9 所示。

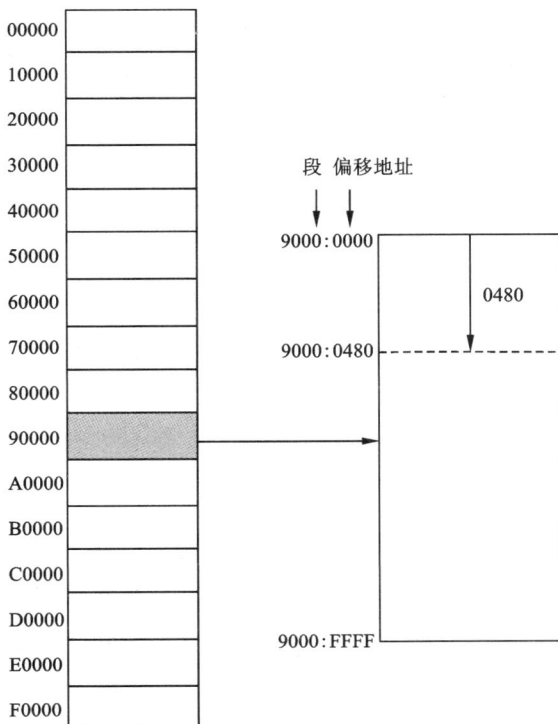

图 2.9　实地址模式下的分段内存映射

　　程序无法直接使用线性地址,因此必须使用两个 16 位数字来表示地址,它们一起被称为段:偏移地址。一个是存放在段寄存器中(CS、DS、ES 或 SS)的 16 位段值,而另一个是 16 位的偏移值。当地址以这种方式表示时,CPU 自动进行算术运算并将段偏移地址转换成 20 位的线性地址。例如,如图 2.9 所示中某个变量的段地址和偏移地址为 9000:0480,处理器将段地址值乘以十六进制 10 并与变量的偏移地址相加:9000 × 10 + 0480 = 90000 + 0480 = 90480,即变量的 20 位线性地址为 90480H。

　　一个典型的程序有三个段:代码段、数据段和堆栈段。三个段寄存器 CS、DS 和 SS 包含程序代码段、数据段和堆栈段的基地址。CS 包含一个 16 位的代码段地址,DS 包含一个 16 位的数据段地址,SS 包含一个 16 位的堆栈段地址,ES、FS 和 GS 可指向其他数据段。

2.5.3 保护模式

　　在保护模式下,每个程序可以寻址最大达 4 GB 的内存,地址从十六进制的 00000000H 到 FFFFFFFFH。MICROSOFT 汇编编译器将这种平坦地址空间的使用称为平坦内存模式。从程序员的角度来看,平坦内存模式非常易于使用,因为只需要使用一个 32 位整数就可以存放任何指令和变量的地址。在处理器内建功能的支持下,操作系统在幕后做了很多工作,以保护表面上的简单性。在保护模式下,段寄存器(CS、DS、SS、ES、FS 和 GS)指向操作系统用于定义段位置的段描述符表。

　　典型的保护模式程序有三个段:代码段、数据段和堆栈段。在任何时候都一直要使用三个段寄存器。CS 引用描述符表中的代码段描述符,DS 引用描述符表中的数据段描述符,SS 引用描述符表中的堆栈段描述符。

　　在平坦分段模式下,所有段都被映射到计算机的整个 32 位物理地址空间中。必须至少创建两个段,一个用于存放程序代码而另一个用于存放程序的数据。每个段都由一个段描述符定义,段描述符是一个存放在全局描述符表(GDT)中的一个 64 位的值。图 2.10 显示了一个基地址域指向内存中第一个可用地址(00000000H)的段描述符,段限长域可用于表示该段物理内存的大小,在当前的图中,段界限是 0040;访问类型域包含了表示如何使用段的数据位。

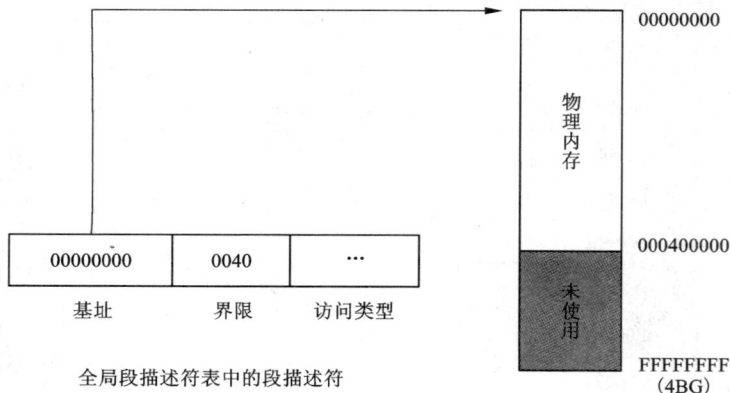

图 2.10　平坦分段模式

假设一个计算机有 256 MB 的内存，段限长域将包含十六进制数 0040，因为其值隐含地要乘以十六进制值 1000，最终将产生十六进制值 40000(256 MB)。

在多段模式下，每个程序有自己的段描述符表，被称为局部描述符表(LDT)。每个描述符都可以指向一个与其他所有进程使用的段都不同的段，并且每个段都位于独立地址空间中。图 2.8 列出了指向内存中不同段的所有 LDT 表项，每个段描述符都指定了段的大小，例如从 00006000 开始的段的大小是十六进制值 10000，其大小的计算过程为(十六进制)0010 × 1000，而从 00210000 开始的段大小为十六进制值 20000。

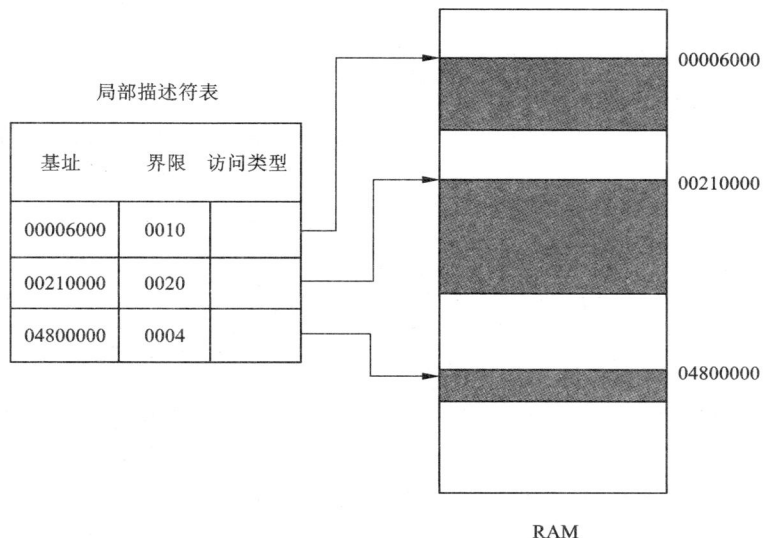

图 2.11　多段模式

IA – 32 处理器支持一种被称为分页(paging)的特性，允许一个段被分割成称为页(pages)的 4096 字节的内存块。分页机制允许同时运行的程序使用的总内存远大于计算机的实际(物理)内存，有时所有页的集合被称为虚拟内存(virtual memory)。操作系统通常包含一个被称为虚拟内存管理器的程序。

当任务运行时，如果程序的一部分当前未被使用，那么这部分可以保留在磁盘上，称为任务的那部分已经被换页(交换)到磁盘上。任务的其他部分，如当前活跃的执行代码等，仍可以保留在内存中。当 CPU 需要执行的当前任务存储在磁盘上的部分时，将产生一个页错误，使得系统将包含有所需要的代码及数据的页被重新载入内存。一个程序切换到另一个程序时会有明显的延迟，因为操作系统必须将每个程序的部分代码或数据从内存存储到磁盘。当安装了更多内存时，计算机会运行得更快，因为大型应用程序和文件可完全存放在内存中，这就减少了换页的数量。

2.6 本章小结

8086 是 Intel 系列的 16 位微处理器，芯片上有 4 万个晶体管，采用 HMOS 工艺制造，用单一的 +5 V 电源，时钟频率为 4.77 MHz ~ 10 MHz。8086 有 16 根数据线和 20 根地址线，它既能处理 16 位数据，也能处理 8 位数据。可寻址的内存空间为 1 MB，地址是从 00000H 到 FFFFFH。

Intel 8086 拥有四个 16 位的通用寄存器，也能够当作 8 个 8 位寄存器来存取，以及 4 个 16 位索引寄存器(包含了堆栈指标)。Intel 8086 有四个内存区段(segment)寄存器，可以从索引寄存器来设定。区段寄存器可以让 CPU 利用特殊的方式存取 1 MB 内存。8086 把段地址左移 4 位，然后把它加上偏移地址。

Intel 8086 设有包含浮点指令部分(FPU)，但是可以通过外接协处理器 Intel 8087 来增强浮点计算能力。

IA – 32 为 Intel Architecture 32 – bit 简称，即英特尔 32 位体系架构，属于 x86 体系结构的 32 位版本，即具有 32 位内存地址和 32 位数据操作数的处理器体系结构。IA – 32 微处理器支持实模式和保护模式。实模式相当于高性能的 16 位 8086 微处理器。实模式下只有 20 条地址线有效，存储空间为 1 MB。保护模式充分发挥 IA – 32 微处理器的存储管理功能和硬件支持的保护机制，为多任务操作系统设计提供支持。该模式下每个任务的存储空间为 4 GB。虚拟 8086 模式是保护模式下的一种子模式，可以在保护模式的多任务环境中以类似实模式的方式运行 16 位 8086 软件。

本章介绍了 Intel 80x86 的组织结构，为以后章节学习汇编语言程序设计打下坚实的基础。

习　题

1. Intel 8086/8088 处理器主要有哪些标志位？这些标志位的作用分别是什么？

2. 解释保护模式、实模式和虚拟模式概念。

3. Intel 80x86 提供了哪两种类型的例行程序以方便用户调用外设？

4. 外设接口的作用是什么？

5. 每个接口通常包括哪些寄存器？这些寄存器的作用是什么？

第3章 汇编语言基础

在第 2 章我们讲述了微型计算机结构和 Intel 80x86 组织。本章介绍汇编语言的基本元素、Intel 80x86 的指令格式以及与数据相关的操作符和伪指令，并且给出一个完整的汇编语言程序。

3.1 汇编语言基本元素

3.1.1 整数常量

整数常量分为有符号整数和无符号整数。在书写汇编语言程序时可以使用二进制、八进制、十进制和十六进制。每种数制都有一个基数，十进制数用 D 表示，二进制数用 B 表示、八进制数用 O 或者 Q 表示、十六进制数用 H 来表示。默认数的进制是十进制。以字母开始的十六进制数必须加个前置 0，以区别标识符。

下面都是合法的整数常量：

27	;十进制
121D	;十进制
11010001B	;二进制
42Q	;八进制
42O	;八进制
1AH	;十六制
0A3H	;十六进制

3.1.2 字符常量

字符常量是指用单引号或双引号包含的一个字符。汇编器在内存中保存的是该字符的二进制的 ASCII 码的数值。例如：

'A'

"d"

字符常量'A'在内存中存放的形式为数字 65(或 41H)。

3.1.3 字符串常量

字符串常量是指用单引号或双引号包含的一个字符序列：

'ABC'

'HELLO，THE WORLD！'

"32768"

可以允许嵌套引号，例如：

"This isn't a book"

和字符常量以字符的 ASCII 码的数值存放一样，字符串常量在内存中保存形式是字符的 ASCII 码的数值序列。例如，字符串常量"ABCD"在内存中存放的数值是 41H、42H、43H、44H。

3.1.4   保留字

保留字（reserved word）指在系统中已经定义过的字，用户不能再将这些字作为变量名或过程名使用。保留字具有特殊意义，并且只能在其正确的上下文中使用。保留字没有大小写之分。保留字的类型如下：

- 指令助记符，如 MOVE、ADD 与 MUL。
- 寄存器名称。
- 伪指令，如 ALIGN。
- 属性，如 BYTE 和 WORD。
- 运算符。
- 预定义符号。

3.1.5   标识符

标识符（identifier）用于标识变量、常数、过程和标号。标识符的形成规则如下：
- 标识符的长度为 1 ~ 247 个字符。
- 不区别大小。
- 第一个字符必须为字母 'A'…'Z'，'a'…'z'、下划线 '_'、@ 、? 或 $ 。其后的字符也可以是数字。
- 标识符不能与汇编器保留字相同。

可以在运行汇编器时，添加 - CP 命令行，使得所有关键字和标识符变成大小写敏感。一般情况下，应避免使用符号 @ 和下划线 '_' 作为第一个字符，因为它们既可以用于汇编器，也可以用于高级语言汇编器。

3.1.6   伪指令

伪指令（directive）是嵌入到源代码中的命令，由汇编器识别和执行。伪指令用于定义变量、宏和过程，为内存段分配名称，执行许多其他与汇编相关的任务。默认的情况下，伪指令不区别大小写。伪指令是用于告诉汇编程序如何进行汇编的指令。它既不控制机器的操作，也不被汇编成机器代码，只能为汇编程序所识别，并指导汇编如何进行，完成处理器选择、存储模式定义、数据定义、存储器分配、指示程序开始结束等功能。

汇编器伪指令的一个重要功能是数据定义。例如 . DATA 伪指令标识了程序中包含变量的区域：

.DATA

.CODE 伪指令标识了程序中包含指令的区域：

.CODE

PROC 标识了过程的开始：

name PROC

其中的 name 为标识符，表示过程名称。

3.1.7　定义数据

汇编器定义了多种基本内部数据类型（intrinsic data type），按照数据大小（字节、字、双字等等）、是否有符号、是整数还是实数来描述其类型。表 3.1 列出了全部内部数据类型。

表 3.1　内部数据类型

类型	用途
BYTE	8 位无符号整数
SBYTE	8 位有符号整数
WORD	16 位无符号整数（也可以在实地址模式下作近指针）
SWORD	16 位有符号整数
DWORD	32 位无符号整数（也可以在保护模式下作近指针）
SDWORD	32 位有符号整数
FWORD	48 位整数（保护模式下作远指针）
QWORD	64 位整数
TBYTE	80 位整数
REAL4	32 位 IEEE 短实数
REAL8	64 位 IEEE 长实数
REAL10	80 位 IEEE 扩展精度实数

使用数据定义语句创建内部数据类型变量，为变量在内存保留存储空间。数据定义语句格式如下：

［name］　directive initializer ［, initializer］…

变量的名字必须遵守标识符规范。数据定义语句中的伪指令可以是 BYTE、WORD、DWORD、SBYTE、SWORD，或其他表 3.1 中列出的类型。此外，它还可以是传统数据定义伪指令，如表 3.2 所示。

表 3.2　传统数据伪指令

伪指令	用法	伪指令	用法
DB	8 位整数	DQ	64 位整数或实数
DW	16 位整数	DT	80 位整数
DD	32 位整数		

数据定义语句中至少要有一个初始值。如果不希望对变量进行初始化，可以用"?"符号作为初始值。所有的初始值，不管格式如何，均由编译器转换为二进制数据。

在数据定义语句中使用 BYTE 和 SBYTE 伪指令为一个或多个有符号或无符号字节分配存储空间，每个初始值必须是 8 位的整数表达式或字符常量。

. DATA		
VAR1	BYTE	'A'
VAR2	BYTE	123
VAR3	BYTE	?
VAR4	SBYTE	−141

定义一个字符串，要用单引号或者双引号将其括起来。每个字符占用一个字节的存储空间。

. DATA		
STING1	BYTE	'ABC'
STRING2	BYTE	"Hello, The World" , 0DH, 0AH

十六进制数 0DH 和 0AH 分别是回车符(CR)和换行符(LF)。

行连续字符(\)把两个源代码行连接成一条语句，它必须是一行的最后一个字符。下面两个语句是等价的：

```
STRING2   BYTE "Hello, The World" , 0DH, 0AH
```

和

```
STRING2 \
BYTE "Hello, The World" , 0DH, 0AH
```

下面使用 WORD 伪指令定义字变量，而 MOV 指令在运行时，将 MYVAL 的内容复制到 AX 寄存器中。

```
. DATA
MYVAL WORD 1234
MOV   AX, MYVAL
```

DUP 操作符使用一个常量表达式作为计数器来重复分配存储空间。在为字符串和数组分配空间时，DUP 伪指令十分有用。初始化和未初始化数据均可使用 DUP 伪指令定义。

. DATA	
ARRAY1 BYTE 20 DUP(0)	;20 字节，全部初始化为 0
ARRAY2 BYTE 20DUP(?)	;20 字节，未初始化

3.1.8 符号常量

通过为整数表达式或文本指定标识符来创建符号常量(symbolic constant)。符号常量也称符号定义(symbolic definition)。与变量定义保留存储器空间不同，符号常量不预留存储空间。符号仅仅在编译期间使用，并且在运行时不会改变。

等号伪指令(equal sign directive)把一个符号名称与整数表达式联系起来，其格式如下：

name = expression

通常，表达式是一个 32 位整数值。当程序进行汇编时，在汇编预处理阶段，所有出现的名字(name)都会被替换为表达式(expression)。例如，当编译器遇到下列语句时：

COUNT = 500	
MOV　AX, COUNT	

将生成并编译下面的语句：

MOV　AX, 500	

以"="定义的符号可重定义任意多次。例如：

COUNT = 10	
MOV　AX, COUNT	; AX = 10
COUNT = 20	
MOV　AX, COUNT	; AX = 20
COUNT = 30	
MOV　AX, COUNT	; AX = 30

COUNT 符号取值的改变与运行时语句执行的顺序无关，相反，由编译器改变其值。

用符号 $ 表示当前地址计数器(current location counter)的当前值，当前地址计数器用来记录正在被汇编程序翻译的指令目标代码存放在当前段内的偏移量，也就是当前所使用的存储单元的偏移地址。

当前地址计数器是最重要的符号之一。可以使用当前地址计数器求计算数组和字符串的大小。例如：

```
STRING   BYTE "Hello, The World!"
```

```
STRINGSIZE = ( $ - STRING )
```

从当前地址计数器 $ 中减去 STRING 的偏移量得 STRINGSIZE。

当要计算数组元素数量时，应该用数组总的大小（按字节计）除以单个元素的大小。例如：

```
ARRAY   WORD 1000h, 2000H, 3000H, 4000H
```

```
ARRAYSIZE = ( $ - ARRAY )/2
```

由于数组中的每个字要占 2 个字节（16 位），因此，数组元素的数量是数组地址范围除以 2。与此类似，双字数组的每个元素是 4 个字节，因此，数组元素的数量是数组地址范围除以 4。

```
ARRAY   DWORD 10000000h, 20000000H, 30000000H, 40000000H
```

```
ARRAYSIZE = ( $ - ARRAY )/4
```

EQU 伪指令把一个符号名和整数或任意文本联系起来。EQU 伪指令有三种格式：

name EQU expression

name EQU symbol

name EQU ＜ text ＞

第一种格式中，expression 必须是有效的整数表达式。第二种格式中，symbol 是一个已存在的符号名称，已经用 = 或 EQU 定义过了。第三种格式中，任何文本可以出现在尖括号内。当汇编器在程序后面遇到 name 时，就用整数值或文本来代替符号。例如：

```
COUNT   EQU 100
```

```
PI   EQU   ＜3.14159＞
```

```
PRESSKEY   EQU  ＜"Press any key to continue…"＞
```

```
. DATA
```

```
PROMPT BYTE   PRESSKEY
```

3.2　Intel 80x86 指令格式

Intel 80x86 的指令系统可以分为 6 组：数据传输指令，算术指令，逻辑指令，串处理指令，控制转移指令和处理器控制指令。在学习指令时应该知道指令的格式、功能、语法规则、对标志位的影响，必须能够熟练地选择正确的指令进行相关的操作。为了编写汇编程序，需要掌握好指令的类别和指令的语法规则。

3.2.1 指令

指令(instruction)是一种语句,它在程序汇编时变得可执行。汇编器将指令翻译为机器语言字节,并且在运行时由 CPU 加载和运行。一条指令有四个组成部分:

- 标号(可选);
- 指令助记符(必需);
- 操作数(通常是必需的);
- 注释(可选)。

指令格式如下:

[label:] mnemonic [operands] [;comment]

3.2.2 标号

标号(label)是一种标识符,是指令和数据的位置标记。标号位于指令的前端,表示指令的地址。同样,标号也位于变量的前端,表示变量的地址。

3.2.3 指令助记符

由于硬件只能识别 1 和 0,所以采用二进制操作码是必要的,但是用二进制来书写程序却非常麻烦。为了便于书写和阅读程序,每条指令通常用 3 个或 4 个英文缩写字母来表示。这种缩写码叫作指令助记符(mnemonic)。助记符是便于人们记忆并能描述指令功能和指令操作数的符号。

汇编语言由于采用了助记符号来编写程序,比用机器语言的二进制代码编程要方便些,在一定程度上简化了编程过程。汇编语言的特点是用符号代替了机器指令代码,而且助记符与指令代码一一对应,基本保留了机器语言的灵活性。使用汇编语言能面向机器并较好地发挥机器的特性,得到质量较高的程序。

按指令作用对象来分,可分为伪指令和指令(硬指令)。伪指令也就是作用于汇编程序的命令,真指令就是作用于真正处理器的命令。

3.2.4 操作数

操作数有三种类型:立即操作数(immediate)、寄存器操作数(register)、内存操作数(memory)。表 3.3 中列出的操作数的简写,使用这些符号来描述指令的参数。

表 3.3 指令中的操作数表示法

操作数	描述
reg8	8 位通用寄存器:AH、AL、BH、BL、CH、CL、DH、DL
reg16	16 位通用寄存器:AX、BX、CX、DX、SI、DI、SP、BP
reg32	32 位通用寄存器:EAX、EBX、ECX、EDX、ESI、EDI、ESP、EBP

续表 3.3

操作数	描述
reg	任意通用寄存器
seg	16 位段寄存器: CS、DS、SS、ES、FS、GS
imm	8、16 或 32 位立即操作数
imm8	8 位立即操作数(字节)
imm16	16 位立即操作数(字)
imm32	32 位立即操作数(双字)
reg/mem8	8 位操作数(可以是 8 位通用寄存器或内存字节)
reg/mem16	16 位操作数(可以是 16 位通用寄存器或内存字)
reg/mem32	32 位操作数(可以是 32 位通用寄存器或内存双字)
mem	8、16 或 32 位内存操作数

下面以 MOV 指令为例说明来指令格式。MOV 指令为数据传送指令,将源操作数复制到目的操作数。MOV 指令格式如下:

MOV　destination, source

在 MOV 指令格式中,第一个操作数是目的操作数,第二个操作数为源操作数。

3.2.5　注释

注释可以用下面两种指定方式:

- 单行注释:以分号(;)开始,编译器忽略同一行分号以后面所有字符。
- 块注释:以 COMMENT 伪指令以及用户定义的一个字符开始,编译器忽略后面所有文本行,直到另一个用户定义的字符。例如:

COMMENT &
This line is a comment.
This line is also a comment
&

3.3　与数据相关的运算符和伪指令

3.3.1　OFFSET 运算符

OFFSET 运算符返回数据标号的偏移量。这个偏移量按字节计算,表示的是该数据标号距离数据段起始地址的距离。例如下面例子在数据段定义了一个字符串 STRING, SI 寄存器指向字符串 STRING 的起始地址位置。

. DATA

STRING DB"HELLO, THE WORLD!", 0DH, 0AH, '$'

MOV　SI, OFSET STRING

3.3.2　ALIGN 伪指令

ALIGN 伪指令将变量的位置按字节、字、双字边界对齐。ALIGN 伪指令格式如下：

ALIGN bound

bound 可以是 1、2 或 4：当取值为 1 时，其后面的变量按照字节边界地址对齐（默认情况）；当取值为 2 时，其后的变量按照偶数地址对齐；当取值为 4 时，其后面变量的地址将是 4 的倍数。如果需要，编译器会在变量前插入若干空字节。使数据对齐的目的是 8086 存储器由奇地址体和偶地址体组成，两体并行系统。如果一个字以偶数地址开始存储，CPU 取得这个字只要一个存储周期。如果这个以奇数地址开始存储，CPU 取得这个字需要两个存储周期。

3.3.3　PTR 操作符

PTR 操作符用来重载操作数的默认尺寸，用来给操作数赋予另一种属性。PTR 必须和汇编编译器以下标准数据类型联合使用：BYTE、SBYTE、WORD、SWORD、DWORD、SDWORD、FWORD、QWORD 和 TBYTE。例如：

MOV [BX], 10H

由于编译器不能分清是把立即操作数存入字单元还是字节单元，所以这是一条错误指令，此时必须用 PTR 操作符来说明属性。例如：

MOV BYTE PTR [BX], 10H

或者：

MOV WORD PTR [BX], 10H

假设要把双字变量 ValDuble 的低 16 位送入 AX 寄存器，可以使用下面指令：

. DATA

ValDoble　DWORD 12345678H

. CODE

MOV　AX, WORD PTR ValDouble　　　　　　; AX = 5678H

如果要把双字变量 ValDuble 的高 16 位送入 AX 寄存器，可以使用下面指令：

MOV AX, WORD PTR [ValDouble + 2]　　　　; AX = 1234H

类似地，可以使用 BYTE PTR 操作符将 ValDouble 中一个字节送入 AL 寄存器：

```
MOV AL, BYTE PTR ValDouble          ; AL = 78H
```

PTR 操作符也可以把内存中两个较小的操作数送入较大的操作数中。例如：

```
.DATA
VaWord   WARD 5678H, 1234H
.CODE
MOV   EAX, DWORD PTR ValWord          ; EAX = 12345678H
```

3.3.4 TYPE 运算符

TYPE 操作符返回按字节计算机的变量单个元素的大小。字节(byte)的 TYPE 值等于 1，字(word)的 TYPE 值等于 2，双字(doubleword)的 TYPE 值等于 4，八字节(quadword)的 TYPE 值等于 8。下面定义了一些不同类型的变量：

```
.DATA
VAR1 BYTE   ?
VAR2 WORD   ?
VAR3 DWORD ?
VAR4 QWORD ?
```

下面列出了对应的每个 TYPE 表达式的值：

表达式	值
TYPE VAR1	1
TYPE VAR2	2
TYPE VAR3	4
TYPE VAR4	8

3.3.5 LENGTHOF 运算符

LENGTHOF 操作符用于计算数组中元素的数目。例如：

```
.DATA
ARRAY1   BYTE 10, 20, 30
ARRAY2   WORD 30 DUP(?), 0, 0
ARRAY3   WORD 5 DUP(3 DUP(?))
STRING   BYTE "12345678", 0
```

下面列出了每个 LENGTHOF 表达式的返回值：

表达式	值
LENGTHOF ARRAY1	3
LENGTHOF ARRAY2	32
LENGTHOF ARRAY3	15
LENGTHOF STRING	9

如果声明了一个跨多行的数组，LENGTHOF 只把第一行的数据作为数组的组成部分。例如：

```
         . DATA
ARRAY1   BYTE 10, 20, 30, 40, 50
         60, 70, 80, 90, 100
```

LENGTHOF Array1 的返回值是 5。
如果在第一行的最后加一个逗号，以连接下一行。

```
         . DATA
ARRAY1   BYTE 10, 20, 30, 40, 50,
         60, 70, 80, 90, 100
```

此时，LENGTHOF ARRAY1 的返回值是 10。

3.3.6 SIZEOF 运算符

SIZEOF 操作符的返回值等于 LENGTHOF 和 TYPE 返回值的乘积。例如，

```
         . DATA
ARRAY    WORD 32 DUP( )
```

TYPE ARRAY = 2，LENGTHOF ARRAY = 32，因此 SIZEOF ARRAY 等于 64。

3.3.7 LABEL 伪指令

LABEL 伪指令允许同一个变量具有不同的类型属性，而无须分配任何实际的存储空间。LABEL 伪指令可使用 BYTE、WORD、DWORD、QWORD 或 TWORD 等任意标准的尺寸属性。例如：

. DATA	
VAR16 LABEL WORD	
VAR32 DWORD 12345678H	
. CODE	
MOV AX, VAR16	; AX = 5678H
MOV EDX, VAR32	; EDX = 12345678H

Var16 和 Var32 为同一个地址空间，只不过 Var16 为 WORD 属性。LABEL 伪指令本身并不占用实际存储空间。

3.3.8   算术运算符

算术运算符有 + 、− 、* 、/和 MOD，用于数值操作数中，其结果为计算的数值。如 13/4 的值为 3，而 13 MOD 4 的值为 1。需要注意的是算术运算符可以用在数字表达式或地址表达式中，当它用在地址表达式中时，仅当其结果有明确的物理意义时，运算结果才是有效的。

3.3.9   逻辑与移位运算符

逻辑运算符有 AND、OR、XOR 和 NOT，移位运算符有 SHL 和 SHR。逻辑运算符是按位操作的，它的操作数只能是数字，且结果也为整数，存储器地址操作数不能进行逻辑运算。逻辑运算符和逻辑运算指令的写法相同，但作用是完全不同的。例如：

MOV AX, NOT 0F3H	
MOV AH, NOT 0F3H	
MOV BL, 55H AND 0FFH	
MOV DL, 55H OR 0F0H	
MOV CL, 55H XOR 0FFH	

上述各指令和下面对应的指令是等效的：

MOV   AX, 0FF0CH
MOV   AH, 0CH
MOV   BL, 55H
MOV   DL, 0F5H
MOV   CL, 0AAH

移位运算符 SHL 和 SHR 分别按位左移和按位右移。例如：

MOV AX, 0FFFFH SHL 2	; AX = 0FFFCH

3.3.10 关系运算符

运算符是用于比较两个表达式，表3.4列出了关系运算符。表达式一定是常数或同一段内的变量。若是常数，按照无符号数比较。如果是变量，则比较它们的偏移量。比较结果以真(全1)、假(全0)的形式给出。

表 3.4　关系运算符

运算符	语法	运算
EQ(=)	表达式 1 EQ 表达式 2	两个表达式相等为真
NE(≠)	表达式 1 NE 表达式 2	两个表达式不相等为真
LT(<)	表达式 1 LT 表达式 2	表达式 1 < 表达式 2 为真
LE(≤)	表达式 1 LT 表达式 2	表达式 1 ≤ 表达式 2 为真
GT(>)	表达式 1 GT 表达式 2	表达式 1 > 表达式 2 为真
GE(≥)	表达式 1 GE 表达式 2	表达式 1 ≥ 表达式 2 为真

例如：

```
MOV   AX, DAT1   GT   0CH
```

当关系成立时，表达式用0FFFFH作为结果。该指令等价于MOV　AX,0FFFFH。当关系不成立时，表达式用0作为结果，该指令等价于MOV　AX,0。

3.3.11 段操作符

段操作符":"也称为段超越操作符，它跟在段寄存器名(DS、ES、CS 和 SS)之后，表示段超越，用于给一个存储器操作数指定一个段属性，而不管其原来隐含的段是什么。例如：

```
MOVAX, ES:[BX]
```

3.3.12 THIS 操作符

THIS 操作符也可以指定存储器操作数的类型。使用 THIS 操作符可以使标号或变量具有灵活性。它可以像 PTR 一样建立一个指定类型(BYTE、WORD 或 DWORD)的或指定距离(NEAR 或 FAR)的地址操作数。该操作数的段地址和偏移地址与下一个存储单元地址相同，但类型属性不同。例如要求对同一个数据区，既可以字节为单位，又可以字为单位进行存取，则可以用以下语句：

ARRAYBEQUTHISBYTE
ARRAYWWORD100DUP(?)

3.3.13　HIGH 和 LOW 操作符

HIGH 和 LOW 操作符用于分离运算对象的高字节和低字节部分。运算对象的表达式中，必须具有常量值，即一个常数或在汇编源程序时能够确定的段或偏移量值的地址表达式。对于地址表达式，HIGH 和 LOW 操作符可用于分离出段或偏移量的高字节或低字节。

例如下面例子：

CONST EQU 1234H	
MOV AH，HIGH CONST	；AH = 12H

3.4　汇编语言程序结构

汇编程序是以段组织的，常见的段有代码段、数据段和堆栈段等。代码段包含程序的全部可执行指令，通常代码段中都有一个或几个过程，其中一个是启动过程，MAIN 就是启动过程，堆栈段存放着过程的参数和局部变量，数据段则存放着变量。

在程序的开始可以用 NAME 伪指令为模块取名字，NAME 伪指令的格式如下：

NAME   modulename

TITLE 伪指令为程序列表文件定义标题。TITLE 伪指令的格式如下：

TITLE   text

如果程序中既无 NAME 伪指令又无 TITLE 伪指令，则将用源文件名作为模块名，所以 NAME 和 TITLE 伪指令并不是必要的，但一般经常使用 TITLE，以便在列表文件中能打印出标题来。

END 伪指令表示源程序到此结束，汇编程序停止汇编，对于 END 后面的语句不予理会。END 伪指令的格式如下：

END［address］

END 伪指令后面的 address 表示程序执行的启动地址。END 伪指令将启动标号的段基值和偏移量分别提供给 CS 和 IP 寄存器。如果有多个模块链接在一起，则只有主模块的 END 语句后面才应该使用第一条可执行语句的启动标号，而其他模块的源程序结束伪指令只能用 END。

现在以一个简单汇编程序为例，说明汇编程序结构和工作过程。程序 3.1 在标准输出上显示"Hello，The World!"。

程序 3.1　显示"Hello, The World!"汇编程序

1	. MODEL SMALL		
2	. DATA		
3	STRING BYTE　　"Hello, The World!", 0DH, 0AH, '$'		
4	. STACK 4096		
5	. CODE		
6	MAIN PROC FAR		
7		MOV	AX, @ DATA
8		MOV	DS, AX
9		MOV	DX, OFFSET STRING
10		MOV	AH, 9H
11		INT	21H
12		MOV	AX, 4C00H
13		INT	21H
14	MAIN ENDP		
15	END		

程序 3.1 输出结果如下：

Hello, The World!

在程序第 1 行. MODEL 伪指令用来指定内存模式, 通常有 TINY、SMALL、HUGE 等模式。TINY 模式通常和内存映像文件(com)文件对应, 代码、数据同段且不超过 64 kB。SMALL 模式通常代码段、数据段均不超过 64 kB。HUGE 模式代码、数据段等不受 64 kB 限制。

在程序第 2 行. DATA 伪指令用来标记数据的开始, 程序中要使用的变量在此定义。

在程序第 3 行定义了 STRING 字符串变量, 类型为字节。

在程序第 4 行. STACK 伪指令说明堆栈段大小。

在程序第 5 行. CODE 伪指令用来标记代码段的开始, 程序中所有可执行语句都放于此处。

在程序第 6 行 PROC 伪指令用来标识 MAIN 过程的开始。

在程序第 7 行 MOV 指令将数据段的偏移量送 AX 寄存器。

在程序第 8 行 MOV 指令将 AX 寄存器值送数据段寄存器 DS。

在程序第 9 行 MOV 指令将字符串变量 STRING 偏移量送 DX 寄存器。

在程序第 10 行 MOV 指令将 DOS 系统功能调用(INT 21H)的 9H 功能送 AH 寄存器。9H 功能显示以'$'结尾的字符串。

在程序第 11 行调用 DOS 系统功能(INT 21H)。

在程序第 12 行 MOV 指令将 DOS 系统功能调用(INT 21H)的 4CH 功能送 AH 寄存器。4CH 功能返回操作系统。

在程序第 13 行调用 DOS 系统功能(INT 21H)。

在程序第 14 行 ENDP 伪指令标记 MAIN 过程结束。

在程序第 15 行 END 伪指令标明该行是汇编源程序的最后一行，编译器将忽略该行后面所有内容。

3.5   本章小结

本章介绍整数表达式、字符常量、标识符、保留字、Intel 80x86 的指令格式、数据定义、以及与数据相关的操作符和伪指令。

MOV 指令为数据传送指令，将源操作数复制到目的操作数。在汇编程序中 MOV 指令是使用频率最高的指令。

OFFSET 运算符返回数据标号的偏移量。

ALIGN 伪指令将变量的位置按字节、字、双字边界对齐。

PTR 操作符用来重载操作数的默认尺寸，用来给操作数赋予另一种属性。

TYPE 操作符返回按字节计算机的变量单个元素的大小。

LENGTHOF 操作符计算数组中元素的数目。

SIZEOF 操作符的返回值等于 LENGTHOF 和 TYPE 返回值的乘积。

LABEL 伪指令允许同一个变量具有不同的类型属性，而无须分配任何实际的存储空间。

在本章的最后，通过一个完整的汇编语言程序说明了汇编语言程序的结构和工作过程。

习   题

1. 保留字的类型有哪些？
2. 伪指令的作用是什么？
3. 80x86 的指令分为哪几类？
4. 符号常量的作用是什么？

第 4 章 寻址方式

汇编语言的指令由操作码字段和操作数字段两部分组成。操作码字段指出计算机所要执行的操作，而操作数字段则指出在指令操作过程中所需的操作数据，其中有立即操作数、寄存器操作数和存储器操作数。立即操作数直接存放在指令代码中，寄存器操作数存放在 CPU 的内部寄存器中，存储器操作数存放在主存储器中。操作数或操作数存放的地址在指令中的指定应具有易于改变的灵活性，需要有多种方式来指定操作数或操作数地址。而指令中用于说明操作数所在地址的方法称为寻址方式（addressing mode）。本章介绍了寻址方式，包括立即寻址、寄存器寻址、直接寻址、寄存器间接寻址、寄存器相对寻址、基址变址寻址和相对基址变址寻址。

4.1 80x86 的寻址方式

操作数作为操作对象，经常并不是直接给出操作数，而是给出操作数的地址，有时地址也不直接给出，而是给出计算操作数有效地址的方法，这种方法称为寻址方式。寻址的目的是寻找操作数。

4.1.1 立即寻址

立即寻址方式中操作数直接存放在指令中，紧跟在操作码之后，它作为指令的操作数字段存放在指令代码中，这种操作数称为立即操作数。立即操作数可以是 8 位或 16 位，还可为 32 位。如果是 16 位立即操作数，则低位字节数存放在低地址单元中，高位字节数存放在高地址单元中。例如下面例子中：

```
        MOV AL, 6H                ; AL = 6H
```
指令执行后，（AL）= 06H。
又如下面的例子：

```
        MOV AX, 4050H             ; AX = 4050H
```
指令执行后，AX = 4050H。

4.1.2 寄存器寻址

寄存器寻址方式中操作数在寄存器中，指令指定寄存器。对于 16 位操作数，寄存器可以是 AX、BX、CX、DX、SI、DI、SP 和 BP 等；对于 8 位操作数，寄存器可以是 AL、AH、BL、BH、CL、CH、DL 和 DH。由于操作数就在寄存器中，不需要访问存储器来取得操作数，因而这种寻址方式可以取得较高的运算速度。除上述两种寻址方式外，以下各种寻址方式的操作数都在除代码段以外的存储区外，通过采用不同方式求得操作数地址，从而取得操作数。例如下面例子中：

```
MOV   BX, 3064H
MOV   AX, BX              ; AX = 3064H
```

指令执行后，AX = 3064H，BX 保持不变。

4.1.3   直接寻址

在 IBM PC 机中把操作数的偏移地址称为有效地址 EA(effective address)。在直接寻址方式中，有效地址 EA 就在指令的操作码背后的操作数字段中，且按 EA 的低字节在前、高字节在后的形式存放，所以必须先求出操作数的物理地址，然后再访问存储器才能取得操作数。如操作数在数据段中，则物理地址 $PA = 16 \times DS + EA$。IBM PC 机中允许数据段存放在数据段以外的其他段中，此时应在指令中指定段跨越前缀，在计算物理地址时应使用指定的段寄存器。例如下面指令：

```
MOV AX, [1000H]            ; AX = 3412H
```

假设 DS = 4000H，操作数在默认的数据段中，所以操作数的物理地址 $PA = DS \times 16 + 1000H$。指令执行情况如图 4.1 所示，执行结果为 AX = 3412H。

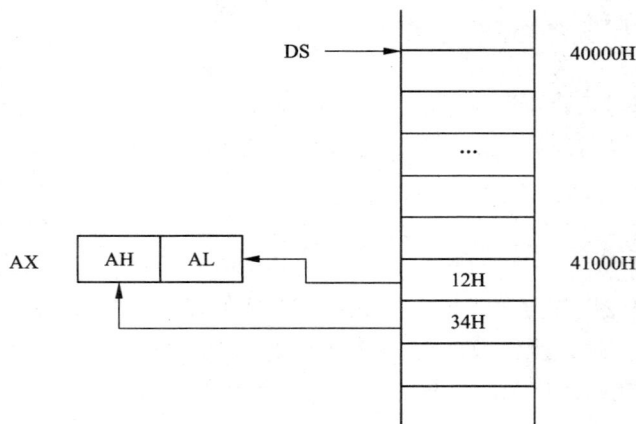

图 4.1   直接寻址示意图

如果符号地址为双字，存放着 32 位数，目的操作数也应使用 32 位寄存器。例如下面指令：

```
.DATA
VAL DD 12345678H
MOV   EAX, VAL
```

直接寻址方式适合于处理单个变量。例如，要处理某个存放在存储器里的变量，可以用直接寻址方式把该变量先取到一个寄存器中，然后再做进一步处理。

80x86 中为了使指令字不要过长，规定双操作数指令的两个操作数中，只能有一个使用存储器寻址方式,这就是一个变量常常先要送到寄存器的原因。

4.1.4 寄存器间接寻址

在寄存器间接寻址中操作数的有效地址在基址寄存器 BX、BP 或变址寄存器 SI、DI 中,而操作数则在存储器中。如果指令中指定的寄存器是 BX、SI、DI,则操作数在数据段中,所以用 DS 寄存器的内容作为段地址,即操作数的物理地址 PA 为:

物理地址 $PA = 16D * DS + BX$

或物理地址 $PA = 16D * DS + SI$

或物理地址 $PA = 16D * DS + DI$

如指令中指定 BP 寄存器,则操作数在堆栈段中,段地址在 SS 中,所以操作数的物理地址为:

物理地址 $PA = 16D * SS + BP$

例如下面指令:

MOV AX,[BX]   ; AX = 50A0H

如果 DS = 2000H,BX = 1000H,则物理地址 PA = 20000H + 1000H = 21000H。指令执行情况如图 4.2 所示,执行结果为 AX = 50A0H。

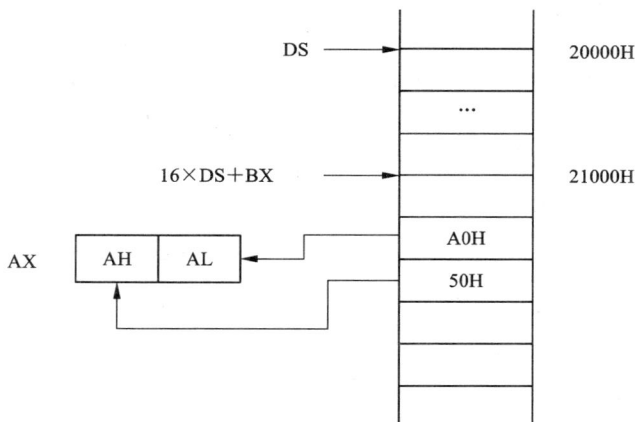

图 4.2 寄存器间接寻址示意图

指令中也可指定段跨越前缀来取得其他段中的数据,例如下面指令:

MOV AX,ES:[BX]

这种寻址方式可以用于表格处理,执行完一条指令后,只需修改寄存器内容就可取出表格中的下一项。寄存器间接寻址方式适用于数组、表格等的处理,因为执行完一条指令后只需修改寄存器内容,就可以取出下一个操作数。

4.1.5 寄存器相对寻址

操作数的有效地址是一个基址或变址寄存器的内容和指令中指定的 8 位或 16 位位移量(displacement)之和。除有段跨越前缀者外,对于寄存器为 BX、SI、DI 的情况,段寄存器用 DS,而寄存器 BP 则使用 SS 段寄存器的内容作为段地址。

物理地址 = 16D * DS + BX + 8 位位移量

或 SI 或 16 位位移量

或 DI

或 物理地址 = 16D * SS + BP + 8 位位移量

或 16 位位移量

例如下面指令：

    . DATA

    STRING DB 'HELLO, THE WORLD! ', 0DH, 0AH, ' $ '

    MOV SI, 3H

    MOV AL, STRING[SI]   ; AL = 'L'

假设 DS = 3000H, SI = 3H, STRING = 2000H, 则物理地址 PA = 16 × DS + STRING + SI = 30000 + 2000 + 3 = 32003H, 指令执行情况如图 4.3 示, 执行结果是 AL = 'L'。

指令 MOV AL, STRING[SI] 也可使用 MOV AL, [STRING + SI] 指令形式。

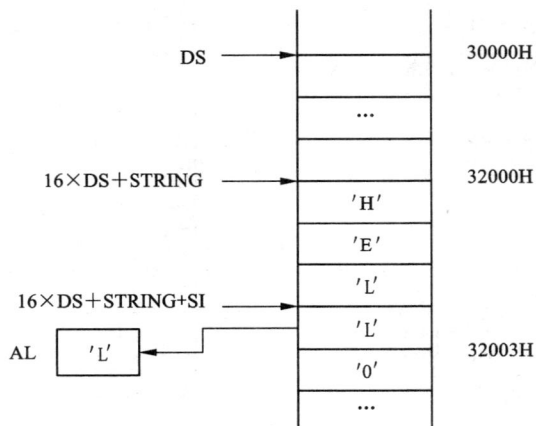

图 4.3　寄存器相对寻址示意图

这种寻址方式同样可用于表格处理, 表格的首地址可设置为 STRING, 利用修改基址或变址寄存器的内容来取得表格中的值。

直接变址寻址方式也可以使用段跨越前缀。例如下面指令：

MOV AX, ES：STRING[SI]

4.1.6　基址变址寻址

基址变址寻址方式中操作数的有效地址是一个基址寄存器和一个变址寄存器的内容之和。两个寄存器均由指令指定。如基址寄存器为 BX 时, 段寄存器使用 DS；如基址寄存器为 BP 时, 段寄存器则用 SS。

物理地址 PA = 16 × DS + BX + SI 或 DI

或物理地址 PA = 16 × SS + BP + SI 或 DI

例如下面指令

MOV　AX,［BX］［DI］　　　　　　　　；AX = 1234H

假设 DS = 2100H, BX = 0158H, DI = 10A5H, 则源操作数的物理地址 PA = 16 × DS + BX + SI = 21000H + 0158H + 10A5H = 221FDH。指令执行情况如图 4.4 所示。执行结果 AX = 1234H。

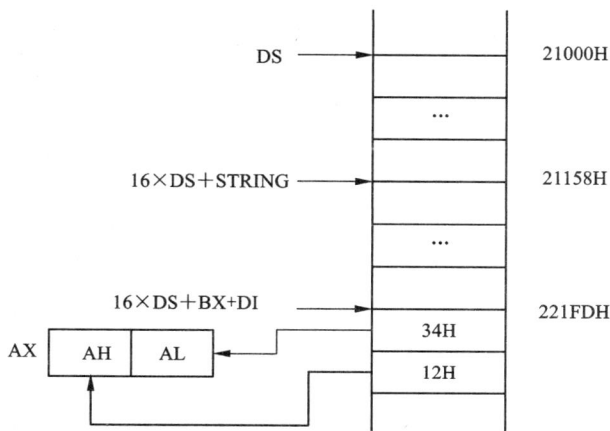

图 4.4　基址变址寻址示意图

类似地, 对于 32 位寻址方式有:

MOV EAX,［EBX］［EDI］

这种寻址方式同样适用于数组或表格处理, 首地址可存放在基址寄存器中, 而用变址寄存器来访问数组中的各个元素。由于两个寄存器都可以修改, 所以它比直接变址方式更加灵活。此种寻址方式使用段跨越前缀时的格式为:

MOV AX, ES:［BX］［SI］

4.1.7　相对基址变址寻址

相对基址变址寻址方式中操作数的有效地址是一个基址寄存器和一个变址寄存器的内容和 8 位或 16 位位移量之和。同样, 当基址寄存器为 BX 时, 使用 DS 为段寄存器, 而当基址寄存器为 BP 时, 则使用 SS 为段寄存器。

$$物理地址 = 16d × DS + BX + SI + 8 位位移量$$
$$或 DI 或 16 位位移量$$
$$或物理地址 = 16d × SS + BP + SI + 8 位位移量$$
$$或 DI 或 16 位位移量$$

例如下面指令:

MOV AX, ARRAY［BX］［DI］；AX = 1234H

假设如 DS = 3000H, BX = 2000H, SI = 1000H, ARRAY 首地址 = 0250H, 则物理地址 PA = 16d × DS + ARRAY 首地址 + BX + SI = 30000H + + 0250H + 2000H + 1000H = 33250H。

指令执行情况如图 4.5 所示。执行结果 AX = 1234H。

这种寻址方式为堆栈处理提供了方便。一般 BP 可指向栈顶, 从栈顶到数组的首地址可用位移量表示, 变址寄存器可用来访问数组中的某个元素。

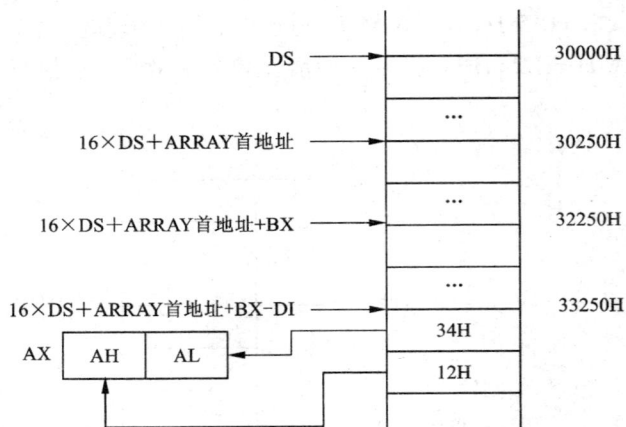

图4.5　相对基址变址寻址示意图

指令 MOV　AX，ARRAY［BX＋SI］也可以写成 MOV　　AX，［ARRAY＋BX＋SI］指令形式。

4.2　JMP 和 LOOP 指令

4.2.1　JMP 指令

JMP 指令无条件转移目标地址，该地址用代码标号来标识，并由汇编器转换为偏移量。JMP 指令格式如下：

JMP　　destination

当 CPU 执行一个无条件转移指令时，目标地址的偏移量被送入指令指针寄存器，从而从新地址开始继续执行。例如下面指令序列：

　　　　JMP　L

　　　　…

　　　　L：　　　MOV　AX，BX

当 CPU 执行到 JMP　L 指令，CPU 转跳到代码标号 L 处继续执行。

SHORT 操作符可用来修饰 JMP 指令中转向地址的属性，指出转向地址是在下一条指令地址的 −128 ~ +127B 的范围内。例如：

　　　　JMP SHORT　ST

　　　　…

　　　　ST：

4.2.2　LOOP 指令

LOOP 指令将程序块重复执行特定次数。CX 作为计数寄存器，当执行 LOOP 指令时，将 CX 的内容减 1，如 CX 结果不等于零，则转到 LOOP 指令中指示的短标号处。否则，顺序执行 LOOP 下一条指令。因此，在循环程序开始前，应将循环次数送到 CX 寄存器。LOOP 指令的操作数只能是一个短标号，即转移距离不可超过 −128 ~ +127 的范围。下面指令序列创建了 100 次的循环：

	MOV　CX, 100
AGAIN:	
	…
	LOOP AGAIN

当在一个循环中再创建一循环，需要考虑外层循环的计数器 CX，可以将它保存在其他寄存器或者变量中。下面指令序列创建两重循环：

	MOV　CX, 100	
L1:	MOV　DX, CX	
	MOV　CX, 20	
L2:		
	…	
	LOOP L2	
	MOV　CX, BX	
	LOOP L1	

4.3　DOS 系统功能调用

DOS 内包含了许多涉及设备驱动和文件管理方面的过程，DOS 的各种命令就是通过调用这些过程实现的。为了方便使用，把这些过程写成相对独立的程序模块，并且给每个模块编上相应的号，汇编语言程序可以方便地调用这些过程。调用这些过程减少了对系统硬件环境的考虑和依赖，不但可大大精简应用程序的编写，而且可使程序具有良好的通用性。这些编了号的可由程序员调用的过程叫作 DOS 系统功能调用。一般认为 DOS 的各种命令是操作员与 DOS 的接口，而功能调用则是程序员与 DOS 的接口。

DOS 功能模块位于 BIOS 的上层，它对硬件的依赖相对较少，DOS 功能既可以用于系统的管理，也可用于汇编程序的设计。DOS 功能模块放在中断向量表中，占有 20H ~ 3FH 中断类型号，通过软中断指令（INT）进行调用。其中，22H、23H、24H 为 DOS 专用中断，20H、21H、25H、26H、27H、2FH 为用户可调用中断。为了使用方便，将 DOS 层功能模块所提供的 88 个过程统一顺序编号从 00H 到 57H。DOS 系统功能调用需要进行以下三项工作：

（1）置入口参数，如果过程不需要参数，则可以省略此步；

（2）将过程编号送入 AH 寄存器；

（3）执行中断指令：INT 21H。

下面列出了一些重要的输入输出的 DOS 系统功能调用：

INT 21H 功能 1H

描述	从标准输入读取一个字符
接收参数	AH = 1H
返回值	AL = 字符（ASCII 码）
调用示例	MOV　AH, 1 INT　21H MOV　CHAR, AL

注意：如果输入缓冲区内无字符，则程序一直等待。该功能在标准输出上回显字符。

INT 21H 功能 2H

描述	在标准输出上显示一个字符并将光标前进一个位置
接收参数	AH = 2H
	DL = 字符 ASCII 值
返回值	无
调用示例	MOV　AH, 2 MOV　DL, 'A' INT　21H

INT 21H 功能 9H

描述	在标准输出设备上显示以' $ '结尾的字符串
接收参数	AX = 9H
	DS：DX = 字符串的段/偏移地址
返回值	无
调用示例	. DATA STRING BYTE "This is a string" , ' $ ' . CODE MOV　AH, 9H MOV　DX, OFFSETSTRING INT　21H

注意：字符串必须以' $ '结尾。

INT 21H 功能 0AH	
描述	从标准输入设备上读取缓冲字符数组
接收参数	AH = 0AH
	DS：DX = 键盘输入结构的地址
返回值	
调用示例	. DATA STRING BYTE　80，0，81 DUP（?） . CODE MOV　AH，0AH MOV　DX，OFFSETSTRING INT　21H

有的 DOS 系统功能调用不需入口参数，但大部分需要将参数送入指定寄存器。DOS 系统功能调用结束后有出口参数时一般在寄存器中，有些过程调用结束时会在屏幕上看到结果。例如：调用 2 号功能，使喇叭发出"嘟"的一声。2 号功能调用的功能是在屏幕上显示一个字符，入口参数是 DL 寄存器为显示的字符的 ASCII 码。当要显示的字符的 ASCII 码为 07H 时，并不在屏幕上显示字符，而是发出"嘟"的一声。程序段如下：

MOV	DL，07H	；设置入口参数
MOV	AH，2H	；置功能调用号
INT	21H	；实施调用

有的功能很特殊，调用它后不再返回。例如 4CH 号功能调用，其功能就是结束程序的运行而返回 DOS。4CH 号功能调用有一个存放在 AL 寄存器中的入口参数，该入口参数是程序的结束码，其值的大小不影响程序的结束。程序段如下：

MOV	AL，1H
MOV	AH，4CH
INT	21H

有些功能调用不需要入口参数，如 1 号功能调用是接收键盘输入，其中出口参数是所输入的字符的 ASCII 码，保存在 AL 寄存器中。程序段如下：

MOV	AH，1H
INT	21H
MOV	DL，AL

4.4　寻址方式应用编程

形成操作数的有效地址的方法称为操作数的寻址方式。Intel 80x86 主要寻址方式有立即寻址、直接寻址、间接寻址、寄存器寻址方式、寄存器间接寻址方式、相对寻址、基址寻址方式、变址寻址方式和基址变址等寻址方式。下面通过几个程序说明操作数寻址方式。

程序 4.1 显示字符"H"。在程序第 8 行直接寻址方式将字符"H"送入 DL 寄存器。

程序 4.1　采用直接寻址方式显示字符"H"

1	. MODEL SMALL		
2	. DATA		
3	STRING BYTE "Hello, The World!", 0DH, 0AH, '$'		
4	. CODE		
5	MAIN PROC FAR		
6		MOV	AX, @ DATA
7		MOV	DS, AX
8		MOV	DL, STRING
9		MOV	AH, 2H
10		INT	21H
11		MOV	DL, 0DH
12		MOV	AH, 2H
13		INT	21H
14		MOV	DL, 0AH
15		MOV	AH, 2H
16		INT	21H
17		MOV	AX, 4C00H
18		INT	21H
19	MAIN ENDP		
20	END		

程序 4.2 显示字符"H"。在程序第 8 行取 STRING 字符串偏移量送 BX 寄存器，在第 9 行采用寄存器间接寻址将字符"H"送 DL 寄存器。

程序 4.2　采用寄存器间接寻址方式显示字符'H'

1	. MODEL SMALL		
2	. DATA		
3	STRING BYTE "Hello, The World!", 0DH, 0AH, ' $ '		
4	. CODE		
5	MAIN PROC FAR		
6		MOV	AX, @ DATA
7		MOV	DS, AX
8		MOV	BX, OFFSET STRING
9		MOV	DL, [BX]
10		MOV	AH, 2H
11		INT	21H
12		MOV	DL, 0DH
13		MOV	AH, 2H
14		INT	21H
15		MOV	DL, 0AH
16		MOV	AH, 2H
17		INT	21H
18		MOV	AX, 4C00H
19		INT	21H
20	MAIN ENDP		
21	END		

程序 4.3 显示字符串"Hello, The World!"。在程序第 8 行取 STRING 字符串偏移量送入 BX 寄存器，在第 9 行 STRING 字符串长度送入 CX 寄存器，在第 10 行采用寄存器间接寻址将 BX 寄存器指向的字符送入 DL 寄存器。在 12 行通过调用 DOS 中断系统 (INT 21H) 显示当前字符。在第 13 行 INC 指令将 BX 寄存器值加 1，使 BX 寄存器指向下一个字符。循环显示 STRING 字符串每个字符。

程序 4.3　采用寄存器间接寻址显示"Hello, The World!"

1	. MODEL SMALL		
2	. DATA		
3	STRING BYTE "Hello, The World!", 0DH, 0AH, ' $ '		
4	. CODE		
5	MAIN PROC FAR		
6		MOV	AX, @ DATA

续程序 4.3

7		MOV	DS, AX
8		MOV	BX, OFFSET STRING
9		MOV	CX, 19
10	AGAIN：	MOV	DL, [BX]
11		MOV	AH, 2H
12		INT	21H
13		INC	BX
14		LOOP	AGAIN
15		MOV	AX, 4C00H
16		INT	21H
17	MAIN ENDP		
18	END		

程序 4.4 显示字符串"Hello, The World!"。在程序第 8 行取 BX 寄存器清零, 在第 9 行 STRING 字符串长度送入 CX 寄存器, 在第 10 行采用寄存器相对寻址将 STRING[BX]指向的字符送入 DL 寄存器。在 12 行通过调用 DOS 中断系统(INT 21H)显示当前字符。在第 13 行 INC 指令将 BX 寄存器值加 1, 使 STRING[BX]指向下一个字符。循环显示 STRING 字符串每个字符。

程序 4.4 采用寄存器相对寻址显示"Hello, The World!"

1	. MODEL SMALL		
2	. DATA		
3	STRING BYTE "Hello, The World!", 0DH, 0AH, '$'		
4	. CODE		
5	MAIN PROC FAR		
6		MOV	AX, @ DATA
7		MOV	DS, AX
8		MOV	BX, 0
9		MOV	CX, 19
10	AGAIN：	MOV	DL, STRING[BX]
11		MOV	AH, 2H
12		INT	21H
13		INC	BX
14		LOOP	AGAIN
15		MOV	AX, 4C00H

续程序 4.4

16		INT	21H
17	MAIN ENDP		
18	END		

程序 4.5 显示字符串"Hello, The World!"。在程序第 8 行 STRING 字符串长度送入 CX 寄存器。在第 9 行取 STRING 字符串偏移量送入 BX 寄存器。在第 10 行 SI 寄存器清零。在第 11 行采用基址变址寻址将[BX][SI]指向的字符送入 DL 寄存器。在 13 行通过调用 DOS 中断系统(INT 21H)显示当前字符。在第 13 行 INC 指令将 SI 寄存器值加 1,使[BX][SI]指向下一个字符,循环显示 STRING 字符串每个字符。

程序 4.5　采用基址变址寻址显示"Hello, The World!"

1	. MODEL SMALL		
2	. DATA		
3	STRING BYTE " Hello, The World!" , 0DH, 0AH, ' $ '		
4	. CODE		
5	MAIN PROC FAR		
6		MOV	AX, @ DATA
7		MOV	DS, AX
8		MOV	CX, 19
9		MOV	BX, OFFSET STRING
10		MOV	SI, 0
11	AGAIN:	MOV	DL, [BX][SI]
12		MOV	AH, 2H
13		INT	21H
14		INC	SI
15		LOOP	AGAIN
16		MOV	AX, 4C00H
17		INT	21H
18	MAIN ENDP		
19	END		

4.5　本章小结

形成操作数的有效地址的方法称为操作数的寻址方式。本章介绍了寻址方式,包括立即寻址、寄存器寻址、直接寻址、寄存器间接寻址、寄存器相对寻址、基址变址寻址和相对基址变址寻址。

指令的地址字段指出的不是操作数的地址,而是操作数本身,这种寻址方式称为立即寻址。

当操作数不放在内存中,而是放在 CPU 的通用寄存器中时,可采用寄存器寻址方式。直接寻址是一种基本的寻址方法,在指令格式的地址的字段中直接指出操作数在内存的地址。

在寄存器间接寻址中操作数的有效地址在基址寄存器 BX、BP 或变址寄存器 SI、DI 中,而操作数则在存储器中。

寄存器相对寻址中操作数的有效地址是一个基址或变址寄存器的内容和指令中指定的位移量之和。

基址变址寻址方式中操作数的有效地址是一个基址寄存器和一个变址寄存器的内容之和。

JMP 指令无条件转移目标地址,该地址用代码标号来标识,并由汇编器转换为偏移量。

LOOP 指令将程序块重复执行特定次数,CX 作为计数寄存器。

DOS 内包含了许多涉及设备驱动和文件管理方面的过程,这些过程叫作 DOS 系统功能调用,汇编语言程序可以方便地调用这些过程。

在本章的最后通过一些应用程序说明了操作数的寻址方式。

习　题

1. 给定 BX = 637DH, SI = 2A9BH, 数组 ARRAY 的偏移量 12H, 试确定在以下各种寻址方式下的有效地址:

(1)立即寻址;

(2)直接寻址;

(3)使用 BX 的寄存器寻址;

(4)使用 BX 的间接寻址;

(5)使用 BX 的寄存器相对寻址;

(6)基址变址寻址;

(7)相对基址变址寻址;

2. 根据以下要求写出相应的汇编语言指令:

(1)把 BX 寄存器和 DX 寄存器的内容相加,结果存入 DX 寄存器中。

(2)用寄存器 BX 和 SI 的基址变址寻址方式把存储器中的一个字节与 AL 寄存器的内容相加,并把结果送到 AL 寄存器中。

(3)用寄存器 BX 和位移量 0B2H 的寄存器相对寻址方式把存储器中的一个字和 CX 寄存器相加,并把结果送回存储器中。

（4）用位移量为 0524H 的直接寻址方式把存储器中的一个字与数 2A59H 相加，并把结果送回存储单元中。

（5）把数 0B5H 与 AL 寄存器相加，并把结果送回 AL 寄存器中。

3. 写出把首地址为 ARRAY 的字数组的第 6 个字送到 DX 寄存器的指令。要求使用以下几种寻址方式：

（1）寄存器间接寻址；

（2）寄存器相对寻址；

（3）基址变址寻址。

4. 现有 DS = 2000H，BX = 0100H，SI = 0002H，（20100H）= 12H，（20101H）= 34H，（20102H）= 56H，（20103H）= 78H，（21200H）= 2AH，（21201H）= 4CH，（21202H）= B7H，（21203H）= 65H，试说明下列各条指令执行完后 AX 寄存器的内容。

（1）MOV　AX, 1200H;

（2）MOV　AX, BX;

（3）MOV　AX, [1200H];

（4）MOV　AX, [BX];

（5）MOV　AX, 1100[BX];

（6）MOV　AX, [BX][SI];

（7）MOV　AX, 1100[BX][SI]。

5. 编写程序在数据段定义一个数 N，在标准输出一行上显示 N 个 "*"。

6. 编写程序让计算机发出 3 次 "嘟"（ACSII 码为 07H）声音。

第 5 章　数据传送

本章将介绍数据传送指令、常用技术以及要注意的一些问题。数据传送指令用于实现寄存器之间、寄存器与存储器之间、AL/AX 寄存器与 I/O 端口之间、立即操作数到寄存器或存储器之间的字节、字或双字的传送。这类指令的共同特点是不影响标志寄存器的内容（SAHF 和 POPF 指令除外）。

5.1　数据传输指令

数据传输指令负责把数据、地址等信息传送到寄存器或存储器中。数据传输指令又可分为通用数据传输指令、累加器专用传输指令、地址传送指令和标志传送指令。通用数据传送指令如表 5.1 所示。

表 5.1　通用数据传送指令

指令	操作
MOV（move）	传送
MOVSX（move with sign – extend）	带符号扩展传送
MOVZX（move with zero – extend）	带零扩展传送
PUSH（push onto the stack）	进栈
POP（pop from the stack）	出栈
PUSHA/PUSHAD（push all registers）	所有寄存器进栈
POPA/POPAD（pop all registers）	所有寄存器出栈
XCHG（exchange）	交换

5.1.1　MOV 指令

MOV 指令从源操作数向目的操作数拷贝数据。MOV 指令的格式如下：

MOV　　destionation，source

MOV 指令执行后源操作数内容不变，目的操作数的内容与源操作数相同，不影响标志位。MOV 指令对操作数的使用是非常灵活的，只要遵循以下的规则即可：

- – 1892216594 • 两个操作数的尺寸必须一致。
- – 1892216593 • 两个操作数不能同时为内存操作数。

- – 1892216592 ● 目的操作数不能是 CS、EIP 和 IP。
- – 1892216591 ● 立即操作数不能直接送至段寄存器。

下面是 MOV 指令的格式列表(不包括段寄存器):

MOV　reg, reg
MOV　mem, reg
MOV　reg, mem
MOV　mem, imm
MOV　reg, imm

一般说来,段寄存器仅用于实地址模式下运行的程序,对段寄存器的操作可以有以下两种格式,唯一的例外是 CS 不能用作目的操作数:

MOV　r/m16, sreg
MOV　sreg, r/m16

MOV　mem, mem 形式的指令是非法指令,即 MOV 指令不能用于将数据从一个内存位置直接移动到另外一个内存位置。也就是说,如果一条指令有两个操作数,不允许两个操作数都是存储器数。该项规定不仅适用于 MOV 类指令,也适用于其他各类指令(串操作除外)。

如果要将数据从一个内存位置移动到另外一个内存位置,可以先将源操作数移入一个寄存器中,再将寄存器内容送至目的操作数。

.DATA	
VAR1　DW ?	
VAR2　DW ?	
.CODE	
MOV　AX, VAR1	
MOV　VAR2, AX	

下面 MOV 指令是正确的用法:

MOV　AX, 1010H	;将字数据 1010H 传送到 AX
MOV　BL, 58H	;将字数据 58H 传送到 BL
MOV　BYTE PTR[BX], 10H	;将字节数据 10H 传送到 BX 所指的内存单元
MOV WORD PTR[BX], 2255H	;将字数据 2255H 传送到 BX 所指的内存单元
MOV　DS, [BX]	;将 BX 所指的内存单元的内容送入 DS
MOV　AX, [2050H]	;将有效地址 2050H 连续两个内存单元内容送入 AX
MOV　AL, [2050H]	;将有效地址 2050H 的内存单元的内容送入 AL
MOV　AX, DS	;将数据段寄存器内容送入 AX
MOV　AX, CS	;将代码段寄存器内容送入 AX
MOV　[SI], DS	;将数据段寄存器内容送入 SI 所指的内存单元
MOV　DS, AX	;将 AX 内容送入 DS 段寄存器
MOV　SP, AX	;将 AX 内容送入栈顶指针寄存器

续

MOV　DH, CL	；将 CL 内容送入 DH
MOV　[2000H], AX	；将 AX 内容送入有效地址 2000H 连续两个内存单元
MOV　SI, BX	；将 BX 内容送入 SI
MOV　[SI], BX	；将 BX 内容送入 SI 所指的连续两个内容单元
MOV　SI, BX	；将 BX 内容送入 SI
MOV　[SI], BX	；将 BX 内容送入 SI 所指的连续两个内容单元

下面 MOV 指令是错误的用法：

MOV　AH, 1234H	；源操作数和目的操作数长度不一致
MOV　AX, [BX][BP]	；源操作数寻址方式错误
MOV　AX, [SI][DI]	；源操作数寻址方式错误
MOV　DS, 4000H	；立即操作数不能直接赋给段寄存器
MOV　CS, AX	；CS 寄存器不能作为目的操作数
MOV　10H, AL	；立即操作数不能作为目的操作数
MOV　AH, BX	；源操作数和目的操作数长度不一致
MOV　DS, ES	；不允许两个段寄存器之间直接传送数据
MOV　AX, [CX]	；间接寻址时可用的寄存器为 BX、BP、SI、DI
MOV　[BX], [SI]	；不允许存储器之间直接传送数据

5.1.2　MOVSX 指令

MOVSX 指令把源操作数的内容拷贝到目的操作数中，并将该值符号扩展（sign extend）至 16 或 32 位。MOVSX 指令只能用于有符号整数，指令执行不影响标志位。该指令有三种格式：

MOVSX　r32, r/m8

MOVSX　r32, r/m16

MOVSX　r16, r/m8

操作数的符号扩展是指用较小操作数的最高位填充目的操作数的其余空位。例如，如果 8 位操作数 1001011b 被送至 16 位目的操作数中，那么其最低 8 位将被原样拷贝，接下来，源操作数的最高位将被拷贝至目的操作数高 8 位的每一位中。

MOV	BX, 0A69BH	
MOVSX	EAX, BX	；EAX = FFFFA69Bh
MOV	EDX, BL	；EDX = FFFFFF9Bh
MOVSX	CX, BL	；CX = FF9Bh

5.1.3　MOVZX

MOVZX 指令把源操作数的内容拷贝到目的操作数中,并将该值零扩展(zero extend)至 16 或 32 位。MOVZX 指令仅适用无符号整数,指令执行不影响标志位。该指令有三种格式:

MOVZX　r32, r/m8

MOVZX　r32, r/m16

MOVZX　r16, r/m8

以下是使用 MOVZX 指令的例子:

MOV	BX, 0B63DH	
MOVZX	EAX, BX	; EAX = 0000B63DH
MOVZX	EDX, BL	; EDX = 0000003DH
MOVZX	CX, BL	; CX = 003DH

5.2　栈操作指令

堆栈也称为后进先出结构(LIFO),最后面压入堆栈的值总是最先取出。Intel 80x86 使用堆栈段寄存器 SS 和堆栈指针寄存器 SP 管理堆栈。数据入栈时,SP 做减量调整,SP 指示的单元称为栈顶。数据出栈时,SP 做增量调整。

5.2.1　PUSH 指令

PUSH 指令将寄存器或存储单元的内容压入堆栈。当堆栈地址长度为 16 位时使用 SP,当堆栈地址长度为 32 位时使用 ESP。用 PUSH 指令向堆栈中压入数据时总是从高地址开始逐渐向低地址方向增长。PUSH 指令首先减少 SP 或 ESP 的值,然后将一个 16 位或 32 位源操作数压入堆栈。入栈时高位先被压栈,低位后被压栈。对于 16 位操作数,SP 或 ESP 减 2;对于 32 位操作数,SP 或 ESP 减 4。PUSH 指令有以下三种格式:

PUSH　r/m16

PUSH　r/m32

PUSH　imm32

5.2.2　POP 指令

POP 指令将堆栈顶内容弹出,并送至寄存器或存储单元。当堆栈地址长度为 16 位时使用 SP,当堆栈地址长度为 32 位时使用 ESP。用 POP 指令堆栈顶内容弹出数据时总是从低地址开始逐渐向高地址方向增长。POP 指令首先将 SP 或 ESP 所指的堆栈元素拷贝到 16 位或 32 位目的操作数,然后增加 SP 或 ESP 的值。出栈时低位先被弹出栈,高位后被弹出栈。如果操作数是 16 位,SP 或 ESP 加 2;如果操作数是 32 位,SP 或 ESP 加 4。POP 指令有以下两种格式:

POP　r/m16

POP　r/m32

5.2.3   PUSHA、PUSHAD、POPA 和 POPAD 指令

PUSHA 指令在堆栈上按下列顺序压入所有 16 位通用寄存器：AX、CX、DX、BX、SP 的原始值、BP、SI 和 DI。POPA 指令则以相反的顺序弹出这些寄存器。PUSHAD 指令在堆栈上按下列顺序压入所有 32 位通用寄存器：EAX、ECX、EDX、EBX、ESP 的原始值、EBP、ESI 和 EDI。POPAD 指令则以相反的顺序弹出这些寄存器。

5.3   交换指令

5.3.1   XCHG 指令

XCHG 指令交换源操作数与目标操作数的内容，指令执行不影响标志位。该指令有三种格式：

XCHG   reg, reg
XCHG   reg, mem
XCHG   mem, reg

XCHE 指令的操作数与 MOV 的操作数遵守系统的规则。XCHG 指令提供了交换两个数组元素的简单方法，以下是一些使用 XCHG 指令的例子：

XCHG	AX, BX
XCHG	AH, AL
XCHG	VAR, BX
XCHG	EAX, EBX

若要交换两个内存操作数，需要使用寄存器作临时存储用，并将 MOV 和 XCHG 指令结合起来使用：

MOV	AX, VAR1
XCHG	AX, VAR2
MOV	VAR1, AX

5.3.2   XLAT 指令

XLAT(translate)指令是查表指令，把待查表格的一个字节内容送到寄存器 AL 中。在执行该指令前，应将待查表格的首地址送至寄存器 BX 中，然后将待查字节与其在表格中距表首地址位移量送入寄存器 AL。其操作数是隐含的，操作数是以 DS：[BX + AL]为地址，提取存储器中的一个字节再送入 AL。指令执行不影响标志位。以下是使用 XLAT 指令的例子：

. DATA	
TABLE WORD 1122H, 3344H, 5566H, 7788H	
MOV　BX，OFFSET TABLE	
MOV　AL，03H	
XLAT	；AL＝33H

5.4　地址传送指令

地址传递指令完成把地址送到指定寄存器的功能。这些指令都不影响状态标志位。通用地址传递指令如表 5.2 所示。

表 5.2　通用地址传递指令

指令	操作
LEA(load effective address)	将有效地址送入寄存器
LDS(load DS with pointer)	将指针送入寄存器和 DS
LES(load ES with pointer)	将指针送入寄存器和 ES
LFS(load FS with pointer)	将指针送入寄存器和 FS
LGS(load GS with pointer)	将指针送入寄存器和 GS
LSS(load SS with pointer)	将指针送入寄存器和 SS

5.4.1　LEA 指令

LEA 指令将有效地址(EA)送入指定寄存器。这些寄存器常用来作为地址指针。由于存在操作数和地址长度的不同，该指令执行的操作如表 5.3 所示。

表 5.3　LEA 指令执行的操作

操作数的长度	地址长度	执行的操作
]16	16	计算得的 16 位有效地址存入 16 位目的寄存器
16	32	计算得的 32 位有效地址，截取低 16 位存入 16 位目的寄存器
32	16	计算得的 16 位有效地址，零扩展后存入 32 位目的寄存器
32	32	计算得的 32 位有效地址存入 32 位目的寄存器

以下是使用 LEA 指令的例子：

```
.DATA
ARRAY  BYTE  1, 2, 3, 4, 5, 6, 7, 8, 9, 10
.CODE
LEA  BX, ARRAY
```

5.4.2　LDS、LES、LFS、LGS 和 LSS 指令

LDS 指令将源操作数指示的双字单元内容分别送入目的寄存器和 DS 段寄存器，低两个字节内容送入目的寄存器，高两个字节内容送入段寄存器。该指令源操作数必须为存储器寻址方式，目的寄存器不允许使用段寄存器。以下是使用 LDS 指令的例子：

```
.DATA
TABLE  WORD  1234H, 5678H
.CODE
LDS  BX, TABLE                    ; BX = 1234H, DS = 5678H
```

LES、LFS、LGS 和 LSS 指令与 LDS 指令相同，唯一不同的是段寄存器。LES、LFS、LGS 和 LSS 指令源操作数指示的内容送入的段寄存器分别是 ES、FS、GS 和 SS。

5.5　标志操作指令

标志操作指令包括对标志寄存器传送指令和用于设置或清除某些标志位的指令。

5.5.1　LAHF 和 SAHF 指令

LAHF(Load AH with flags)将 EFLAGS 寄存器的低位字节拷贝至 AH 寄存器，被拷贝的标志位包括 SF、ZF、AF、CF 和 PF 等。使用该指令可以方便地将标志位保存到变量中。

```
.DATA
SaveFlags  BYTE?
.CODE
LAHF
MOV  SaveFlags, AH
```

SAHF(store AH into flags)指令拷贝 AH 寄存器的值至 EFLAGS 寄存器的低位字节。例如，可以使用该指令恢复保存在变量中的标志：

MOV	AH, SaveFlags
SAHF	

SAHF 指令也可以用于 AH 寄存器的值来设置标志寄存器的低 8 位, 即分别用 AH 寄存器的第 7、6、4、2、0 位的值来设置标志寄存器的 SF、ZF、AF、PF 和 CF 等标志位。

5.5.2　PUSHF、PUSHFD、POPF 和 POPFD 指令

PUSHF 指令在堆栈上压入 16 位 FLAGS 寄存器, PUSHFD 指令在堆栈上压入 32 位 EFLAGS 寄存器。POPF 指令将堆栈顶部的值弹出, 并送至 16 位 FLAGS 寄存器, POPFD 指令将堆栈顶部的值弹出, 并送至 32 位 FLAGS 寄存器。

5.5.3　标志位操作指令

标志位操作指令属于处理器控制指令组, 它们仅对指令规定的标志产生指令规定的影响, 对其他标志没有影响。标志位操作指令如表 5.4 所示。

表 5.4　标志位操作指令

指令	操作
CLC(clear carry flag)	进位标志 CF 清零
STC(set carry flag)	进位标志 CF 置位
CMC(complement carry flag)	进位标志 CF 取反
CLD(clear direction flag)	方向标志 DF 清零
STD(set direction flag)	方向标志 DF 置位
CLI(clear interrupt enable flag)	中断允许标志 IF 清零
STI(set interrupt enable flag)	中断允许标志 IF 置位

CLC(clear carry flag)指令使进位标志 CF 为 0。该指令的格式如下:
CLC
STC(set carry flag)指令使进位标志 CF 为 1。该指令的格式如下:
STC
CMC(complement carry flag)指令使进位标志 CF 取反。如 CF 为 1, 则使 CF 为 0, 则 CF 为 1。该指令的格式如下:
CMC
CLD(clear direction flag)指令使方向标志 DF 为 0, 从而在执行串操作指令时, 使地址按递增方式变化。该指令的格式如下:
CLD
STD(set direction flag)指令使方向标志 DF 为 1, 从而在执行串操作指令时, 使地址按递减方式变化。该指令的格式如下:

STD

CLI(clear interrupt enable flag)指令使中断允许标志 IF 为 0，于是 CPU 就不响应来自外部装置的可屏蔽中断，但对不可屏蔽中断和内部中断都没有影响。该指令的格式如下：

CLI

STI(set interrupt enable flag)指令使中断允许标志 IF 为 1，则 CPU 可以响应可屏蔽中断。该指令的格式如下：

STI

5.6 I/O 指令

Intel 80x86 I/O 地址采用独立编址方式，即 IO 地址与存储(内存)地址分开独立编址，I/O 端口地址不占用存储空间的地址范围。这样，在系统中就存在了另一种与存储地址无关的 IO 地址。此时，需要使用专用的专门的 I/O 指令来访问外设。8086 系统的 I/O 指令皆使用 AL 或 AX 寄存器。

I/O 寄存器的寻址方式有两类：直接寻址和间接寻址。直接寻址中只能是 8 位立即操作数，访问地址为 0～255 的 I/O 端口。间接寻址中 DX 装有 I/O 寄存器的地址，使用间接寻址可以访问地址为 0～65535 的任意 I/O 端口。

5.6.1 IN 指令

IN 指令把一个字节、一个字或双字由一个输入端口(port)传送至 AL、AX 或 EAX。IN 指令的格式为：

INAL, imm8

INAX, imm8

INEAX, imm8

INAL, DX

INAX, DX

INEAX, DX

以下是使用 IN 指令的例子：

IN AL, 0EAH	; 将地址为 0EAH 的端口地址中内容送入 AL
IN AX, DX	; 将 DX 所指端口地址中的内容送入 AX

5.6.2 OUT 指令

OUT 指令把一个字节、一个字或者一个双字由一个输入端口(port)传送至 AL、AX 或者 EA。OUT 指令的格式为：

OUT imm8, AL

OUT imm8, AX

OUT imm8, EAX

OUT DX, AL

```
OUT   DX, AX
OUT   DX, EAX
```

例如，向地址为 61H 的 I/O 寄存器输出 1 字节数据：

MOV	AL, 03
MOV	DX, 61H
OUT	DX, AL

5.7 本章小结

本章介绍了数据传送指令。数据传送指令负责把数据、地址或立即操作数传送到寄存器或存储单元中。它又可以分为数据传输指令、堆栈操作指令、交换指令、地址传送指令、标志操作指令和 I/O 指令。

MOV 指令从源操作数向目的操作数拷贝数据。

MOVSX 指令把源操作数的内容拷贝到目的操作数中，并将该值符号扩展至 16 或 32 位。

MOVZX 指令把源操作数的内容拷贝到目的操作数中，并将该值零扩展至 16 或 32 位。

PUSH 指令将寄存器或存储单元的内容压入堆栈。POP 指令将堆栈顶内容弹出，并送至寄存器或存储单元。

XCHG 指令交换源操作数与目标操作数的内容。

XLAT(translate)指令是查表指令，把待查表格的一个字节内容送到 AL 寄存器中。

地址传送指令把地址送到指定寄存器。标志操作指令包括对标志寄存器传送指令和用于设置或清除某些标志位的指令。

IN 指令把一个字节、一个字或双字由一个输入端口传送至 AL、AX 或 EAX。

OUT 指令把一个字节、一个字或者一个双字由一个输入端口传送至 AL、AX 或者 EA。

习 题

1. 试分析下列程序段执行后 BX 寄存器内容。

MOV		AX, 0
MOV		BX, 1
MOV		CX, 100
AGAIN：	ADD	AX, BX
INC		BX
LOOP		AGAIN

2. 试分析下列程序段执行后 CX 寄存器内容。

MOV	BX, 0A96EH
MOVZX	CX, BH

3. 试分析下列程序段执行后 AX 寄存器内容。

MOV	BX, 0A96EH
MOVSX	AX, BH

4. 试分析下列程序段执行后 AL 寄存器内容。

. DATA	
TABLE WORD 56ADH, 13AFH, 0A3DCH, 98DFH	
MOV	BX, OFFSET TABLE
MOV	AL, 04H
XLAT	

5. 写指令序列向 62H 端口地址输出 45H 字节数据。

6. 写指令序列从 342H 端口地址读一字节数据。

7. 编写程序利用堆栈将源字符串反序拷贝到目的字符串，并输出目的字符串。使用下面数据：

```
SOURCE   BYTE   "This is the source string."
        TARGET   BYTE   SIZEOFSOURCE DUP(?)
```

第6章 算术运算

本章将介绍算术运算指令以及指令使用方法。Intel 80x86 的算术运算指令包括二进制运算和十进制运算指令。算术指令用来执行算术运算，有双操作数指令，也有单操作数指令。双操作数指令的两个操作数中除源操作数为立即操作数之外，必须有一个操作数在寄存器中。单操作数不允许使用立即操作数的方式。

6.1 加法指令

整数的加法是 CPU 执行的最基本操作。Intel 80x86 提供的整数加法指令如表 6.1 所示，共有 4 条整数加法指令。

表 6.1 加法指令

指令	操作
ADD（add）	加法
ADC（add with carry）	带位加法
INC（increment）	加 1
XADD（exchange and add）	交换并相加

6.1.1 ADD 指令

ADD 指令将长度相同的源操作数和目的操作数进行相加操作，相加之和存放在法目的操作数，源操作数不改变。源操作数的类型和目的操作数的类型必须一致，即同为字节操作数、字操作数或双字操作数，并且两者不能同为存储器操作数。ADD 指令执行影响大多数标志位，根据存入目的操作数的数值，PF、ZF、CF、SF、AF、OF 等标志进行变化。ADD 指令格式如下：

ADD　dest, source

只有当 CPU 执行无符号数加法时，进位标志 CF 才有意义。如果无符号数加法的结果对目的操作数而言太大而无法容纳时，进位标志 CF 被设置。仅当有符号数相加时，溢出标志 OF 才有效。如果有符号数加法产生的结果对目的操作数而言无法容纳，溢出标志 OF 被设置。

下面以两个 8 位数相加为例，分析 ADD 指令对溢出标志 OF 和进位标志 CF 的影响。8 位二进制数看作无符号数时表示的范围 0 ~ 255，看作有符号数时表示的范围 − 128 ~ + 127。

（1）CF = 0，OF = 0 情况。

```
   0000  0100
 + 0000  1011
 ────────────
   0000  1111
```

如果将两个二进制数看成有符号数，即(+ 4) + (+ 11) = + 15，因此 OF = 0。如果将两个数看成无符号数，即 4 + 11 = 15，因此 CF = 0。

（2）CF = 1，OF = 1 情况。

```
   1000  0111
 + 1111  0101
 ────────────
 10111  1100
```

如果将两个二进制数看成有符号数，即(− 121) + (− 11) = + 124，因此 OF = 1。如果将两个数看成无符号数，即 135 + 245 = 124，因此 CF = 1。

（3）CF = 1，OF = 0 情况。

```
   0000  0111
 + 1111  1011
 ────────────
 10000  0010
```

如果将两个二进制数看成有符号数，即(+ 7) + (− 5) = + 2，因此 OF = 0。如果将两个数看成无符号数，即 7 + 251 = 2，因此 CF = 1。

（4）CF = 0，OF = 1 情况。

```
   0000  1001
 + 0111 1100
 ───────────
   1000  0101
```

如果将两个二进制数看成有符号数，即(+ 9) + (+ 124) = − 123，因此 OF = 1。如果将两个数看成无符号数，即 9 + 124 = 133，因此 CF = 0。

6.1.2　ADC 指令

ADC 指令将目标操作数与源操作数相加，再加上进位标志 CF 的内容，将结果返回目的操作数。指令执行对标志位的影响与 ADD 指令类似，影响 OF、SF、ZF、AF、PF、CF 等标志位。ADC 指令格式如下：

ADC　dest，source

下面是使用 ADC 指令的例子：

STC	; CF = 1
MOVAL, 14H	
MOVBL, 56H	
ADC　AL, BL	; CF = 0, AL = 6BH

ADC 指令主要用于多字节运算中。例如，有两个四字节的数相加，加法要分两次进行，先进行低两字节相加，然后再做高两字节相加。在高两字节相加时，要把低两字节相加以后

可能出现的进位考虑进去，用 ADC 指令实现这点很方便。

6.1.3　INC 指令

INC 指令将目标操作数加 1。操作数类型可以是寄存器或存储器，但不能是段寄存器。指令执行影响 SF、ZF、AF、PF、OF 等大多数标志位，但对进位标志 CF 没有影响。INC 指令格式如下：

INC　reg

INC　mem

下面是使用 INC 指令的例子：

MOVAX, 1000H	
INC　AX	; AX = 1001H

6.1.4　XADD 指令

XADD 指令执行源操作数与目的操作数相加。同时，原始的目的操作数送至源操作数。XADD 指令如下：

XADD　reg, reg

XADD　mem, reg

下面是使用 XADD 指令的例子：

MOVAL, 12H	
MOV　BL, 34H	
XADD AL, BL	; AL = 46H, BL = 12H

6.2　减法指令

整数的减法也是 CPU 执行的最基本操作。Intel 80x86 提供的整数减法指令如表 6.2 所示。

表 6.2　减加法指令

指令	操作
SUB(subtract)	减法
SBB(subtract with borrow)	带借位减法
DEC(decrement)	减 1
NEG(negate)	求补
CMP(compare)	比较
CMPXCHG(compare and exchange)	比较并交换
CMPXCHG8B(compare and exchange 8 byte)	比较并交换 8 字节

6.2.1 SUB 指令

SUB 指令将目标操作数减源操作数，结果送回目标操作数。操作数的类型与加法指令一样，即目标操作数可以是寄存器或存储器，源操作数可以是立即操作数、寄存器或存储器，但不允许两个存储器相减。SUB 指令对标志位 SF、ZF、AF、PF、CF 和 OF 有影响。SUB 指令格式如下：

SUB　reg, reg

SUB　reg, imm

SUB　reg, mem

SUB　mem, reg

SUB　mem, imm

下面是使用 SUB 指令的一些例子：

MOV　AL, 34H	
MOV　BL, 12H	
SUB　AL, BL	; AL = 22H, BL = 12H

MOV[SI + 10H], 7631H	
MOV　AX, 2945H	
SUB AX, [SI + 10H]	; AX = 0B314H, ZF = 0, CF = 1, OF = 0

6.2.2 SBB 指令

SBB 指令将目标操作数减源操作数，然后再减进位标志 CF，并将结果送回目标操作数。目标操作数及源操作数的类型与 SUB 指令相同。带借位减指令主要用于多字节的减法。指令执行对标志位的影响与 SUB 指令相同。SBB 指令格式如下：

SBB　reg, reg

SBB　reg, imm

SBB　reg, mem

SBB　mem, reg

SBB　mem, imm

6.2.3 DEC 指令

DEC 指令将目标操作数减 1。操作数的类型与 INC 指令一样，可以是寄存器或存储器，不可以是段寄存器。字节操作或字操作均可。指令执行对标志位 SF、ZF、AF、PF 和 OF 有影响，但不影响进位标志 CF。DEC 指令格式如下：

DEC　reg

DEC　mem

【例 6.1】 编写程序将源字符串反序拷贝到目的字符串，并输出目的字符串。使用下面数据：

SOURCE　BYTE　"This is the source string"
　　　TARGET　BYTE　SIZEOF SOURCE DUP(?)

程序 6.1 为将源字符串反序拷贝到目的字符串。

程序 6.1　将源字符串反序拷贝到目的字符串

1	. MODEL SMALL		
2	. DATA		
3	SOURCE　BYTE　"This is the source string"		
4	TARGET　BYTE　SIZEOF SOURCE　DUP(?)		
5	. CODE		
6	MAIN PROC FAR		
7		MOV	AX，@ DATA
8		MOV	DS，AX
9		MOV	CX，SIZEOF SOURCE
10		LEA	SI，SOURCE
11		ADD	SI，AX
12		DEC	SI
13		LEA	DI，TARGET
14	L1：	MOV	AX，[SI]
15		MOV	[DI]，AX
16		DEC	SI
17		INC	DI
18		LOOP	L1
19		MOV	CX，SIZEOF SOURCE
20		LEA	DI，TARGET
21	L2：	MOV	AH，2H
22		MOV	DL，[DI]
23		INT	21H
24		INC	DI
25		LOOP	L2
26		MOV	AH，2
27		MOV	DL，0DH
28		INT	21H
29		MOV	AH，2H
30		MOV	DL，0AH

续程序 6.1

31		INT	21H
32		MOV	AX，4C00H
33		INT	21H
34	MAIN ENDP		
35	END		

6.2.4　NEG 指令

　　NEG 指令计算目的操作数的补码，并将结果存储在原来的目标操作数。指令执行对大多数标志位如 SF、ZF、AF、PF、CF 及 OF 有影响。NEG 指令格式如下：

　　NEG　reg

　　NEG　mem

　　以下是使用 NEG 指令例子：

MOV　AL，0EEH	；AL = 1110 1110B
NEG　AL	；AL = 00010001B + 1 = 00010010B

6.3　乘法指令

　　Intel 80x86 除了提供加减运算指令外，还提供乘除运算指令。乘除运算指令分为无符号数运算指令和有符号数运算指令，这点与加减运算指令不同。Intel 80x86 乘法指令如表 6.3 所示。

表 6.3　乘法指令

指令	操作
MUL(unsigned multiple)	无符号数乘法
IMUL(signed multiple)	带符号数乘法

6.3.1　MUL 指令

　　MUL 指令实现无符号数乘法运算，将 AL、AX 或 EAX 与源操作数相乘。如果源操作数是 8 位的，则与 AL 相乘，积存储在 AX 中。如果源操作数是 16 位的，与 AX 相乘，积存储在 DX：AX 中。如果源操作数是 32 位的，与 EAX 相乘，积存储在 EDX：EAX 中。指令运行影响 OF、CF 等标志位。MUL 指令格式如下：

　　MUL　reg

　　MUL　mem

　　以下是使用 MUL 指令的例子：

| MOV　AL，78H |
| MOV　CL，0F1H |
| MUL　CL |

6.3.2　IMUL 指令

IMUL 指令进行带符号的乘法，两个操作数均按带符号数处理。指令执行与 MUL 相同，但必须是带符号的数。IMUL 指令对 AL、AX 或 EAX 执行有符号整数乘法操作。如果乘数是 8 位的，被乘数在 AL 中，积在 AX 中；如果乘数是 16 位的，被乘数在 AX 中，积在 DX：AX 中；如果乘数是 32 位的，被乘数在 EAX 中，积在 EDX：EAX 中。若16 位乘积扩展到 AH，32 位乘积扩展到 DX，或者位 64 位乘积扩展到 EDX，进位标志位和溢出标志位置 1。指令执行影响 OF、CF 等标志位。IMUL 指令格式：

IMUL　r/m8

IMUL　r/m16

IMUL　r/m32

以下是使用 IMUL 指令的例子：

| MOV　AL，0A5H |
| MOVBL，11H |
| IMUL　BL |

6.4　除法指令

Intel 80x86 除法指令分为无符号数除法指令和有符号数除法指令。由于除法指令隐含使用字被除数或双字被除数，所以当被除数为字节，或者除数和被除数均为字节时，需要在除操作前扩展被除数。为此 Intel 80x86 专门提供了符号扩展指令。Intel 80x86 除法指令如表 6.4 所示。

表 6.4　除法指令

指令	操作
DIV（unsigned division）	无符号数除法
IDIV（signed division）	带符号数除法
CBW（convert byte to word）	字节转换为字指令
CWD（convert word to double word）	字转换为双字指令
CDQ（convert double word to quad word）	双字转换为四字指令

6.4.1　DIV 指令

DIV 指令实现无符号数除法运算。若源操作数为字节操作数，则 16 位被除数在 AX 中，将 AX 的内容除以源操作数的商送入寄存器 AL，余数送入 AH。若源操作数为字操作数，则 32 位被除数在 DX、AX 中，其中 DX 为高位字，AX 为低位字，寄存器 DX、AX 的内容连接成的 32 位数除以源操作数的商送入 AX，余数送入 DX。若源操作数为双字操作数，则 64 位被除数在 EDX、EAX 中，其中 EDX 为高位双字，EAX 为低位双字，寄存器 EDX、EAX 的内容连接成的 64 位数除以源操作数的商送入 EAX，余数送入 EDX。指令运行影响 OF、CF 等标志位。DIV 指令格式如下：

DIV　reg

DIV　mem

下面是使用 DIV 指令的例子：

MOV　AX, 0400H	; AX = 1024
MOV　CL, 081H	; CL = 129
DIV　CL	; 商 AL = 7，余数 AH = 124

6.4.2　IDIV 指令

IDIV 指令与 DIV 指令相同，但操作数必须是带符号数，商和余数也都是带符号数，而且余数的符号和被除数的符号相同。IDIV 指令实现有符号数除法运算。若源操作数为字节操作数，则将 AX 的内容除以源操作数的商送入寄存器 AL，余数送入 AH；若源操作数为字操作数，则寄存器 DX、AX 的内容连接成的双字数据除以源操作数的商送入 AX，余数送入 DX。指令运行影响 OF、CF 等标志位。IDIV 指令格式如下：

IDIV　reg

IDIV　mem

下面是使用 IDIV 指令的例子：

MOV　AX, 0400H	
MOV　CL, 081H	
IDIV　CL	; 商 AL = 0F8H，余数 AH = 08H

6.4.3　CBW 指令

CBW 指令将寄存器 AL 中数据的符号位扩展到 AH 中。指令执行不影响影响标志位。CBW 指令格式如下：

CBW

下面是使用 CBW 指令例子：

MOV AL, 0F7H	
CBW	; AX = FFF7H
ADD AL, 47H	
CBW	; AX = 0047H

符号扩展指令也用于不同位数的数据相加减时调整数据的位数。

【例6.2】 设 X, Y, Z 为有符号字节类型变量, 写出完成(X × Y + Z)/Y 功能的指令序列。

MOV AL, X	
MUL Y	
MOV CX, AX	
MOV AL, Z	
CBW	
ADD AX, CX	
IDIV Y	

6.4.4 CWD 指令

CWD 指令将 AX 寄存器中数据的符号位扩展到 DX 寄存器中。指令执行不影响标志位。CWD 指令格式如下:

CWD

下面是使用 CWD 指令的例子:

MOV AX, 4567H	
CWD	; DX = 0000H, AX = 4567H

6.4.5 CDQ 指令

CDQ 指令将 EAX 寄存器中数据的符号位扩展到 EDX 寄存器中。指令执行不影响标志位。CDQ 指令格式如下:

CDQ

下面是使用 CDQ 指令的例子:

MOV EAX, -65	; EAX = FFFFFF9BH
CDQ	; EDX = FFFFFFFFH, EAX = FFFFFF9BH

【例6.3】 编写程序计算 1 + 2 + ⋯ + 10 之和, 并按十进制输出。

1 + 2 + ⋯ + 10 之和为 55, 没有超过 99, 因此, 将累加和除以 10, 商为十位数, 余数为个位数。INT 21H 功能 2H 将 ASCII 码输出, 数字必须转换为对应的 ASCII 码。由于数字 0 ~ 9

的 ASCII 码为 30H ~ 39H，数字 0 ~ 9 分别加上 30H 便转换为对应的 ASCII 码。程序 6.2 为计算 1 + 2 + … + 10 之和程序。

程序 6.2　计算 1 + 2 + … + 10 之和

1	. MODEL SMALL		
2	. CODE		
3	MAIN PROC FAR		
4		MOV	AX, 0
5		MOV	CX, 10
6	NEXT：	ADD	AX, CX
7		LOOP	NEXT
8		MOV	CL, 10
9		DIV	CL
10		MOV	CX, AX
11		MOV	DL, CL
12		ADD	DL, 30H
13		MOV	AH, 2H
14		INT	21H
15		MOV	DL, CH
16		ADD	DL, 30H
17		MOV	AH, 2H
18		INT	21H
19		MOV	AX, 4C00H
20		INT	21H
21	MAIN ENDP		
22	END		

6.5　BCD 码

Intel 80x86 能实现二进制和十进制的算术运算指令，我们前面介绍的所有运算指令都是二进制的算术运算指令。人们通常习惯于使用十进制数，所以在计算机进行计算时，必须先把十进制数转换成二进制数，然后进行二进制计算，计算结果转换成十进制数字输出。为了方便十进制计算，Intel 80x86 还提供了十进制数调整指令，这组指令在二进制计算的基础上进行十进制数调整，可以直接得到十进制的结果。

BCD 码是一种用二进制编码的十进制数，用 4 位二进制数表示一个十进制数码。由于这 4 位二进制数的权为 8421，所以 BCD 码又称 8421 码。十进制数码所对应的 BCD 码如表 6.5 所示。

表 6.5　BCD 码

十进制数码	0	1	2	3	4	5	6	7	8	9
BCD 码	0000	0001	0010	0011	0100	0101	0110	0111	1000	1001

在 IBM PC 机里，表示十进制数的 BCD 码可以用压缩的 BCD 码(packed BCD format)和非压缩的 BCD 码(packed BCD format)两种格式来表示。压缩的 BCD 码用 4 位二进制数表示一个十进制数位，整个十进制数形式为一个顺序的以 4 位为一组的数串。例如，9502D 应表示为：

$$1001\ 0101\ 0000\ 0010$$

非压缩的 BCD 码则以 8 位为一组表示一个十进制数位，8 位中的低 4 位是以 8421 码表示的十进制数位，8 位中的低 4 位表示 8421 的 BCD 码，而高 4 位则没有意义。

6.6　压缩的 BCD 码调整指令

Intel 80x86 提供的 ADD、ADC 以及 SUB、SBB 指令只适用于二进制加、减法。但压缩的 BCD 码却是一个字节含有两个十进制数位的二进制数。在使用加、减法指令对 BCD 码运算后必须经调整后才能得到正确的结果。有两条指令 DAA 和 DAS 用于调整压缩的 BCD 码运算结果。

6.6.1　DAA 指令

DAA(decimal adjust after addition)指令调整两个压缩 BCD 值相加之后 AL 中的结果。将和转换成两个 BCD 数存放在 AL 中。DAA 指令格式如下：

DAA

例如下面的指令将十进制数 35 和 48 相加，结果(7DH)的低位等于 9，因此进行调整，高位数字是 8，因此不必调整。

MOVAL, 35H	
ADD　AL, 48H	; AL = 7DH
DAA	; AL = 83H

6.6.2　DAS 指令

DAS(decimal adjust after subtraction)指令将两个压缩 BCD 值减法操作后在 AL 中得到的结果转换为两个压缩的 BCD 数并存储在 AL 中。DAS 指令格式如下：

DAS

下面的指令将十进制数 85 和 48 相减并调整结果。

MOVBL, 48H	
ADD AL, 85H	
SUB AL, BL	; AL = 3DH
DAS	; AL = 37H

6.7 ASCII 和非压缩的 BCD 码调整指令

这一组指令适于数字 ASCII 的调整，也适用于一般的非压缩 BCD 码的十进制调整，下面分别说明各条指令的功能。

指令	操作
AAA(ASCII adjust after addition)	加法的 ASCII 码调整指令
AAS(ASCII adjust after substraction)	减法的 ASCII 码调整指令
AAM(ASCII adjust after multiplication)	乘法的 ASCII 码调整指令
AAD(ASCII adjust befor division)	除法的 ASCII 码调整指令

数字的 ASCII 码是一种非压缩 BCD 码。因为数字的 ASCII 的高 4 位值为 0011，而低 4 位是以 8421 码表示的二进制数位，这符合非压缩 BCD 码高 4 位无意义的规定。

6.7.1 AAA 指令

AAA 指令调整两个 ASCII 数字相加之后在 AL 中的结果。如果 AL 的低 4 位大于 9 或辅助进位标志 AF 等于 1，则 AL 加 6 并清除 AL 的高 4 位，同时 AH 加 1，设置进位标志 CF 和辅助进位标志 AF；否则，直接清除 AL 的高 4 位，清除进位标志 CF 和辅助进位标志 AF。AAA 指令除影响 AF 和 CF 标志外，其余标志位均无定义。

AAA 指令格式如下：

AAA

下面的例子显示了如何使用 AAA 指令将 ASCII 数字 8 和 2 正确相加。在执行加法之前必须把 AH 清零，最后一条指令把 AH 和 AL 转换成 ASCII 数字。

MOVAH, 0	
MOV AL, '8'	; AX = 0038H
ADD AL, '2'	; AX = 006AH
AAA	; AX = 0100H
OR AX, 3030H	; AX = 3130H = '10'

6.7.2 AAS 指令

AAS 指令调整 ASCII 减法之后 AL 中得到的结果。如果 AL 的低 4 位大于 9 或辅助进位标志等于 1，AL 减 6，清除 AL 的高 4 位，AH 减 1，设置进位标志 CF 和辅助进位标志 AF。否则，直接清除 AL 的高 4 位，清除进位标志 CF 和辅助进位标志 AF。AAS 指令除影响 AF 和 CF 标志外，其余标志位均无定义。

AAS 指令格式如下：

AAS

下面的例子显示了如何使用 AAS 指令将 ASCII 数字 8 和 9 正确相减。

MOVAH, 0	
MOV AL, '8'	; AX = 0038H
SUB AL, '9'	; AX = 00FFH
AAS	; AX = FF09H
PUSHF	; save the Carry flag
OR AL, 30H	; AX = FF39H
POPF	; restore the Carry flag

在 SUB 指令执行之后，AX 等于 00FFH，ASS 指令将 AL 转换成 09H 并从 AH 中减去 1，把 AH 设置成为 FFH 并设置进位标志 CF。

6.7.3 AAM 指令

AAM 指令调整 MUL 指令的结果，执行的乘法必须是非压缩的 BCD 整数乘法，不能对 ASCII 数字执行乘法，其高位必须首先被清零。AAM 指令一般紧跟在 MUL 指令之后使用，影响标志位为 SF、ZF、PF。其他标志位无定义。AAM 指令的格式如下：

AAM

下面的例子把 5 和 6 相乘并调整 AX 中的结果。在调整之后，AX = 0300H，也就是 30 的 BCD 码。

MOVBL, 05H	
MOV AL, 06H	
MUL BL	; AX = 001EH
AAM	; AX = 0300H

6.7.4 AAD 指令

AAD 指令在除法操作之前调整 AX 中非压缩 BCD 被除数。AAD 指令影响的标志位为 SF、ZF、PF，其他标志位无定义。AAD 指令格式如下：

AAD

下面的例子将非压缩 BCD 数除以 5。首先 AAD 指令将 0307H 转换成 0025H，DIV 指令后的商 07H 存放在 AL 中，余数 02H 存放在 AH 中。

MOVAX, 0307H	
AAD	; AX = 0025H
MOV BL, 5	
DIV BL	; AX = 0207H

6.8   本章小结

本章介绍了算术运算指令以及指令使用方法。Intel 80x86 的算术运算指令包括加法类指令、减法类指令、乘法指令、除法指令和 BCD 码指令二进制运算和十进制运算指令。

ADD 指令将长度相同的源操作数和目的操作数进行相加操作，相加之和存放在目的操作数，源操作数不改变。

ADC 指令将目标操作数与源操作数相加，再加上进位标志 CF 的内容，将结果返回目的操作数。

INC 指令将目标操作数加 1，DEC 指令将目标操作数减 1。

XADD 指令执行源操作数与目的操作数相加。同时，原始的目的操作数送至源操作数。

SUB 指令将目标操作数减源操作数，结果送回目标操作数。SBB 指令将目标操作数减源操作数，然后再减进位标志 CF，并将结果送回目标操作数。

NEG 指令计算目的操作数的补码，并将结果存储在原来的目标操作数。

MUL 指令实现无符号数乘法运算，IMUL 指令进行带符号的乘法。

DIV 指令实现无符号数除法运算，IDIV 指令进行带符号数的除法。

CBW、CWD 和 CDQ 指令实现符号位扩展。

BCD 码是一种用二进制编码的十进制数。DAA 指令调整两个压缩 BCD 值相加之后 AL 中的结果。DAS 指令将两个压缩 BCD 值相减之后 AL 中的结果。AAA 指令调整两个 ASCII 数字相加之后在 AL 中的结果。AAS 指令调整 ASCII 减法之后 AL 中得到的结果。AAM 指令调整 MUL 指令的结果。AAD 指令在除法操作之前调整 AX 中非压缩 BCD 被除数。

习　题

1. 试分析下列程序段执行后 AX 寄存器内容。

MOV	AX, 0E0EH
MOV	BX, 707H
CWD	
DIV	BX
XCHG	BX,
MUL	BX

2. 试分析下列程序段执行后 AX 寄存器的内容。

MOV	BX，1234H
NEG	BX
INC	BX
NEG	BX
DEC	BX

3. 试分析下列程序段执行后 AL 寄存器、AF 和 CF 标志位的内容。

MOV	AL，45H
SUB	AL，27H
DAS	
SBB	AL，49H
DAS	

4. 写出程序段计算如下表达式的值：

（X × Y + Z − 1024）/75

假设其中的 X、Y 和 Z 均为 16 位带符号数，计算结果的商保存在 AX 寄存器中，余数保存在 DX 寄存器中。

5. 编写程序将两个字符串连接起来，并输出。

6. 编写程序计算 1 + 2 + ⋯ + 100 之和，并按十进制输出。

7. 编写程序计算 $n!$（$1 \leqslant n \leqslant 8$），并按十进制输出。

8. 设两个十进制数最多 16 位，编程实现两个十进制数加法运算，并按十进制输出运算结果。

9. 设在数组 ARRAY 中存放着 10 个压缩 BCD，求它们的和，并按十进制输出运算结果。

.DATA

ARRAY　BYTE23H，45H，67H，89H，32H，93H，36H，12H，66H，78H

第 7 章　条件处理

在汇编语言程序设计中，往往需要根据某种条件的判断做出操作选择，即执行不同的分支，或者需要重复执行某个操作。这就要求程序除了顺序执行外，还必须能够由相应的指令来控制程序的执行流程。执行不同分支的程序结构称为分支结构或选择结构，重复执行某个操作的程序结构称为循环结构。

汇编语言中实现分支结构的主要机制是 CPU 的标志寄存器、指令标号和转移指令。当某个操作影响了标志寄存器后，可以通过条件转移指令使 CPU 转跳到所指定的指令标号执行。汇编语言实现循环结构主要是通过循环指令，也可以通过转移指令。

本章主要介绍逻辑指令、比较指令、条件转移指令和条件循环指令，以及指令使用方法，并给出了大量应用编程。

7.1　逻辑运算和比较指令

逻辑运算指令包括 AND、OR、XOR 和 NOT，它们全都可以用于清除、设置，以及测试各位。这些指令按位进行操作，各位之间的运算结果互相独立。TEST 指令一种非破坏性 AND 操作。如表 7.1 所示，除了 NOT 指令不影响标志寄存器外，其他几条指令将 CF、OF 清零，并根据操作的结果设置 AF、SF，PF。AF 的值不定。

表 7.1　逻辑运算指令

指令	操作	标志寄存器结果
AND	按位与	CF = 0，OF = 0，依运算结果设置 ZF，SF，PF。AF 不定
OR	按位或	CF = 0，OF = 0，依运算结果设置 ZF，SF，PF。AF 不定
XOR	按位异或	CF = 0，OF = 0，依运算结果设置 ZF，SF，PF。AF 不定
TEST	按位与，但不修改操作数	CF = 0，OF = 0，依运算结果设置 ZF，SF，PF。AF 不定
NOT	按位求反	不影响标志位

7.1.1 AND 指令

AND 指令在两个操作数的对应位之间进行按位逻辑与（AND）操作，并将结果存放在目的操作数，根据得到的结果设置 ZF、SF、PF 标志位，OF 和 CF 标志位设置为 0。AND 指令格式如下：

AND   destination, source

下列是被允许的操作数组合，但是立即操作数不能超过 32 位：

AND   reg, reg

AND   reg, mem

AND   reg, imm

AND   mem, reg

AND   mem, imm

操作数可以是 8 位、16 位、32 位和 64 位，但是两个操作数必须是同样大小。两个操作数的每一对对应运算的规则是：如果两个位都是 1，则结果位为 1；否则结果位为 0。表 7.1 列出了对操作数 X 和 Y 进行 AND 运算时的输出结果。

表 7.2　X 和 Y 进行 AND 运算时的输出结果

X	Y	X AND Y
0	0	0
0	1	0
1	0	0
1	1	1

例如，假设 AL 寄存器初始化为二进制数 10101110，将其与 11110110 进行 AND 操作后，AL 等于 10100110。

　　MOVAL, 10101110B

　　AND   AL, 11110110B   ; AL = 10100110B

AND 指令常用于将一个数中的某一位或某几位清零，而不论这些位原来的值如何。例如下面指令将 AL 寄存器的第 0 位和 3 位清除，其他位不变。

　　AND   AL, 11110110B

一个操作数与本身进行 AND 操作，其操作数不变，但却使 CF = 0 和 OF = 0，并设置了 SF、ZF、PF 状态值。这样可实现 CF 清零的目的，对 SF 值可判别操作数的正负，对 ZF 值可判别操作数是否为零，对 PF 值可判别操作数的奇偶性。例如下面指令：

　　MOVAL, 86H

　　AND   AL, AL   ; AL = 86H, CF = 0, OF = 0, SF = 1, ZF = 0, PF = 0

指令 AND AL, 0FFH 与 AND AL, AL 是等效的。

AND 指令提供了一种简单的方法将字母从小写转换成大写。字母"a"~"z"的 ASCII 码值为 61H~7AH,而大写字母"A"~"Z"的 ASCII 码值为 41H~5AH。可以发现小写字母与相对应的大写字母的 ASCII 码只有第 5 位不同。为了将小写字母转换成大写字母,只需要将它和 11011111B 进行 AND 操作,即将位 5 清零。例如,"r"的 ASCII 码值为 72H,即 01110010B,与 11011111B 进行 AND 操作后,结果为 01010010B,即 52H,"R"的 ASCII 码值。

MOVAL, 'r'	; AL = 01110010B
AND AL, 110111110B	; AL = 01010010B

AND 指令可以用于将数字字符换成对应的数字。数字字符为"0"~"9",其 ASCII 码值为 30H~39H。为了将它转换成数字 0~9,可将它和 0FH 进行逻辑与操作,高 4 位清零,而低 4 位不变。例如下面指令将数字字符"5"转换成对应的数字 5。

MOVAL, '5'	; AL = 00110101B
AND AL, 00001111B	; AL = 00000101B = 5D

7.1.2 OR 指令

OR 指令在两个操作数的对应位之间按位逻辑或操作,并将结果存放到目的操作数中,根据得到的结果设置 ZF、SF、PF 标志位,OF 和 CF 标志位设置为 0。AND 指令格式如下:

OR destination, source

下列是被允许的操作数组合,但是立即操作数不能超过 32 位:

OR   reg, reg

OR   reg, mem

OR   reg, imm

OR   mem, reg

OR   mem, imm

操作数可以是 8 位、16 位、32 位和 64 位,但是两个操作数必须是同样大小。两个操作数的每一对对应位只要有一个是 1,则结果位是 1;否则是 0。表 7.3 列出了两个操作数 X 和 Y 进行 OR 运算时的输出结果。

表 7.3 两个操作数 X 和 Y 进行 OR 运算时的输出结果

X	Y	X OR Y
0	0	0
0	1	1
1	0	1
1	1	1

例如，假设 AL 寄存器初始化为二进制数 10101110，将其与 11110110 进行 OR 操作后，AL 寄存器等于 11111110 B。

```
MOV    AL, 10101110B
OR     AL, 11110110B        ; AL = 11111110 B
```

OR 指令常用于将一个数中的某一位或某几位置位，而不论这些位原来的值如何。例如下面指令将 AL 寄存器的第 0 位和第 3 位置位，其他位不变。

```
OR     AL, 00001001B
```

OR 指令提供了一种简单的方法将字母从大写转换成小写。字母"a"～"z"的 ASCII 码值为 61H～7AH，而大写字母"A"～"Z"的 ASCII 码值为 41H～5AH。可以发现小写字母与相对应的大写字母的 ASCII 码只有第 5 位不同。为了将大写字母转换成小写字母，只需要将它和 00100000B 进行 OR 操作，即将第 5 位置 1。例如，"R"的 ASCII 码值为 52H，即 01010010B，与 00100000B 进行 AND 操作后，结果为 01110010B，即 72H，"r"的 ASCII 码值。

```
MOV    AL, 'R'             ; AL = 01010010B = 'R'
AND    AL, 00100000B       ; AL = 01110010B = 'r'
```

OR 指令可以用于将数字 0～9 转换成对应的数字字符"0"～"9"，其 ASCII 码值为 30H～39H。为了将它转换成数字 0～9，可将它和 30H 进行逻辑或操作，第 5 位和第 4 位置 1，而其他位不变。例如下面指令将数字 5 转换成对应的数字字符"5"。

```
MOV    AL, 5               ; AL = 00000101B = 5D
OR     AL, 00110000B       ; AL = 00110101B = '5'
```

一个操作数与本身进行 OR 操作，其操作数不变，但却使 CF = 0 和 OF = 0，并设置了 SF、ZF、PF 状态值。这样可实现 CF 清零的目的，对 SF 值可判别操作数的正负，对 ZF 值可判别操作数是否为零，对 PF 值可判别操作数的奇偶性。例如下面指令：

```
MOV    AL, 86H
OR     AL, AL              ; AL = 86H, CF = 0, OF = 0, SF = 1, ZF = 0, PF = 0
```

7.2.3　XOR 指令

XOR 指令在两个操作数的对应位之间按位逻辑异或操作，并将结果存放到目的操作数中，根据得到的结果设置 ZF、SF、PF 标志位，OF 和 CF 标志位设置为 0。AND 指令格式如下：

XOR   destination, source

下列是被允许的操作数组合，但是立即操作数不能超过 32 位：

XOR   reg, reg

XOR   reg, mem

XOR   reg, imm

XOR   mem, reg

XOR   mem, imm

操作数可以是 8 位、16 位、32 位和 64 位，但是两个操作数必须是同样大小。两个操作数对应位的值相异时，运算结果位为 1；否则为 0。表 7.4 列出了两个操作数 X 和 Y 进行 XOR 运算时的输出结果。

表 7.4   两个操作数 X 和 Y 进行 XOR 运算时的输出结果

X	Y	X XOR Y
0	0	0
0	1	1
1	0	1
1	1	0

例如，假设 AL 寄存器初始化为二进制数 10101110，将其与 11110110 进行 XOR 操作后，AL 等于 01011000 B。

```
MOV   AL, 10101110B
XOR   AL, 11110110B              ; AL = 01011000 B
```

在 XOR 运算中，与 0 异或值保持不变，与 1 异或值变反。对相同操作数进行两次 XOR 运算，则结果逆转为自身。表 7.5 给出了位 X 与位 Y 进行两次异或，结果逆转为 X 的初值。

表 7.5   位 X 与位 Y 进行两次异或，结果逆转为 X 的初值

X	Y	X XOR Y	(X XOR Y) XOR Y
0	0	0	0
0	1	1	0
1	0	1	1
1	1	0	1

XOR 指令常用于将一个数的某一位或某几位求反。大写字母与小写字母相互转换时，只需要将它和 00100000B 进行 XOR 操作，即将位 5 求反即可。例如，"G" 的 ASCII 码值为 47H，即 01000111B，与 00100000B 进行 XOR 操作后，结果为 01100111B，即 67H，"g" 的 ASCII 码值。

```
MOV   AL, 'G '              ; AL = 01000111B
XOR   AL, 00100000B         ; AL = 01100111B = 'g'
```

XOR 指令的另一个常见用法是将寄存器的内存清零，例如下面指令：

```
XOR   AX, AX               ; AX = 0, CF = 0
```

这条指令将 AX 寄存器清零，因为不管 AX 寄存器原先的取值如何，那些为 1 的二进制位和自己进行 XOR 操作后，结果变成 0。而那些为 0 的二进制位和自己进行 XOR 操作后，结果不变，所以最后所有的位都变成 0，达到清零的目的。而且，该指令的指令长度和执行速度都要优于指令 MOV AX, 0，同时需要得到 CF = 0，所以经常使用 XOR 操作来将寄存器清零。

XOR 指令还用于使操作数中某些位维持不变，而某些位求反。维持不变的位与 0 异或，而要求反的那些位与 1 异或。例如下面指令使 AL 中的高 4 位内容保持不变，低 4 位求反。

```
MOV   AL, 79H               ; AX = 01111001B
```

```
    XOR AL, 0FH          ; AX = 01110110B, CF = 0, OF = 0, SF = 0, ZF = 0, PF = 0
```

7.2.4　NOT 指令

NOT 指令对操作数进行按位求反操作，结果存入操作数中。NOT 指令执行后，不影响任何状态标志位。下列是 NOT 指令被允许的操作数类型：

NOT　reg

NOT　mem

NOT 指令用于将一个数的全部位求反。例如下面指令：

```
    MOV    BL, 00111010B          ;
    NOT    BL                     ; BL = 11000101B
```

使用 XOR 指令也可实现求反操作，而且还可以使 CF = 0。例如下面指令：

```
    MOV    BL, 00111010B
    XORBL, 0FFH                   ; BL = 11000101B, CF = 0
```

7.2.5　TEST 指令

TEST 指令在两个操作数的对应位之间进行 AND 操作，并根据运算结果设置符号标志位 SF、零标志位 ZF 和奇偶标志位 PF。TEST 指令与 AND 指令唯一不同的地方是 TEST 修改目标操作数。TEST 指令格式如下：

TEST　destination, source

下列是被允许的操作数组合，但是立即操作数不能超过 32 位：

TEST　reg, reg

TEST　reg, mem

TEST　reg, imm

TEST　mem, reg

TEST　mem, imm

操作数可以是 8 位、16 位、32 位和 64 位，但是两个操作数必须是同样大小。

TEST 指令总是清除进位标志位 CF 和溢出标志位 OF，修改符号标志位 SF、零标志位 ZF、奇偶标志位 PF，而辅助标志位 AF 无定义。TEST 指令常常用于位测试，它与条件转移指令一起，共同完成对特定位状态的判断，并实现相应的程序转移。TEST 指令可比较一个或几个指定的位，而 CMP 指令是比较整个操作数，同时 CMP 指令全面影响状态标志。例如下面指令测试 AL 寄存器的第 0 位和第 3 位是否都为 0：

```
    TEST   AL, 00001001B          ;测试第 0 位和第 3 位
```

如果 AL 寄存器的第 0 位和第 3 位都为 0，指令执行结束后 ZF = 1。

7.3　比较指令

7.3.1　CMP 指令

CMP 指令用于比较两个整数的大小，指令执行从目的操作数减法源操作数的隐含减法操

作，并不修改操作数。CMP 指令格式如下：

CMP　destination, source

CMP 指令执行后修改进位标志位 CF 和溢出标志位 OF，修改符号标志位 SF、零标志位 ZF、奇偶标志位 PF 和辅助标志位 AF。例如下面指令比较 AX 和 BX 的值：

CMP　AX, BX

程序根据相关标准位使用条件转移指令进行跳转。

7.3.2　CMPXCHG 指令

CMPXCHG 指令将目的操作数和源操作数进行比较，如果相等，源操作数拷贝到目的操作数中；否则目的操作数拷贝到累加器（AL/AX/EAX）中。源操作数只能用 8 位、16 位或 32 位寄存器。目的操作数则可用寄存器或任一种存储器寻址方式。CMP 指令格式如下：

CMPXCHG　destination, source

下列是被允许的操作数组合：

CMPXCHG　reg, reg

CMPXCHG　mem, reg

CMPXCHG 指令执行后修改进位标志位 CF 和溢出标志位 OF，修改符号标志位 SF、零标志位 ZF、奇偶标志位 PF 和辅助标志位 AF。

7.4　条件转移指令

在汇编语言程序设计中，常利用条件转移指令产生程序分支。这种指令测试转移指令规定的条件，如果条件满足，则转移到目标地址；否则继续顺序执行。

条件转移指令是单操作数指令，用以指明转移的目的地址。绝大多数条件转移指令（除 JCXZ/JCXNZ 指令外）将状态标志位的状态作为测试的条件，因此，首先应执行会影响有关状态标志位的指令，然后才能用条件转移指令测试这些标志，以确定程序是否转移。CMP 和 TEST 指令常与条件转移指令配合使用，因为这两条指令不改变目的操作数的内容，但可以影响状态标志位。

7.4.1　根据标志位转移指令

Intel 80x86 指令集合包含大量的转移指令，包括根据单个 CPU 标志位转移指令，比较有符号数和无符号数转移指令。条件转移指令可以分成 4 个类型：

- 根据特定的标志值跳转。
- 根据操作数之间是否相等，或根据 CX/ECX/RCX 的值跳转。
- 根据无符号操作数的比较结果跳转。
- 根据有符号操作数的比较结果跳转。

表 7.6 列出了基于特定 CPU 标志位的转移指令，这些标志位是零标志位 ZF、进位标志位 CF、溢出标志位 OF、奇偶标志位 PF 和符号标志位 SF。

表 7.6　根据特定 CPU 标志位的跳转指令

助记符	描述	标志值
JZ	为零则跳转	ZF = 1
JNZ	非零则跳转	ZF = 0
JC	如果设置进位标志则跳转	CF = 1
JNC	如果未设置进位标志则跳转	CF = 0
JO	如果设置溢出标志则跳转	OF = 1
JNO	如果未设置溢出标志则跳转	OF = 0
JS	如果设置符号标志则跳转	SF = 1
JNS	如果未设置符号标志则跳转	SF = 0
JP	如果未设置奇偶标志就跳转（偶）	PF = 1
JNP	如果未设置奇偶标志就跳转（奇）	PF = 0

表 7.7 列出了基于两个操作数是否相等或 CX/ECX/RCX 是否为零的跳转指令。

表 7.7　根据相等比较的跳转指令

助记符	描述
JE	相等则跳转
JNE	不相等则跳转
JCXZ	CX = 0 则跳转
JECXZ	ECX = 0 则跳转
JRCXZ	RCX = 0 则跳转（64 位模式）

7.4.2　无符号数比较转移指令

基于无符号整数比较结果的跳转指令如表 7.8 所示。在比较无符号数的时候，这种类型的跳转指令非常有用。

表 7.8　基于无符号整数比较结果的跳转指令

助记符	描述
JA	大于则跳转
JNBE	不小于或等于则跳转（同 JA 指令）
JAE	大于或等于则跳转
JNB	不小于则跳转（同 JAE 指令）
JB	小于则跳转
JNAE	不大于或等于则跳转（同 JB 指令）

续表 7.8

助记符	描述
JBE	小于或等于则跳转
JNA	不大于则跳转(同 JBE)

7.4.3 有符号数比较转移指令

表 7.9 列出了基于有符号数比较的跳转指令。当把数值解释为有符号值的时候,可以使用这些指令来进行比较。例如在下列指令序列中,当处理器比较 80h 和 7Fh 时,依据解释的不同,使用 JA 和 JG 指令的结果完全不同。

```
    MOV  AX,  80H        ;当成有符号数时为 - 128
    CMP  AX,  7FH        ;当成有符号数时为 + 127
    JAL1
    JGL2
```

在上面的例子里,JA 指令并不跳转,因为无符号数 7FH 比无符号数 80H 要小,相反 JG 指令则执行跳转,因为 + 127 大于 - 128。

表 7.9 基于有符号比较的跳转指令

助记符	描述
JG	大于则跳转
JNLE	不小于或等于则跳转(同 JG 指令)
JGE	大于或等于则跳转
JNL	不小于则跳转(同 JGE 指令)
JL	小于则跳转
JNGE	不大于或等于则跳转(同 JL 指令)
JLE	小于或等于则跳转
JNG	不大于则跳转(同 JLE 指令)

取两个整数中的较大值 下面的指令比较 AX 和 BX 中的无符号整数并将其中的较大者送到 DX 寄存器:

```
    MOV  DX,  AX
    CMP  AX,  BX
    JAE  L1
    MOV  DX,  BX
    L1:
```

7.5 条件循环指令

7.5.1 LOOPZ/LOOPE 指令

LOOPZ(loop if zero)指令允许在零标志被设置并且 CX/ECX 中的无符号值大于 0 时循环。LOOPZ 指令格式如下：

LOOPZdestination

LOOPE 指令(loop if equal)与 LOOPZ 指令是等价的，因为二者执行同样的微指令。LOOPZ 和 LOOPE 指令不影响任何标志位。

运行于实地址模式下的程序使用 CX 寄存器作为 LOOPZ 指令的默认循环计数器，如果想强制使用 ECX 寄存器作为循环计数器，可以使用 LOOPZD 指令。

7.5.2 LOOPNZ/LOOPNE 指令

LOOPNZ 指令(loop if not zero)与 LOOPZ 指令是对应的，它在 CX 中的无符号值大于 0 并且零标志被清除的状态下进行循环。LOOPNZ 指令格式如下：

LOOPNZdestination

LOOPNE 指令(loop if not equal)与 LOOPNZ 指令是等价的，因为二者执行同样的微指令。LOOPNZ 和 LOOPNE 指令不影响任何标志位。

运行于实地址模式下的程序使用 CX 寄存器作为 LOOPNZ 指令的默认循环计数器，如果想强制使用 ECX 寄存器作为循环计数器，可以使用 LOOPNZD 指令。

【例 7.1】 编写程序扫描数组中的每个数值并累加，直到发现正数为止。输出累加值（假设累加值不小于 -100）。

程序 7.1 扫描数组中的每个数值并累加，直到正数为止。

程序 7.1 扫描数组中的每个数值并累加直到正数为止

1	. MODEL SMALL		
2	. STACK 4096		
3	. DATA		
4	ARRAY SWORD -3, -16, -1, -10, 12, 30, 40, 4, -6, -8		
5	. CODE		
6	MAIN PROC FAR		
7		MOV	AX, @ DATA
8		MOV	DS, AX
9		MOV	CX, LENGTHOF ARRAY
10		MOV	SI, OFFSETARRAY
11		MOV	AX, 0

续程序 7.1

12	NEXT：	TEST	WORD　PTR［SI］, 8000H
13		PUSHF	
14		ADD	AX，［SI］
15		ADD	SI，　TYPEARRAY
16		POPF	
17		LOOPNZ	NEXT
18		JNZ	QUIT
19		SUB	SI, TYPEARRAY
20		SUB	AX，［SI］
21	QUIT：	NEG	AX
22		MOV	CL, 10
23		DIV	CL
24		MOV	BX, AX
25		MOV	DL, '−'
26		MOV	AH, 2H
27		INT	21H
28		MOV	DL, BL
29		ADD	DL, 30H
30		MOV	AH, 2H
31		INT	21H
32		MOV	DL, BH
33		ADD	DL, 30H
34		MOV	AH, 2H
35		INT	21H
36		MOV	AX, 4C00H
37		INT	21H
38	MAIN ENDP		
39	END		

　　程序执行后, 如果发现了一个正值, 则 SI 指向该值。由于这个正数在循环中已加, 退出循环要把这个正数减去。如果没有找到正值, 则循环在 CX 等于 0 时停止, 在这种情况下 JNZ 指令跳转到标号 QUIT 处。

7.6　循环与分支程序设计

Intel 80x86 指令系统有许多条件转移指令，具有很强的逻辑判断能力，并且能够根据这些逻辑判断选择执行不同的程序段。分支结构就是按某种判断结果，从两个或两个以上的程序段中选择出一个程序段来执行。分支程序结构可有两种形式，第一种形式为双分支结构，根据条件满足或不满足可分别进行两种处理的分支程序段；另一个分支是单分支结构。根据条件满足或不满足进行是否处理分支程序段。在进行条件测试以前，必须执行能生成状态标志的先行指令，如 TEST、CMP、ADD、SUB、AND、OR、XOR 和移位指令等。这些指令执行后能按规定影响 CPU 状态标志位 OF、SF、ZF、PF 和 CF，根据相关标志处理分支程序段。

循环可以分为循环次数特定循环和条件循环。LOOP 指令用于循环次数特定循环，将程序块重复执行特定次数。CX 作为计数寄存器，当执行 LOOP 指令时，将 CX 的内容减 1，如 CX 结果不等于零，则转到 LOOP 指令中指示的短标号处。否则，顺序执行 LOOP 下一条指令。LOOPZ/LOOPE 和 LOOPNZ/LOOPNE 指令用于条件循环，允许在零标志被设置并且 CX 中的无符号值大于 0 时循环。在多重循环中，即在一个循环中再创建一循环，需要考虑外层循环的计数器 CX，可以将它保存在其他寄存器或者变量中，也可以用其他寄存器作为循环计数器，如 DH、DL。不用 CX 寄存器作为循环计数器就不能够使用 LOOP 指令。下面例子使用 DH 和 DL 寄存器作为循环计数器，创建多重循环：

1		MOV	DH, 100
2	L1 :	MOV	DL, 50
3	L2 :		
4		…	
5		DEC	DL
6		CMP	DL, 0
7		JNZ	L2
8		DEC	DH
9		CMP	DH, 0
10		JNZ	L1

【例 7.2】　将字符串中的小写字母转换成大写字母，并输出转换后的字符串。

程序 7.2 将字符串中的小写字母转换成大写。在程序第 11 行到 14 行判断字符是否是小写字母。如果不是小写字母，转到标号为 L1 的指令。如果是小写字母，第 15 行将小写字母转换为大写字母。小写字母与大写字母相差 20H，小写字母与 0DFH 进行 AND 运算便转换为相应的大写字母。大写字母与 20H 进行 OR 运算便转换为相应的小写字母。

程序 7.2　将字符串中的小写字母转换成大写

1	. MODEL SMALL		
2	. DATA		
3	STRING BYTE 　"Hello, The World!", 0DH, 0AH, '$'		
4	. CODE		
5	MAIN PROC FAR		
6		MOV	AX, @ DATA
7		MOV	DS, AX
8		MOV	SI, OFFSETSTRING
9		MOV	CX, LENGTHOF STRING
10	AGAIN:	MOV	AL, [SI]
11		CMP	AL, 'a'
12		JB	L1
13		CMP	AL, 'z'
14		JG	L1
15		AND	AL, 0DFH
16		MOV	[SI], AL
17	L1:	INC	SI
18		LOOP	AGAIN
19		MOV	DX, OFFSETSTRING
20		MOV	AH, 9H
21		INT	21H
22		MOV	AX, 4C00H
23		INT	21H
24	MAIN ENDP		
25	END		

【例 7.3】　编写程序统计数组元素中的奇数个数和偶数个数,并按十进制输出。假设数组元素个数不超过 9 个。

程序 7.3 统计数组中的奇数个数和偶数个数。在程序中第 14 行对要判断的数使用 TEST 指令测试最后一位是 0 还是 1。在第 15 行判断零标志 ZF 来确定是奇数还是偶数。如果 ZF = 1,是偶数;否则是奇数。

程序 7.3 统计数组中的奇数个数和偶数个数 (使用 TEST 指令)

1	. MODEL SMALL		
2	. DATA		
3	ARRAY WORD 97, 86, 94, 123, 1234, 526, 456, 28, 1347		
4	MESS1 BYTE" ODD : ", ' $ '		
5	MESS2 BYTE" EVEN : ", ' $ '		
6	. CODE		
7	MAIN PROC FAR		
8		MOV	AX, @ DATA
9		MOV	DS, AX
10		MOV	BX, OFFSET ARRAY
11		MOV	DX, 0
12		MOV	CX, LENGTHOF ARRAY
13	NEXT:	MOV	AX, [BX]
14		TEST	AX, 1
15		JNZ	L1
16		INC	DL
17		JMP	L2
18	L1 :	INC	DH
19	L2 :	ADD	BX, 2
20		LOOP	NEXT
21		MOV	BX, DX
22		MOV	DX, OFFSET MESS1
23		MOV	AH, 9H
24		INT	21H
25		MOV	DL, BH
26		ADD	DL, 30H
27		MOV	AH, 2H
28		INT	21H
29		MOV	DL, 0DH
30		MOV	AH, 2H
31		INT	21H
32		MOV	DL, 0AH
33		MOV	AH, 2H
34		INT	21H

续程序7.3

35		MOV	DX, OFFSET MESS2
36		MOV	AH, 9H
37		INT	21H
38		MOV	DL, BL
39		ADD	DL, 30H
40		MOV	AH, 2H
41		INT	21H
42		MOV	AX, 4C00H
43		INT	21H
44	MAIN ENDP		
45	END		

【例7.4】 编写程序判断一个数是否为素数，如果是素数，输出为"Prime number"，否则输出"No prime number"。

程序7.4 判断一个数是否为素数。一个素数是一个只能被正数 1 和它本身整除的正整数。判断一个数 n 是否为素数的方法是用 2 到 $\sqrt{n}$ 的所有整数能否被整除，如果不存在一个整数能整除 n，n 为 素数；否则 n 不是素数。被除数要放入 DX：AX 中，在程序第 12 行将要判断的数送入 AX 寄存器，在第 13 行 DX 寄存器清零。在第 15 行判断进行除法后是否有余数。如果没有余数，变量 VAL 中的数不是素数。

程序7.4   判断一个数是否为素数

1	. MODEL SMALL		
2	. DATA		
3	VAL WORD 97		
4	MESS1 BYTE"Prime number", 0DH, 0AH, '$'		
5	MESS2 BYTE"No prime number", 0DH, 0AH, '$'		
6	. CODE		
7	MAIN PROC FAR		
8		MOV	AX, @ DATA
9		MOV	DS, AX
10		MOV	CX, 10
11		MOV	BX, 2
12	AGAIN：	MOV	AX, VAL
13		MOV	DX, 0
14		DIV	BX

续程序 7.4

15		CMP	DX, 0
16		JZ	L1
17		INC	BX
18		LOOP	AGAIN
19		MOV	BX, OFFSETMESS1
20		JMP	L2
21	L1:	MOV	BX, OFFSETMESS2
22		L2:	MOV DX, BX
23		MOV	AH, 9H
24		INT	21H
25		MOV	AX, 4C00H
26		INT	21H
27	MAIN ENDP		
28	END		

【例 7.5】　编写程序使用冒泡排序算法将数组元素从小到大排序。

冒泡排序(bubble sort)重复地扫描要排序的数组元素,依次比较两个相邻的元素,如果相邻的元素的顺序错误就把相邻的元素交换过来。重复地扫描数组元素直到没有相邻元素需要交换,也就是说该数组元素已经排序完成。冒泡排序算法如图 7.1 所示。

使用冒泡排序法对于 N 个元素进行排序外循环为 $N-1$ 次。在第一遍扫描元素时内循环要比较 $N-1$ 次,每进行一次外循环,内循环次数减少一次。当进行第 $N-1$ 次外循环时,内循环只要比较一次,即完成了排序。当然,在很多情况下外循环时不需要 $N-1$ 次就排序好了,可以使用一个寄存器作为标志,进入内循环前置1,在内循环中进行了交换,将寄存器清零。出了内循环,判断该寄存器值是否为1,如果寄存器值为1,说明在内循环中没有进行交换,已排序好了;否则继续进行排序,直至排序好。

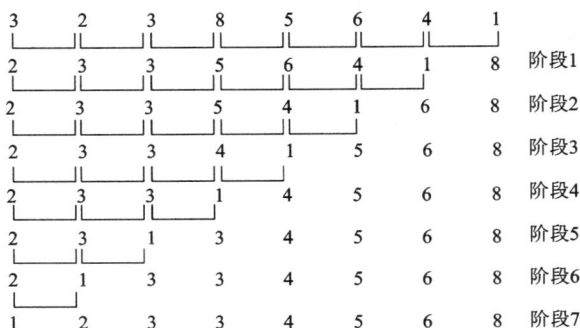

图 7.1　冒泡排序,$N=8$ 个元素

在程序中外循环和内循环都使用 CX 作为循环计数器。在第 10 行保存外循环的循环计数器值到 DI 寄存器。此时，CX 寄存器的值刚好是此次内循环的循环次数。在第 19 行内循环结束后，将保存在 DI 的外循环的计数器的值送 CX 寄存器。

程序 7.5 使用冒泡算法对数组元素排序

1	. MODEL SMALL		
2	. DATA		
3	ARRAY WORD 36, 21, 48, 27, 12, 53, 48, 15, 64, 72		
4	. CODE		
5	MAIN PROC FAR		
6		MOV	AX, @ DATA
7		MOV	DS, AX
8		MOV	CX, LEMGTHOF ARRAY
9		DEC	CX
10	L1:	MOV	DI, CX
11		MOV	BX, 0
12	L2:	MOV	AX, ARRAY[BX]
13		CMP	AX, ARRAY[BX + 2]
14		JLE	L3
15		XCHG	AX, ARRAY[BX + 2]
16		MOV	ARRAY[BX], AX
17	L3:	ADD	BX, 2
18		LOOP	L2
19		MOV	CX, DI
20		LOOP	L1
21		MOV	SI, OFFSET ARRAY
22		MOV	CX, LENGTHOF ARRAY
23	L4:	MOV	AX, [SI]
24		MOV	BL, 10
25		DIV	BL
26		MOV	BX, AX
27		MOV	DL, BL
28		ADD	DL, 30H
29		MOV	AH, 2H
30		INT	21H
31		MOV	DL, BH

续程序 7.5

32		ADD	DL，30H
33		MOV	AH，2H
34		INT	21H
35		MOV	DL，' '
36		MOV	AH，2H
37		INT	21H
38		ADD	SI，2
39		LOOP	L4
40		MOV	AX，4C00H
41		INT	21H
42	MAIN ENDP		
43	END		

【例 7.6】　编写程序统计一段英文中单词个数，并以十进制输出。假设单词个数不超过 99 个。

程序 7.6 使用有限状态自动机(Finate – State Machine，FSM)识别单词。识别单词有限状态自动机如图 7.2 所示。在 0 状态如果输入的是字母，转为 1 状态"单词开始"，单词计数器加 1；否则仍然在 0 状态"还没有发现单词"。在 1 状态如果输入的是字母，仍然在 1 状态，处于单词中；否则转为 0 状态"单词结束"。通过识别单词有限状态自动机，程序扫描完字符串得到了单词个数。

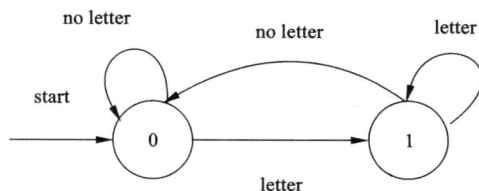

图 7.2　识别单词有限状态自动机

程序 7.6　统计一段英文中单词个数

1	. MODEL SMALL
2	. DATA
3	STRING BYTE　" In software designing，C language and assembly language together is adopted to control system. "
4	MESS　BYTE" Number of words："，0DH，0AH，'$'
5	. CODE

续程序 **7.6**

6	MAIN PROC FAR			
7		MOV	AX, @ DATA	
8		MOV	DS, AX	
9		MOV	SI, OFFSET STRING	
10		MOV	BL, 0	
11		MOV	DI, 0	; state 0
12		MOV	CX, SIZEOF STRING	
13	NEXT：	MOV	AL, [SI]	
14		CMP	AL, 'a'	
15		JB	L1	
16		CMP	AL, 'z'	
17		JA	L1	
18		JMP	L2	
19	L1：	CMP	AL, 'A'	
20		JB	L3	
21		CMP	AL, 'Z'	
22		JA	L3	
23	L2：	CMP	DI, 0	
24		JNZ	L4	
25		MOV	DI, 1	; go to state 1
26		INC	BL	
27		JMP	L4	
28	L3：	CMP	DI, 1	
29		JNZ	L4	
30		MOV	DI, 0	; go to state 0
31	L4：	INC	SI	
32		LOOP	NEXT	
33		MOV	DX, OFFSET MESS	
34		MOV	AH, 9	
35		INT	21H	
36		MOV	AH, 0	
37		MOV	AL, BL	
38		MOV	CL, 10	
39		DIV	CL	
40		MOV	BX, AX	

续程序 7.6

41		MOV	DL, BL	
42		ADD	DL, 30H	
43		MOV	AH, 2H	
44		INT	21H	
45		MOV	DL, BH	
46		ADD	DL, 30H	
47		MOV	AH, 2H	
48		INT	21H	
49		MOV	AX, 4C00H	
50		INT	21H	
51	MAIN ENDP			
52	END			

7.7 本章小结

执行不同的分支的程序结构称为分支结构或选择结构,重复执行某个操作的程序结构称为循环结构。实现分支结构的主要机制是 CPU 的标志寄存器、指令标号和转移指令。当某个操作影响了标志寄存器后,可以通过条件转移指令使 CPU 转跳到所指定的指令标号执行。本章主要介绍了逻辑指令、比较指令、条件转移指令和条件循环指令。

逻辑指令 AND、OR、NOT、XOR 进行按位逻辑运算,TEST 指令对目的操作数进行隐含 AND 运算并设置相关标志位,但目的操作数不会变化。

比较指令 CMP 将目的操作数同源操作数进行比较,隐含执行将源操作数减去目的操作数操作,并设置相应标志位。CMP 指令后面通常跟一条条件转移指令,根据情况转移到某标号处。条件转移指令根据某标志位或某些标志位的逻辑运算来判别条件是否成立。如果条件建立,则转移,否则继续顺序执行。

条件循环指令 LOOPZ(LOOPE)指令允许在零标志被设置并且 CX/ECX 中的无符号值大于 0 时循环。LOOPNZ(LOOPNEZ)与 LOOPZ(LOOPE)指令是对应的,它在 CX 中的无符号值大于 0 并且零标志被清除的状态下进行循环。

在本章最后介绍了循环与分支程序设计方法和技术。

习　题

1. 试分析下列程序段执行后 AX 寄存器的内容。

MOV	AX, 0A33H
MOV	DX, 0F0F0H
AND	AH, DL
XOR	AL, DH
NEG	AH
NOT	AL

2. 试分析下列程序段执行后 BL 寄存器的内容。

	MOV	BL, 01101010B
	TEST	BL, 81H
	JNZ	NEXT
	NEG	BL
NEXT:	XOR	BL, BL

3. 试分析下列程序段执行后 AH 寄存器的内容。

	MOV	AX, 83A5H
	XOR	AH, A L
	AND	AH, 08H
	JZ	ZERO
	MOV	AH, OFFH
	JMP	NEXT
ZERO:	MOV	AH, 0
NEXT:		

4. 试分析下列程序段执行后 AX 寄存器的内容。

	MOV	BL, 64H
	MOV	CL, 03H
	XOR	AX, AX
AGAIN:	ADD	AL, BL
	ADC	AH, 0
	DEC	CL
	JNZ	AGAIN

5. 试分析下列程序段执行后 DX 寄存器的内容。

	XOR	DX, DX
	MOV	SI, 1
	MOV	CX, 100
AGAIN：	ADD	DX, SI
	INC	SI
	DEC	CX
	LOOP	AGAIN

6. 写出对 DX：AX 组成的 32 位数求补指令序列。

7. 编写程序判断数组元素中的偶数的个数是否大于奇数的个数。如果偶数的个数大于奇数的个数，输出"YES"；否则输出"NO"。

8. 编写程序判断数组元素的绝对值之和是否大于 10000。如果绝对值之和大于 10000，输出"YES"，否则输出"NO"。

9. 编写程序统计数组元素正偶数的个数，并以十进制形式输出。

10. 编写程序判断一个输入串是否是合法的有符号整数。如果是合法的有符号整数，输出"VALID"，否则输出"INVALID"。

11. 编写程序使用有限状态自动机判断一个由"a"和"b"组成的字符串是否包含"abb"子串。如果包含"abb"子串，输出"YES"，否则输出"NO"。

12. 编写程序统计字符串中大写字母个数，并以十进制形式输出。

13. 编写程序使用冒泡排序算法将数组元素从小到大排序。在一次扫描数组过程中，如果没有进行元素交换，数组元素已排序好，输出已排序数组元素。

14. 编写程序打印九九乘法表。

15. 一个素数是一个只能被正数 1 和它本身整除的正整数。求素数的一个方法是筛选法。筛选法计算过程是创建一自然数 2，3，5，…，n 的列表，其中所有的自然数都没有被标记。令 $k=2$，它是列表中第一个未被标记的数。在 k^2 和 n 之间的是 k 倍数的数都标记出来，找出比 k 大的未被标记的数中最小的那个，令 k 等于这个数，重复上述过程直到 $k^2 > n$ 为止。列表中未被标记的数就是素数。使用筛选法编写程序求小于 1000000 的所有素数。

16. 编写程序计算 Fibonacci 数列前面 20 个值。Fibonacci 数列定义如下：

$$fib(n) = \begin{cases} 1 & n=1, 2 \\ fib(n-2)+fib(n-1) & n \geq 3 \end{cases}$$

第8章　位移指令

本章介绍移位和循环移位指令，这类指令是最具汇编语言特征的指令之一，在控制各种硬件设备时特别有用。位操作是计算机图形学、数据加密和硬件控制的固有部分，实现位操作的指令是功能强大的工具。但是，高级语言只能实现其中的一部分，并且由于高级语言要求与平台无关，所以这些指令在一定程度上被弱化了。不是所有的高级编程语言都支持任意长度整数的运算，但是，汇编语言的算术运算指令和位指令能够实现加减几乎任意长度的整数。

8.1　位移操作

移位指令对操作数按某种方式左移或右移，移位位数可以由立即操作数直接给出，或由 CL 寄存器间接给出。移位指令分为一般移位指令和循环移位指令。表 8.1 列出了位移指令，这些指令都会影响溢出标志和进位标志。

表 8.1　位移指令

指令	操作
SHL(shift logical left)	逻辑左移
SHR(shift logical right)	逻辑右移
SAL(shift arithmetic left)	算术左移
SAR(shift arithmetic right)	算术右移
ROL(rotate left)	循环左移
ROR(rotate right)	循环右移
RCL(rotate left through carry)	带进位的循环左移
RCR(rotate right through carry)	带进位的循环右移
SHLD(shift left double)	双精度左移
SHRD(shift right double)	双精度右移

移动操作数的位有两种方法。第一种是逻辑位移(logic shift)，即以 0 填充最后移出的位。在图 8.1 中，一个字节逻辑右移一位。

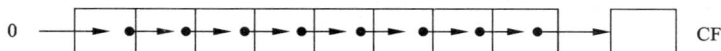

图 8.1　逻辑右移

例如，如果二进制数 11001111 向右移动一位，就变成 01100111，最低一位移入进位标志。

另一种移位的方法是算术位移(arithmetic shift)，空出来的位用原数据的返回位填充，如图 8.2 所示。

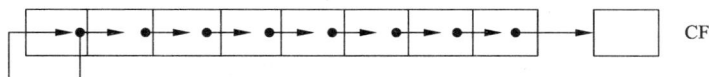

图 8.2　算术右移

例如，二进制数 11001111 的符号位是 1，当算术右移动一位时，就变成 11100111，最低一位移入进位标志。

8.1.1　SHL 指令

SHL(逻辑左移)指令对目的操作数执行逻辑左移操作，最低位用 0 来填充，移出的最高位送入进位标志 CF 中，其功能如图 8.3 所示。

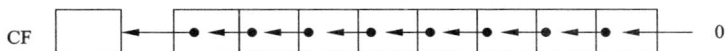

图 8.3　逻辑左移 SHL 指令的功能

SHL 指令的格式如下：

SHL　destination, count

指令的第一个操作数是目的操作数，第二个操作数是位移的位数。该指令允许使用下面的操作数类型：

SHL　reg, imm8

SHL　mem, imm8

SHL　reg, CL

SHL　mem, CL

Intel 8086/8088 处理器要求 imm8 必须等于 1，对于 Intel 80286 及以上的处理器，imm8 可以是任意的整数。在任何 Intel 处理器上，都可以使用 CL 存放位移的位数。这里列出的格式也适用于 SHR、SAL、SAR、ROR、RCR 和 RCL 指令。这些指令对标志位的影响是：CF 为最后一次移入的数值，OF 只有当 count = 1 时才有效，否则无定义。当 count = 1 时，在移动后最高位的值发生变化时，OF 置 1，否则置 0。SF、ZF、PF 根据移动后的结果设置，但是 AF 无定义。

在下面的指令中，BL 被左移一位。最高位被拷贝到进位标志 CF 中，最低位被清零。

MOV　BL, 8FH	; BL = 10001111B
SHL BL, 1	; BL = 00011110B, CF = 1

如果有符号数移动一位生成的结果超过了目的操作数的有符号数范围，则溢出标志 OF 置 1。换句话说，即该数的符号位取反了。如果移动次数大于 1，则溢出标志 OF 无定义。下面例子中，−128 向右移一位，溢出标志 OF 置 1。AL 中的结果(+64)符号位与原数相反。

MOVAL, −128	; AH = 10000000B
SHL　AL, 1	; AH = 01000000B, OF = 1

SHL 指令可以执行与 2 的幂的高速乘法操作。任何操作数左移 n 位就相当乘以 2^n。在下面例子中，DL 被左移 2 位，相当于乘以 4。

MOVDL, 5	
MOV　CL, 2	
SHL DL, CL	; (5 × 4) = 20

8.1.2　SHR 指令

SHR(逻辑右移)指令对目的操作数执行逻辑右移操作，最高位用 0 来填充，移出的最低位被送入进位标志 CF 中，其功能如图 8.4 所示。

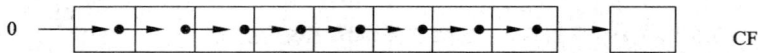

图 8.4　逻辑右移指令 SHR 的功能

SHR 的使用格式与 SHL 相同。在下例中，AL 中的最低位被送入进位标志 CF 中，AL 中的最高位被清零。

MOVAL, 0D0H	; AL = 11010000B
MOV　AL, 1	; AL = 01101000B, CF = 0

任何无符合数被逻辑右移 n 位就相当于该操作数除以 2^n。在下面例子中，AL 被左移 3 位，相当于除以 8。

MOVAL, 64	; AL = 01000000B
MOV　CL, 3	
SHR　AL, CL	; AL = 00001000B

8.1.3　SAL 指令

SAL(算术左移)指令对目的操作数执行算术左移操作,最低位用 0 来填充,移出的最高位送入进位标志 CF 中,其功能如图 8.5 所示。

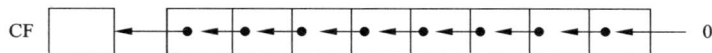

图 8.5　算术左移指令 SAL 的功能

SAL 指令与 SHL 指令等价,其格式与 SHL、SHR 指令的格式相同。下面例子中,AH 被左移一位。

MOVAH, 0B6H	; AH = 10110110B
SAL　AH, 1	; AH = 01101100B

指令执行后,AH = 6CH, OF = 1, CF = 1, SF = 0, ZF = 0, PF = 1。

8.1.4　SAR 指令

SAR(算术右移)指令对目的操作数执行算术右移操作,最高位用原来的符号位来填充,移出的最低位被送入进位标志 CF 中,其功能如图 8.6 所示。

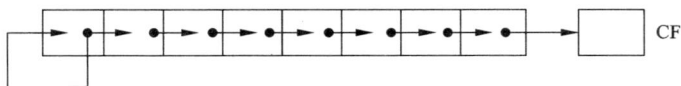

图 8.6　算术右移指令 SAR 的功能

SAR 的使用格式与 SAL 相同。下面的例子显示了 SAR 复制符号位的情况,AL 在右移操作的前后都是负数。

MOV　AL, 0F0H	; AL = 11110000B = −16
SAR　AL, 1	; AL = 11111000B = −8, CF = 0

使用 SAR 指令可以将有符号数除以 2 的幂。下面的例子中,DL 中的初值是 −128,DL 被执行算术右移一位,相当于除以 2^3,结果为 −16。

MOVDL, −128	; DL = 10000000B
SAR　DL, 1	; DL = 11110000B

8.1.5 ROL 指令

ROL(循环左移)指令对目的操作数执行向左移操作,每左移一次,把最高位同时移入 CF 和操作数最低位,其功能如图 8.7 所示。

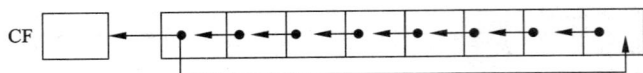

图 8.7 循环左移指令 ROL 的功能

ROL 指令格式与 SHL 指令相同。循环位移指令与位移指令的不同之处在于前者并不丢失任何数据位。从一端移走的数据位会出现在另一端。在下面的例子中,最高位被同时拷贝到进位标志和 0 位中。

MOV	AL, 40H	; AL = 01000000B
ROL	AL, 1	; AL = 10000000B, CF = 0
ROL	AL, 1	; AL = 00000001B, CF = 1
ROL	AL, 1	; AL = 00000010B, CF = 0

在下面例子中,寄存器 AL 中的正数(+127)循环左移一位后变为负数(−2),溢出标志 OF 置 1。

MOV	AL, −127	; AL = 01111111B
ROL	AL, 1	; AL = 11111110B, OF = 1

8.1.6 ROR 指令

ROR(循环右移)指令对目的操作数每一位向右移,同时将最低位被送入进位标志 CF 和最高位中,其功能如图 8.8 所示。

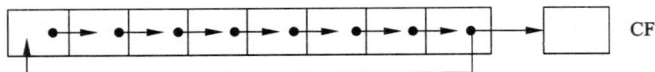

图 8.8 循环右移指令 ROR 的功能

在下面的例子中,最低位被送入进位标志 CF 和最高位中。

MOV	AL, 01H	; AL = 00000001B
ROR	AL, 1	; AL = 10000000B, CF = 1
ROR	AL, 1	; AL = 01000000B, CF = 0

8.1.7　RCL 指令

RCL(循环左移)指令对目的操作数执行每位向左移,把操作数的最高位移入 CF,而 CF 中原有内容移入操作数的最低位。其功能如图 8.9 所示。

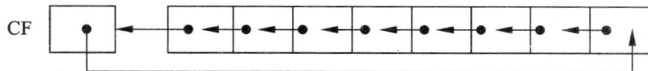

图 8.9　带进位循环左移指令 RCL 的功能

ROL 指令格式与 SHL 指令相同。循环位移指令与位移指令的不同之处在于前者并不丢失任何数据位,从一端移走的数据位会出现在另一端。

在下列指令中,CLC 指令清除了进位标志,第一条 RCL 指令将 BL 的最高位移入进位标志,然后将其他位左移一位,第二条 RCL 指令将进位标志移入最低位,并将其他所有位左移一位。

CLC	; CF = 0
MOV　BL, 88H	; BL = 10001000B, CF = 0
RCL　BL, 1	; BL = 00010000B, CF = 1
RCL　BL, 1	; BL = 00100001B, CF = 0

RCL 指令可以恢复以前送入进位标志中的数据位。下面的例子将寄存器 BX 中的最低位送入进位标志以进行检查,然后使用 RCL 指令将数字恢复成原值。

MOV　BL, 01101010B
SHR　BL, 1
JC　　QUIT
RCL　BL, 1

下面例子将 DX 和 AX 组成的 32 位数整个向左移动 4 位,AX 的最低 4 位填充 0。将 AX 执行逻辑左移一次,最高位移入 CF 中,接着对 DX 执行带进位的循环左移,将 CF 中的值移入 DX 中。循环 4 次,完成此功能,程序段如下:

MOV　CX, 1
L:
SHL　AX, 1
RCLDX, 1
LOOP　L

8.1.8 RCR 指令

RCR(带进位循环右移)指令对目的操作数执行每一位向右移操作,操作数的最高低位移入 CF,而 CF 中原有内容移入操作数的最高位,其功能如图 8.10 所示。

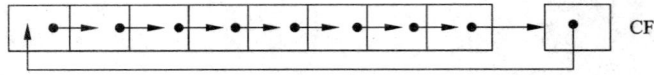

图 8.10 带进位循环右移指令 RCR 的功能

在下列指令中,STC 指令将进位标志置 1,然后将寄存器 AH 执行一次带进位循环右移操作。

STC	; CF = 1
MOVAH, 10H	; AH = 00010000B, CF = 1
RCR AH, 1	; AH = 10001000B, CF = 0

8.1.9 SHLD、SHRD 指令

SHLD(双精度左移)指令将目的操作数向左移动指定位数,移动形成的空位由源操作数的高位填充,原操作数不变。SF、ZF、AF、PF 和 CF 会受到影响。SHLD 指令的格式是:

SHLD   destination, source, count

SHRD(双精度右移)指令将目的操作数向右移动指定位数,移动形成的空位由源操作数的低位填充。SHRD 指令的格式是:

SHRD   destination, source, count

SHLD 和 SHRD 指令目的操作数可以是寄存器或内存操作数,源操作数必须是寄存器,移动次数可以是 CL 寄存器或者 8 位立即操作数。允许使用操作数类型如下:

SHLD   rge16, reg16, CL/imm8

SHLD   mem16, reg16, CL/imm8

SHLD   rge32, reg32, CL/imm8

SHLD   mem32, reg32, CL/imm8

SHRD   rge16, reg16, CL/imm8

SHRD   mem16, reg16, CL/imm8

SHRD   rge32, reg32, CL/imm8

SHRD   mem32, reg32, CL/imm8

下面的语句将 BX 左移 4 位,并且将 AX 的高 4 位插入到 BX 的低 4 位中:

MOV　BX, 9BA6H	
MOVAX, 0AC36H	
SHLDBX, AX, 4	; BX = BA6AH

程序有时需要移动数组内的所有位，下面例子将一个包含三个双字的数组整体向右移动一位：

. DATA
ArraySize = 3
ARRAY　DWORD　ArraySize DUP(99999999H)
. CODE
MOV　ESI, 0
SHR　ARRAY[ESI + 8], 1
RCR　ARRAY[ESI + 4], 1
RCR　ARRAY[ESI], 1

下面例子将 AX 寄存器值乘以 36。因为 $36 = 2^5 + 2^2$，可以使用位移指令实现 AX 寄存器值乘以 36。

MOV　AX, 123
MOV　BX, AX
SHL　AX, 5
SHL　BX, 2
ADD　AX, BX

【例 8.1】　编写程序统计数组元素中的奇数个数和偶数个数，并按十进制输出。假设数组元素不超过 99 个。

程序如程序 8.1 所示。在程序中第 14 行对要判断的数进行逻辑右移一位，最后一位移入进位标志 CF。在第 15 行根据移入进位标志 CF 的值是 0 还是 1 来判断是奇数还是偶数。如果 CF = 0，是偶数；否则是奇数。

程序 8.1　统计数组元素中的奇数个数和偶数个数(使用 SHR 指令)

1	. MODEL SMALL
2	. DATA
3	ARRAY　WORD　97, 86, 94, 123, 1234, 526, 456, 28, 1347, 234, 54, 91
4	MESS1　BYTE" ODD : ", ' $ '
5	MESS2　BYTE" EVEN: ", ' $ '

续程序 8.1

6	. CODE		
7	MAIN PROC FAR		
8		MOV	AX, @ DATA
9		MOV	DS, AX
10		MOV	BX, OFFSET ARRAY
11		MOV	DX, 0
12		MOV	CX, LENGTHOF ARRAY
13	NEXT:	MOV	AX, [BX]
14		SHR	AX, 1
15		JC	L1
16		INC	DL
17		JMP	L2
18	L1:	INC	DH
19	L2:	ADD	BX, 2
20		LOOP	NEXT
21		MOV	BX, DX
22		MOV	DX, OFFSET MESS1
23		MOV	AH, 9H
24		INT	21H
25		MOV	AL, BH
26		MOV	AH, 0
27		MOV	CL, 10
28		DIV	CL
29		MOV	CX, AX
30		MOV	DL, CL
31		ADD	DL, 30H
32		MOV	AH, 2H
33		INT	21H
34		MOV	DL, CH
35		ADD	DL, 30H
36		MOV	AH, 2H
37		INT	21H
38		MOV	DL, 0DH
39		MOV	AH, 2H

续程序 8.1

40		INT	21H
41		MOV	DL, 0AH
42		MOV	AH, 2H
43		INT	21H
44		MOV	DX, OFFSET MESS2
45		MOV	AH, 9H
46		INT	21H
47		MOV	AL, BL
48		MOV	AH, 0
49		MOV	CL, 10
50		DIV	CL
51		MOV	CX, AX
52		MOV	DL, CL
53		ADD	DL, 30H
54		MOV	AH, 2H
55		INT	21H
56		MOV	DL, CH
57		ADD	DL, 30H
58		MOV	AH, 2H
59		INT	21H
60		MOV	AX, 4C00H
61		INT	21H
62	MAIN ENDP		
63	END		

【例 8.2】　编写程序将字节数以二进制形式输出。

程序如程序 8.2 所示。字节数在每次左移的时候，最高位都会拷贝到进位标志 CF 中，输出进位标志 CF 的值。循环将字节数左移，输出进位标志 CF 的值，将字节数以二进制形式在标准输出上输出。

程序 8.2　字节数以二进制形式输出

1	. MODEL SMALL
2	. DATA
3	VAL　BYTE　97
4	. CODE

续程序 8.2

5	MAIN PROC FAR		
6		MOV	AX, @DATA
7		MOV	DS, AX
8		MOV	BL, VAL
9		MOV	CX, 8
10	AGAIN:	SHL	BL, 1
11		JC	L1
12		MOV	DL, 0
13		JMP	L2
14	L1:	MOV	DL, 1
15	L2:	ADD	DL, 30H
16		MOV	AH, 2H
17		INT	21H
18		LOOP	AGAIN
19		MOV	DL, 0DH
20		MOV	AH, 2H
21		INT	21H
22		MOV	DL, 0AH
23		MOV	AH, 2H
24		INT	21H
25		MOV	AX, 4C00H
26		INT	21H
27	MAIN ENDP		
28	END		

【例 8.3】　如果一个字符串正向读和反向读一样，那么这个字符串称为回文。编写程序判断一个字符串是否为回文。

程序 8.3 为判断一个字符串是否为回文程序。将 SI 寄存器指向字符串首字符，DI 寄存器指向字符串最后一个字符，比较 SI 寄存器指向字符和 DI 寄存器指向字符是否相等。如果不相等，字符串不是回文。循环次数为字符串长度的一半。使用 DL 寄存器作为标志，初值为 1。如果 SI 寄存器指向字符和 DI 寄存器指向字符不相等，DL 寄存器置 0，并跳出循环。出了循环后判断 DL 寄存器的值，如果 DL 寄存器值为 1，字符串是回文；否则字符串不是回文。

程序 8.3 判断一个字符串是否为回文

1	. MODEL SMALL		
2	. DATA		
3	STRING BYTE" RADAR"		
4	MESS1 BYTE " It's a palindrome. " , 0DH, 0AH, ' $ '		
5	MESS2 BYTE" It's not a palindrome. " , 0DH, 0AH, ' $ '		
6	. CODE		
7	MAIN PROC FAR		
8		MOV	AX, @ DATA
9		MOV	DS, AX
10		MOV	CX, SIZEOF STRING
11		MOV	SI, OFFSET STRING
12		MOV	DI, SI
13		ADD	DI, CX
14		DEC	DI
15		SHR	CX, 1
16		MOV	DL, 1
17	AGAIN:	MOV	AL, [SI]
18		CMP	AL, [DI]
19		JZ	L1
20		MOV	DL, 0
21		JMP	L2
22	L1:	INC	SI
23		DEC	DI
24		LOOP	AGAIN
25	L2:	CMP	DL, 1
26		JNZ	L3
27		MOV	DX, OFFSET MESS1
28		JMP	L4
29	L3:	MOV	DX, OFFSET MESS2
30	L4:	MOV	AH, 9
31		INT	21H
32		MOV	AX, 4C00H
33		INT	21H
34	MAIN ENDP		
35	END		

【例 8.4】 编写程序将二进制数按十六进制输出。

程序 8.4 将二进制数按十六进制输出。在程序的第 8 行将输出的数 VAL 送至 BX 寄存器。在第 11 行由于 4 位二进制对应一位十六进制，BX 寄存器循环左移 4 位，将要输出的 4 位二进制移到 BX 寄存器的最右边，即 BL 寄存器的低 4 位。循环 4 次，每次取 BL 寄存器的低 4 位输出。由于循环左移 ROL 指令要用到 CL 寄存器作为移位次数寄存器，使用 CH 作为循环计数器。第 9 行设置循环次数。第 10 行设置移位次数。第 12 行将 BL 寄存器值送至 AL 寄存器，以便取出要输出的 4 位二进制。在第 13 行 AL 寄存器与 0FH 进行 AND 运算，使 AL 寄存器的给位为 0，即取出要输出的 4 位二进制。如果 AL 寄存器中的值为 0 ~ 9，由于数字 0 ~ 9 的 ASCII 码为 30H ~ 39H，数字 0 ~ 9 加上 30H 便转换为对应的 ASCII 码。在第 14 行 AL 寄存器加上 30H。如果 AL 中的值为 10 ~ 15，需要转换为"A" ~ "F"。"A" ~ "F"的 ASCII 码是 41H ~ 46H，AL 寄存器中的值加上 37H 便转换为"A" ~ "F"。由于 AL 寄存器已加上 30H，在第 17 行 AL 寄存器只要加上 7H。二进制转换为十六进制过程如图 8.11 所示。

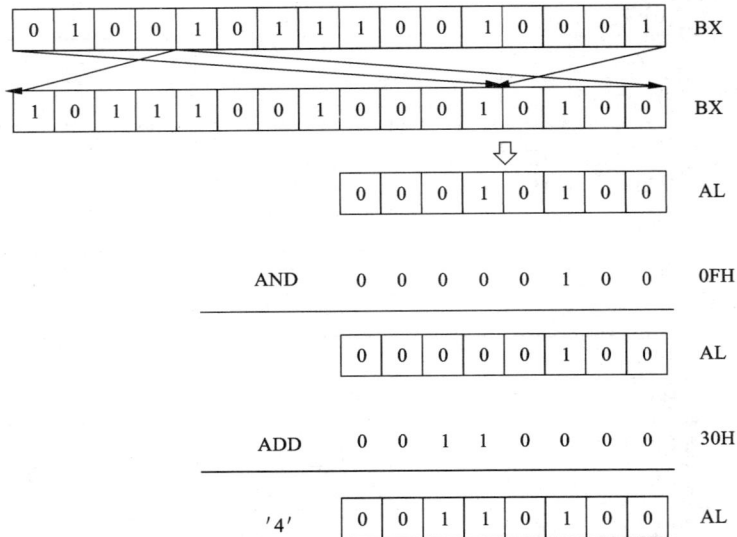

图 8.11   二进制转换为十六进制示意图

程序 8.4   将二进制数按十六进制输出

1	. MODEL SMALL		
2	. DATA		
3	VAL WORD 19345		
4	. CODE		
5	MAIN PROC FAR		
6		MOV	AX, @ DATA
7		MOV	DS, AX

续程序 8.4

8		MOV	BX, VAL
9		MOV	CH, 4
10	ROTATE：	MOV	CL, 4
11		ROL	BX, CL
12		MOV	AL, BL
13		AND	AL, 0FH
14		ADD	AL, 30H
15		CMP	AL, 3AH
16		JL	PRINTIT
17		ADD	AL, 7H
18	PRINTIT：	MOV	DL, AL
19		MOV	AH, 2H
20		INT	21H
21		DEC	CH
22		JNZ	ROTATE
23		MOV	DL, 'H'
24		MOV	AH, 2H
25		INT	21H
26		MOV	AX, 4C00H
27		INT	21H
28	MAIN ENDP		
29	END		

【例 8.5】 编写程序输入一个十六进制数，存储到变量中，并按十六进制输出。

程序 8.5 输入一个十六进制数。假设输入的十六进制数是 a_1，a_2，a_3 和 a_4，转换为二进制数的算法是 $((((0 \times 16 + a_1) \times 16 + a_2) \times 16 + a_3) \times 16) + a_4$。由于数字 0~9 的 ASCII 码为 30H~39H，ASCII 码"0"~"9"减去 30H 便转换为对应的数字 0~9。"A"~"F"的 ASCII 码是 41H~46H，"A"~"F"对应的十六进制是 10~15，"A"~"F"的 ASCII 码减去 37H 便转换为对应的数字 10~15。

程序 8.5 输入一个十六进制数

1	. MODEL SMALL
2	. DATA
3	VAL WORD ?

续程序 8.5

4	. CODE		
5	MAIN PROC FAR		
6		MOV	AX, @ DATA
7		MOV	DS, AX
8		MOV	BX, 0
9	AGAIN:	MOV	AH, 1
10		INT	21H
11		SUB	AL, 30H
12		JL	OUTPUT
13		CMP	AL, 10
14		JL	ADD_TO
15		SUB	AL, 7H
16		CMP	AL, 0AH
17		JL	OUTPUT
18		CMP	AL, 10H
19		JGE	OUTPUT
20	ADD_TO:	MOV	CL, 4
21		SHL	BX, CL
22		MOV	AH, 0
23		ADD	BX, AX
24		JMP	AGAIN
25	OUTPUT:	MOV	VAL, BX
26		MOV	CH, 4
27	ROTATE:	MOV	CL, 4
28		ROL	BX, CL
29		MOV	AL, BL
30		AND	AL, 0FH
31		ADD	AL, 30H
32		CMP	AL, 3AH
33		JL	PRINTIT
34		ADD	AL, 7H
35	PRINTIT:	MOV	DL, AL
36		MOV	AH, 2H
37		INT	21H
38		DEC	CH

续程序 8.5

39		JNZ	ROTATE
40		MOV	DL, 'H'
41		MOV	AH, 2H
42		INT	21H
43		MOV	AX, 4C00H
44		INT	21H
45	MAIN ENDP		
46	END		

8.2　位测试指令

BT、BTC、BTR 和 BTS 指令统称为位测试(bit testing)指令，这些指令很重要，因为在微型计算机接口技术中要对状态寄存器进行位测试、设置、清除或取反。由于这些指令可以在单条指令内执行多个步骤，这个特征与多线程程序有很大的联系，对多线程程序而言，在没有在其他线程中断的危险下对重要标志位(信号量)进行测试、设置、清除或取反是非常重要的。位测试指令分两大类——位扫描指令和位测试指令，如表 8.2 所示。

表 8.2　位测试指令

指令	操作	结果
BSF(bit scan forward)	正向位扫描	目的操作数存放源操作数中为 1 的最低位的位号
BSR(bit scan reverse)	逆向位扫描	目的操作数存放源操作数中为 1 的最高位的位号
BT(bit test)	位测试	目的操作数的第 n 位拷贝到进位标志中
BTR(bit test and reset)	位测试并复位	目的操作数的第 n 位拷贝到进位标志中，该位并清零
BTS(bit test and set)	位测试并置位	目的操作数的第 n 位拷贝到进位标志中，该位并置 1
BTC(bit test and complement)	位测试并取反	目的操作数的第 n 位拷贝到进位标志中，该位并取反

8.2.1　BSF 指令

BSF(正向位扫描)指令按照从位 0 到最高位的顺序扫描操作数，并寻找第一个被设置的数据位(为 1 的数据位)。如果找到则清除零标志 ZF，目的操作数存放第一个被设置位的位号(索引)。如果没有找到被设置的数据位，则 ZF = 1。BSF 指令格式如下：

BSF　reg16，reg16/mem16

BSF　reg32，reg32/mem32

下面语句从位 0 到最高位的顺序扫描 BX 寄存器，寻找第一个被设置的数据位，执行完 AX 中的值为 4。

MOV　BX, 0150H	; BX = 0000 0001 0101 0000B
BSF　AX,　BX	; AX = 0004H

8.2.2　BSR 指令

BSR(逆向位扫描)指令从最高位开始扫描操作数,并寻找第一个被设置的数据位(为 1 的数据位)。如果找到则清除零标志 ZF, 目的操作数存放第一个被设置位的位号(索引)。如果没有找到被设置的数据位,则 ZF = 1。

BSR 指令格式与 BSF 指令格式相同。下面语句从最高位开始扫描 BX 寄存器,寻找第一个被设置的数据位。指令执行完 AX 中的值为 8。

MOV　BX, 0150H	; BX = 0000 0001 0101 0000B
BSR　AX,　BX	; AX = 0008H

8.2.3　BT 指令

BT(位测试)指令选择目的操作数的第 n 位并将其拷贝到进位标志 CF 中。BT 指令格式如下:

BT　bitBase, n

第一个操作数被称为位基(bit Base), 它不会被指令改变。BT 指令允许以下类型的操作数:

BT　reg16/mem16, reg16

BT　reg32/mem32, reg32

BT　reg16/mem16, imm8

BT　reg32/m32, imm8

第一个操作数为 16 位寄存器/内存操作数时,第二个操作数按 16 取模,即只使用第二个操作数的最低 4 位,第二个操作数的范围为 0 ~ 15。第一个操作数为 32 位寄存器/内存操作数时,第二个操作数按 32 取模,即只使用第二个操作数的最低 5 位,第二个操作数的范围为 0 ~ 31。

在下面例子中,将 BX 的第 6 位拷贝到进位标志 CF 中。

MOV　BX, 0040150H	; BX = 0000 0000 0100 0000B
BT　BX, 6	; CF = 1

8.2.4　BTR 指令

BTR(位测试并复位)指令选择第一个操作数的第 n 位并将其拷贝到进位标志 CF 中,同时将第 n 位清零。BTR 指令格式与 BT 指令相同。

在下面例子中，进位标志 CF 被赋予 SEMAPHORE 第 7 位的值，同时 SEMAPHORE 中的对应位被清零：

. DATA	
SEMAPHORE WORD 10001000B	
. CODE	
BTRSEMAPHORE, 7	; SEMAPHORE = 00001000B, CF = 1

8.2.5 BTS 指令

BTS(位测试并置位)指令选择第一个操作数的第 n 位并将其拷贝到进位标志中，同时将第 n 位置位。BTS 指令格式与 BT 指令相同。

在下面例子中，进位标志 CF 被赋予 SEMAPHORE 第 6 位的值，同时 SEMAPHORE 中的对应位被置位。

. DATA	
SEMAPHORE WORD 10001000B	
. CODE	
BTS SEMAPHORE, 6	; SEMAPHORE = 11001000B, CF = 0

8.2.6 BTC 指令

BTC(位测试并取反)指令选择第一个操作数的第 n 位并将其拷贝到进位标志 CF 中，同时将这个数据位取反。BTC 指令格式与 BT 指令相同。

在下面例子中，进位标志 CF 将根据 SEMAPHORE 变量的第 6 位而被赋值，同时变量中的第 6 位被取反。

. DATA	
SEMAPHORE WORD 10001000B	
. CODE	
BTC SEMAPHORE, 6	; SEMAPHORE = 11001000B, CF = 0

8.3 本章小结

移位指令是最具汇编语言特征的指令之一。移位意味着把数据位左移或把数据位右移。

SHL(逻辑左移)指令将目的操作数的每位左移，以 0 填充最低位。SHL 指令的一个最重要的应用就是用于实现与 2 的幂的快速乘法。将任何操作数左移 n 位就相当于乘以 2^n。SHR(逻辑右移)指令将操作数的每位右移，并以 0 填充最高位。将任何操作数右移 n 位就相当于除以 2^n。

SAL(算术左移)指令和SAR(算术右移)指令是为有符号数的位移而特别设计的。

ROL(循环左移)指令将目的操作数每位左移,并将最高位拷贝到进位标志位和操作数最低位中。ROR(循环右移)指令将目的操作数每位右移,并将最低位拷贝到进位标志位和操作数最高位中。

RCL(带进位循环左移)指令将目的操作数每位左移,并将最高位拷贝到进位标志位,原进位标志移入操作数最低位中。RCR(带进位循环右移)指令将目的操作数每位右移,并将最低位拷贝到进位标志位,原进位标志移入操作数最高位中。

SHLD(双精度左移)指令将目的操作数向左移动指定位数,移动形成的空位由源操作数的高位填充,原操作数不变。SHRD(双精度右边移)指令将目的操作数向右移动指定位数,移动形成的空位由源操作数的低位填充。

BT、BTC、BTR和BTS指令统称为位测试(bit testing)指令,这些指令很重要,可以在单条指令内执行多个步骤,这个特征对多线程程序而言,在没有在其他线程中断的危险下对重要标志位(信号量)进行测试、设置、清除或取反是非常重要的。

习 题

1.试分析下列程序段执行后 AL 寄存器的内容。

STC		
MOV	AL, 10H	
RCR	AL, 1	

2.试分析下列程序段执行后 AL 寄存器的内容。

MOV	AL, 26H	
MOV	CL, 4	
ROL	AL, CL	

3.试分析下列程序段执行后 AL 寄存器的内容。

MOV	AL, 01H	
ROR	AL, 1	
OR	AL, 11010101B	
NEG	AL	

4.试分析下列程序段执行后 AX 寄存器的内容。

MOV	AL, 0A8H	
MOV	BL, 34H	
ROR	BL, 1	

ROR	AL, 1
RCL	BL, 1
ROL	AL, 1

5. 试分析下列程序段执行后 AL 和 BL 寄存器的内容。

MOV	CL, 4
MOV	AX, 0A8H
SHL	AX, 1
ROR	AX, CL

6. 试分析下列程序段执行后 AL 寄存器的内容。

MOV AL,	6AH
TEST	AL, 81H
JNZ	L
SHL	AL, 1
L:　　SHR	AL, 1

7. 试分析下列程序段执行后 AX 寄存器的内容。

MOV	AX, 0A33AH
MOV	DX, 0F0F0H
AND	AH, DL
XOR	AL, DH
NEG	AH
NOT	AL

8. 写出一个指令序列，实现用 CL 中数据除以 BL 中的数据，然后商乘以 2，最后的结果存入 DX 中。

9. 设 AX＝0034H，BX＝0012H，利用移位指令实现重新装配，使 AX＝1234H。

10. 用移位指令实现寄存器 AX 的值乘 9 除 4 的程序段。

11. 分析下面程序段完成什么功能？

MOV	CL, 4
SHL	DX, CL
MOV	BL, AH
SHL	AX, CL
SHR	BL, CL
OR	DL, BL

12. 利用循环指令和移位指令来实现 32 位数 DX：AX 左移 4 位。

13. 编写程序键入一个字符，用二进制形式显示该字符的 ASCII 码值。

14. 最大公约数是指两个整数共有约数中最大的一个。编写程序计算两个整数的最大公约数。

15. 最小公倍数是指两个整数公有的倍数中最小的一个。编写程序计算两个整数的最小公倍数。

16. 试编写程序计算 ARRAY 字数组绝对值之和，如果绝对值之和大于 10000 则输出 "YES"，否则输出 "NO"。

17. 回文素数是指一个数既是回文又是素数。例如，131 既是素数又是回文，313 和 717 都是如此。编写一个汇编程序求前 100 个回文素数。

18. 反素数是指一个将其逆向拼写后也是一个素数的非回文数。例如 17 和 71 都是素数，所以，17 和 71 都是反素数。编写一个汇编程序求前 100 个反素数。

第 9 章　串操作

　　汇编语言程序员比高级语言程序员在编写快速运行的代码方面更有优势。程序中可以优化的理想部分是循环内的代码，而在处理字符串数组时总是使用循环，本章介绍字符串指令，以及对字符串处理的基本编程方法。

9.1　串操作基本指令

　　为了方便字符串的处理，Intel 80x86 CPU 设置了 5 组字符串指令，且可以在字符串操作指令前加上重复前缀，以实现字符串的循环处理。字符串操作指令中，使用 SI 寄存器寻址源操作数，源操作数在数据段中，用 DI 寄存器寻址目的操作数，目的操作数在附加段中。数据段和附加段可以是同一段，即 DS 和 ES 指向同一段。字符串指令执行时将自动修改 SI 和 DI 地址指针。字符串基本指令如表 9.1 所示。

表 9.1　字符串基本指令

指令	描述
MOVSB, MOVSW, MOVSD	传送串数据：将 SI 所指向的内存数据复制到 DI 所指向的内存位置
STOSB, STOSW, STOSD	保存字符串数据：将累加器（AL、AX 或 EAX）内容存储到 DI 所指向的内存位置
LODSB, LODSW, LODSD	将字符串数据装入累加器：将 SI 所指向的内存数据读入到累加器（AL、AX 或 EAX）
CMPSB, CMPSW, CMPSD	比较字符串：比较 SI 和 DI 所指向的两个内存数据
SCASB, SCASW, SCASD	扫描字符串：将 DI 所指向的内存数据与累加器（AL、AX 或 EAX）内容进行比较

　　字符串操作指令本身每次只处理一个内存数据，但如果加一个重复前缀，指令就可以使用 CX 作为计数器重复执行。重复前缀可以使用一条指令处理整个字符串数组。表 9.2 列出了可以使用的重复前缀。

表 9.2 重复前缀字

重复前缀	描述
REP	当 CX >0 时重复
REPZ, REPE	当零标志被设置并且 CX >0 时重复
REPNZ, REPNE	当零标志被清除并且 CX >0 时重复

REP 前缀直接放在串指令的前面，如 REP MOVSB，它根据在 CX 中设置的初始计数值重复地执行。每传送一个数据，CX 减 1，并且重复这一操作直到 CX 中的计数值为零为止。用这种方法，实际上可以处理任意长度的串。

在下面的例子中，MOVSB 指令从 STRING1 中移动 10 个字节到 STRING2，在执行 MOVSB 指令之前，重复前缀首先测试 CX 是否大于 0，如果 CX 等于 0，则继续执行程序中的下一条指令。如果 CX >0，那么减少 CX 并重复执行该指令：

CLD	; 把方向标志 DF 清除为 0
MOV SI, OFFSET STRING1	; 将 SI 指向源地址的偏移量
MOV DI, OFFSET STRING2	; 将 DI 指向目的地址的偏移量
MOV CX, 10	; 设置计数器 CX 为 10
REP MOVSB	; 传送 10 个字节

MOVSB 指令每次重复时，SI 和 DI 会自动增加，这个操作是由 CPU 的方向标志控制的。方向标志可以通过 CLD 和 STD 指令改变。

CLD	; 清除方向标志
STD	; 设置方向标志

字符串基本指令使用方向标志来决定 SI 和 DI 寄存器是自动增加还是自动减少，方向标志的用法如表 9.3 所示。

表 9.3 字符串基本指令中方向标志的用法

方向标志值	对 SI 和 DI 的影响	寻址顺序
0	增加	从低到高
1	减少	从高到低

在执行字符串基本指令之前，如果没有设置方向标志，SI 和 DI 寄存器可能无法按预期增加或减少。

9.2　MOVSB、MOVSW 和 MOVSD 指令

　　MOVSB、MOVSW 和 MOVSD 指令将数据从 SI 指向的内存位置传送到 DI 指向的内存位置，它们分别进行字节传送、字传送和双字传送。MOVSB、MOVSW 和 MOVSD 指令可以使用 REP 前缀，方向标志 DF 决定 SI 和 DI 寄存器增加或减少。对于字节传送加 1 或减 1，对于字传送加 2 或减 2，对于双字传送则是加 4 或减 4。传送的数据数量放在 CX 寄存器中。

　　【例 9.1】　编写程序将源字符串复制到目的字符串，并将目的字符串输出。

　　程序如程序 9.1 所示。

程序 9.1　将源字符串复制到目的字符串并将目的字符串输出

1	MODEL SMALL		
2	. DATA		
3	SOURCE BYTE 'Hello, The World! ', 0DH, 0AH, ' $ '		
4	TARGET BYTE SIZEOF SOURCE DUP(?)		
5	. CODE		
6	MAIN PROC FAR		
7		MOV	AX, @ DATA
8		MOV	DS, AX
9		MOV	ES, AX
10		MOV	SI, OFFSET SOURCE
11		MOV	DI, OFFSET TARGET
12		MOV	CX, SIZEOF SOURCE
13		CLD	
14		REP	MOVSB
15		MOV	DX, OFFSET TARGET
16		MOV	AH, 9H
17		INT	21H
18		MOV	AX, 4C00H
19		INT	21H
20	MAIN ENDP		
21	END		

9.3　STOSB、STOSW 和 STOSD 指令

　　STOSB、STOSW 和 STOSD 指令分别将 AL/AX/EAX 的内容存入由 DI 寄存器指向的内存

位置。DI 根据方向标志 DF 的状态递增或递减，对于 STOSB 指令 DI 加 1 或减 1，对于 STOSW 指令 DI 加 2 或减 2，对于 STOSD 指令 DI 则是加 4 或减 4。与 REP 前缀组合使用时，这些指令实现用同一值填充字符串数组。填充的数据数量放在 CX 寄存器中。

下面例子将附加段偏移地址为 300H 开始的 100 个字节全部清为 0。

MOV	AL, 0	
MOV	DI, 300H	; 将 DI 指向目的地址的偏移量
MOV	CX, 100	; 设置计数器 CX 为 100
CLD		; 把方向标志 DF 清除为 0
REP	STDSB	; 用 AL 的内容实现填充

9.4 LODSB、LODSW 和 LODSD 指令

LODSB、LODSW 和 LODSD 指令分别从 SI 寄存器指向的内存地址取一个字节、一个字或一个双字装入 AL/AX/EAX.。SI 根据方向标志 DF 的状态递增或递减，对于 LODSB 指令 SI 加 1 或减 1，对于 LODSW 指令 SI 加 2 或减 2，对于 LODSD 指令 SI 则是加 4 或减 4。这些指令很少与 REP 前缀一起使用，因为装入到累加器中的新值都会覆盖掉以前的值，相反一般仅用这些指令来载入一个值。LODSB 指令等效于如下两条指令（假设方向标志位清零）：

MOV	AL, [SI]	; 将字节传送到 AL
INC	SI	; 指向下一个字节

【例 9.2】 编写程序将一个数组中的每个元素都乘以 5 并输出。程序如程序 9.2 所示。

程序 9.2 将一个数组中的每个元素都乘以 5 并输出

1	.MODEL SMALL		
2	.DATA		
3	ARRAY BYTE 1, 2, 3, 4, 5, 6, 7, 8, 9, 10		
4	.CODE		
5	MAIN PROC FAR		
6		MOV	AX, @DATA
7		MOV	DS, AX
8		MOV	SI, OFFSET ARRAY
9		MOV	CX, SIZEOF ARRAY
10		CLD	
11		MOV	BL, 5

续程序 9.2

12		MOV	BH, 10
13	L1:	LODSB	
14		MUL	BL
15		STOSB	
16		MOV	AH, 0
17		DIV	BH
18		MOV	DX, AX
19		ADD	DL, 30H
20		MOV	AH, 2H
21		INT	21H
22		MOV	DL, DH
23		MOV	DL, 30H
24		MOV	AH, 2H
25		INT	21H
26		MOV	DL, 20H
27		MOV	AH, 2H
28		INT	21H
29		LOOP	L1
30		MOV	CX, 10
31		MOV	AX, 4C00H
32		INT	21H
33	MAIN ENDP		
34	END		

【例 9.3】 编写程序，求数组元数绝对值最大的元素，如果绝对值最大的元素大于 100，输出"YES"，否则输出"NO"。

程序如程序 9.3 所示。

程序 9.3 求数组元数绝对值最大元素

1	. MODEL SMALL
2	. DATA
3	ARRAY WORD −100, 23, 5, −37, −32, −45, −200, 34, 98, −123
4	MESS1 BYTE "YES", 0DH, 0AH, '$'
5	MESS2 BYTE "NO", 0DH, 0AH, '$'
6	. CODE

续程序 9.3

7	MAIN PROC FAR		
8		MOV	AX, @ DATA
9		MOV	DS, AX
10		MOV	DX, 0
11		MOV	SI, OFFSET ARRAY
12		MOV	CX, LENGTHOF ARRAY
13		CLD	
14	AGAIN:	LODSW	
15		CMP	AX, 0
16		JGE	L1
17		NEG	AX
18	L1:	CMP	AX, DX
19		JBE	L2
20		MOV	DX, AX
21	L2:	LOOP	AGAIN
22		CMP	DX, 100
23		JLE	L3
24		MOV	DX, OFFSET MESS1
25		JMP	L4
26	L3:	MOV	DX, OFFSET MESS2
27	L4:	MOV	AH, 9H
28		INT	21H
29		MOV	AX, 4C00H
30		INT	21H
31	MAIN ENDP		
32	END		

9.5 CMPSB、CMPSW 和 CMPSD 指令

CMPSB、CMPSW 和 CMPSD 指令比较 SI 寄存器指向的存储器操作数与 DI 寄存器指向的存储器操作数。CMPSB 指令比较一个字节，CMPSW 指令比较一个字，CMPSD 指令比较一个双字。CMPSB、CMPSW 和 CMPSD 指令可以使用重复前缀。根据方向标志，CMPSB 指令使 SI 和 DI 加 1 或减 1，CMPSW 指令使 SI 和 DI 加 2 或减 2，CMPSD 指令使 SI 和 DI 加 4 或减 4。比较的数据数量放在 CX 寄存器中。指令执行结束时，根据比较的结果设置 AF、CF、OF、

PF、SF 和 ZF 标志。CMPSB、CMPSW 和 CMPSD 指令的两个操作数与其他指令有所不同,源操作数在前,目的操作数在后。允许两个操作数同时为存储器操作数。

下面例子使用 CMPSB 指令两个字节,由于 SOURCE 的值小于 TARGET,因此 JA 指令不会跳转到标号 L1。

```
.DATA
SOURCE   DB 12H
TARGET   DB 34H
.CODE
MOV   SI, OFFSET SOURCE
MOV   DI, OFFSET TARGET
CMPSB
JA   L1
```

如果要比较多个字节时,清除方向标志位,CX 初始化为比较的字节个数,并给 CMPSB 添加重复前缀。

```
MOV   SI, OFFSET SOURCE
MOV   DI, OFFSET TARGET
CLD
MOV   CX, LENGTHOF SOURCE
REPE   CMPSB
```

REPE 前缀重复比较操作,并自动增加 SI 和 DI,直到 CX 等于 0,或者发现了一个不相等的字节。

9.6 SCASB、SCASW 和 SCASD 指令

SCASB、SCASW 和 SCASD 指令分别将 AL/AX/EAX 中的值与 DI 指向的一个字节/字/双字进行比较。这些指令可用于在字符串或数组中寻找一个数值。结合 REPE(或 REPZ)前缀,当 CX >0 并且 AL/AX/EAX 的值等于内存中每个连续的值时,不断扫描字符串或数组。REPNE 前缀使得指令扫描字符串直到 AL/AX/EAX 匹配内存中的一个值或者 CX =0 为止。根据方向标志,SCASB 指令使 DI 加 1 或减 1,SCASW 指令使 DI 加 2 或减 2,SCASD 指令使 DI 加 4 或减 4。在一次成功地比较或当 REP 把 CX 减到零时,操作结束。SCAS 根据比较的结果设置 AF、CF、OF、PF、SF 以及 ZF 标志。

下面的例子扫描字符串 STRING,在其中寻找字母"e"。如果发现该字符,则 DI 指向匹配字符后面一个位置。

.DATA	
STRING DB"Hello, The World!"	
.CODE	
MOV DI, OFFSET STRING	
MOV AL, 'e'	
MOV CX, LENGTHOF STRING	
CLD	
REPNZ SCASB	
JNZ QUIT	
DEC DI	

【例9.4】 编写程序度，将字符串中的第一个字符"b"改为字符"l"。程序如程序9.4所示。

程序9.4　将字符串中的第一个字符"b"改为字符"l"

1	.MODEL SMALL		
2	.DATA		
3	STRING DB"Helbo, The World!", 0DH, 0AH, '$'		
4	.CODE		
5	MAIN PROC FAR		
6		MOV	AX, @ DATA
7		MOV	DS, AX
8		MOV	ES, AX
9		MOV	DI, OFFSET STRING
10		MOV	CX, SZIEOF STRING
11		MOV	AL, 'b'
12		CLD	
13		REPNZ	SCASB
14		JNZ	QUIT
15		DEC	DI
16		MOV	AL, 'l'
17		MOV	[DI], AL
18	QUIT:	MOV	DX, OFFSET STRING
19		MOV	AH, 9H
20		INT	21H
21		MOV	AX, 4C00H
22		INT	21H
23	MAIN ENDP		
24	END		

9.7 本章小结

本章介绍字符串指令以及对字符串处理的基本编程方法。

MOVSB、MOVSW 和 MOVSD 指令将数据从 SI 指向的内存位置传送到 DI 指向的内存位置，它们分别进行字节传送、字传送和双字传送。

LODSB、LODSW 和 LODSD 指令分别从 SI 寄存器指向的内存地址取一个字节、一个字或一个双字装入 AL/AX/EAX。

STOSB、STOSW 和 STOSD 指令分别将 AL/AX/EAX 的内容存入由 DI 寄存器指向的内存位置。

CMPSB、CMPSW 和 CMPSD 指令比较 SI 寄存器指向的存储器操作数与 DI 寄存器指向的存储器操作数。CMPSB 指令比较一个字节，CMPSW 指令比较一个字，CMPSD 指令比较一个双字。

SCASB、SCASW 和 SCASD 指令分别将 AL/AX/EAX 中的值与 DI 指向的一个字节/字/双字进行比较。这些指令可用于在字符串或数组中寻找一个数值。

习 题

1.编写程序判断字符串 STRING1 是否是字符串 STRING2 的子串，如果是则输出"YES"，否则输出"NO"。

2.编写程序把字符串 STRING 中的"&"字符用空格符代替。

3.编写程序删除字符串 STRING 中所有"abcd"子串。

4.编写程序输入一个字符，判断该字符是否为十六进制数符，如果是则输出"YES"，否则输出"NO"。

5.编写程序输入一个十进制数，插入到已排序的数组中，使得插入后的数组仍是排好序的。

6.编写程序比较两个字符串 STRING1 和 STRING2 的大小，并输出比较的结果。

7.编写程序将字符串 STRING2 插入到已排序的字符串 STRING1 中，插入后的字符串仍是排好序的，并输出插入后的字符串。

8.编写程序统计一段英文中单词"the"在该文中的出现次数，并以十进制形式输出出现的次数。

第 10 章 DOS 中断调用

本章将讲述 MS–DOS 的基本内存组织、如何使用 MS–DOS 功能调用(称为中断)以及如何在操作系统层次执行基本输入输出。由于使用了 INT 指令,程序只能够在实地址模式下运行。实地址模式程序具有的特征有:只能够寻址 1 MB 内存,一次任务中只能够运行一个程序,内存没有边界保护,偏移量是 16 位。

10.1 内存组织

在实地址模式下,地址最低 640 kB 是由操作系统和应用程序共用的,在此之上是为视频和硬件控制器保留的内存,最高端的 C0000H 到 FFFFFH 之间的内存是为系统 ROM 保留的。图 10.1 是简单的内存映射图,其中操作系统最低端的 1024 字节(从 00000H ~ 003FFH)存放的是包含 32 位地址项的中断向量表,这些 32 位地址称为中断向量,CPU 在处理硬件和软件中断时要使用这些中断向量。

在中断向量表之上是 BIOS 和 MS–DOS 数据区,接下来是软件 BIOS 区,该区包含了管理键盘、磁盘、视频显示、串口和打印机等大多数设备的过程,BIOS 过程是从 MS–DOS 系统盘(引导盘)上的一个隐藏文件中装入的。MS–DOS 的内核是一系列过程(称为服务)的集合,这些过程也是从系统盘上的一个文件装入的。

中断向量是中断服务程序入口地址的偏移量与段基值,一个中断向量占据 4 字节空间。它的作用就是按照中断类型号从小到大的顺序存储对应的中断向量,总共存储 256 个中断向量。在中断响应过程中,CPU 通过从接口电路获取的中断类型号(中断向量号)计算对应中断向量在表中的位置,并从中断向量表中获取中断向量,将程序流程转向中断服务程序的入口地址。

MS–DOS 内核之上是文件缓存区和可安装的设备驱动程序,接下来的内存存放从可执行文件 command.com 中装入的命令处理器驻留部分,命令行处理器解释在 MS–DOS 提示符输入的命令,并且加载存储在磁盘上的可执行程序,命令行处理器的第二部分(暂留部分)存放在 A8000 之下的高端内存区。

应用程序被加载到命令行处理器驻留部分之上的最低可用地址中,可使用的内存地址范围最高可到 9FFFFH 为止。如果当前运行的程序覆盖了命令行处理器的暂留区,那么在程序退出时,系统将从引导盘上重新载入命令行处理器的暂留部分。

IBM–PC 的视频内存区(VRAM)从位置 A0000 开始,它在显示适配卡切换到图形模式时使用。内存位置 B8000 开始的内存区存放彩色文本模式下当前显示的所有字符。屏幕显示

地址

地址		
FFFFFH		
F0000H	ROMBIOS	
C0000H	保留区	
B8000H	文本和图形视频	
A8000H	图形视频	VRAM
	命令行处理器的暂留部分 驻留程序区 （应用程序可用）	
	命令行处理器的驻留部分	640 kBRAM
	DOS内核、设备驱动	
	软件BIOS	
00400H	BISO和DOS数据区	
0000H	中断向量表	

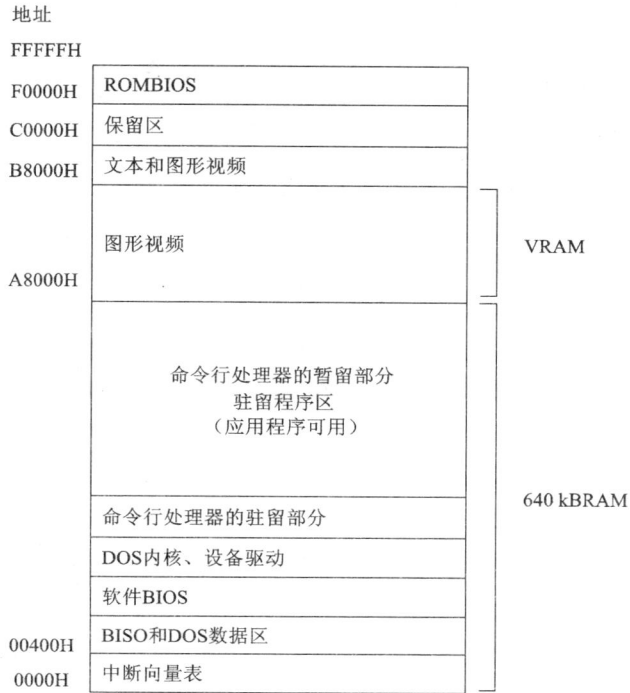

图 10.1　MS - DOS 内存映射

是该内存区的映射，屏幕上的每个坐标对应于映射内存中的一个 16 位的字，字符一旦被拷贝到缓冲区中，就会立即显示在屏幕上。

ROM BISO 位于 F0000H 到 FFFFFH 之间的内存区中，这是计算机操作系统的一个重要区域，其中包含了系统诊断和配置软件，以及应用程序使用的低层输入输出过程。BIOS 存储在系统主板的静态内存芯片上。大多数系统都遵循一种标准的 BISO 规范，该规范是在 IBM 初始版本 BISO 之后的标准化。

10.2　DOS 系统功能调用

DOS 内包含了许多涉及设备驱动和文件管理方面的过程，DOS 的各种命令就是通过调用这些过程实现的。软件中断（software interrupt）是对操作系统过程的调用。这些过程中的大多数被称为中断服务例程（interrupt service routine）或中断处理程序（interrupt handler）。中断处理程序为应用程序提供了输入输出的能力。调用这些中断处理程序减少了对系统硬件环境的考虑和依赖，不但可大大精简应用程序的编写，而且可使程序具有良好的通用性。可由程序员调用的中断处理程序叫作 DOS 功能调用或系统调用。按其功能分类，DOS 功能调用可分为以下六组：

1. 字符 I/O 管理

管理显示器、键盘、打印机及异步通信接口的字符输入输出。

2. 传统的文件管理

管理磁盘,包括打开关闭文件、查找目录、删除文件、建立文件、重新命名文件、顺序读写文件、随机读写文件等功能。

3. 扩充的文件管理

管理目录(包括建立子目录、修改当前目录、删除目录、取当前目录等功能)和管理文件(包括建立、打开、关闭文件,从文件或设备读写数据,在指定的目录里删除文件、修改文件属性等功能)。

4. 内存管理

管理内存,包括分配内存、释放已分配的内存、执行程序等。

5. 作业管理

包括退出用户程序并返回操作系统、建立一个程序段、终止用户程序并驻留在内存、装入一个程序、终止当前程序并返回操作系统、取子进程的返回代码等。

6. 其他资源管理

置中断向量和取中断向量、取日期和设置日期、取时间和设置时间、取 DOS 版本号及国别信息。

其他为用于处理树形目录结构的扩充的文件管理系统调用和用于 DOS 内部的扩充的系统调用。

10.3 INT 指令

DOS 功能模块位于 BIOS 的上层,它对硬件的依赖相对较少。DOS 功能模块放在中断向量表中,通过 INT 软件中断指令进行调用。INT 指令产生软件中断,导致调用的操作系统中断服务程序。在转移到中断服务程序之前,该指令清除中断标志,并将标志、CS 和 IP 压入堆栈。INT 指令格式如下:

INT imm

其中,中断号 imm 是一个 00H 到 FFH 之间的整数。

CPU 使用中断向量表来处理 INT 指令。中断向量表是存储在内存低端 1024 字节中的地址表。该表中的每一项都是一个 32 位的 CS∶IP 地址。该地址指向中断处理过程。

一些常用的中断有:

- INT 10H 视频服务:包括控制光标、显示彩色文本、卷动屏幕和显示图形等过程。
- INT 16H 键盘服务:包括读取键盘和检查其状态等过程。

- INT 17H 打印服务：包括初始化、打印和返回打印机状态等过程。
- INT 1AH 时间务：包括读取系统时间和设置系统时间等过程。
- INT 1CH 用户定时服务：每秒执行 18.2 次空过程。
- INT 21H MS – DOS 服务：提供输入输出、文件管理和内存过程管理过程。

10.4　MS – DOS 系统功能调用（INT 21H）

INT 21H 支持 90 多个不同的功能调用，这些功能通过在 AH 寄存器中放入功能号来区别。许多功能调用都要求输入的 32 位参数存储在 DS：DX 寄存器中。

10.4.1　DOS 键盘功能调用

表 10.1 列出了与键盘输入相关的 INT 21H 功能，它包括把单字符读入 AL 和把一个字符串读入存储器等功能。

表 10.1　INT 21H 键盘输入

AH	功能	调用参数	返回参数
1H	从键盘输入一个字符并回显在屏幕上		AL = 字符
6H	读键盘字符	DL = 0FFH	若有字符可取，AL = 字符，ZF = 0。若无字符可取，AL = 0，ZF = 1
7H	从键盘输入一个字符，不送回显		AL = 字符
8H	从键盘输入一个字符，不送回显 检测 Ctrl – Break		AL = 字符
0AH	输入字符到缓冲区	DS：DX = 缓冲区首地址	
0BH	读键盘状态		AL = 0FFH 有键入 AL = 00 无键入
0CH	消除键盘缓冲区，并调用一种键盘功能	AL = 键盘功能号（1，6，7，8 或 A）	

INT 21H 中的中断功能号 1H 从标准输入读取一个字符，并在显示器上显示。当得到字符并已显示时，该功能返回其 ASCII 码。如果该字段是扩展 ASCII 字符，需要调用本功能两次，第一次返回 0，第二次返回所按键的扫描码。使用 1H 功能时，如果按下 Ctrl_C 或 Ctrl_Break，在返回前调用 INT 23H 并结束程序。

INT 21H 功能 1H	
描述	从标准输入读取一个字符
接收参数	AH = 1H
返回值	AL = 字符(ASCII 码)
调用示例	MOV　AH，1H INT　21H MOV　CHAR，AL
注意	如果输入缓冲区内无字符，则程序一直等待。该功能在标准输出上回显字符

如果字符已经在输入缓冲区内，INT 21H 功能 6H 从标准输入上读取一个字符，如果缓冲区为空，该功能返回并设置零标志，该功能不等待。INT 21H 功能 6H 有时被称作原始 I/O 操作，它不带回显地读键盘字符，不对 Ctrl_C 或 Ctrl_Break 进行特殊处理，而是将其直接传递给调用程序，不转到中断处理程序。该功能是仅有的能正确读出 Alt 组合键输入的 DOS 功能。

INT 21H 功能 06H	
描述	从标准输入设备上读取一个字符，不等待
接收参数	AH = 6H DL = FFH
返回值	如果 ZF = 0，AL 中存放着字符的 ASCII 码
调用示例	MOV　AH，6H MOV　DL，FFH INT　21H JZ　　SKIP MOV CHAR，AL SKIP：
注意	只有在输入缓冲区内有字符等待时才能返回字符。不在标准输出上回显字符，也不过滤控制字符

INT 21H 的功能 0AH 从标准输入读取一个回车结尾的字符串，把实际字符数(不包括回车)填入缓冲区的第二个字节，并保持 DS：DX 指向缓冲区的第一个字节。

INT 21H 功能 0AH	
描述	从标准输入设备上读取缓冲字符数组
接收参数	AH = 0AH DS：DX = 键盘输入缓冲字符数组的地址
返回值	输入的实际字符数填入缓冲区的第二个字节

续

调用示例	. DATA STRING BYTE80, 0, 81 DUP(?) . CODE MOV　AH, 0AH MOV　DX, OFFSETSTRING INT　21H
注意	

INT 21H 功能 0BH 获取标准输入缓冲区的状态。

	INT 21H 功能 0BH
描述	获取标准输入缓冲区的状态
接收参数	AH = 0BH
返回值	如果有字符在等待, AL = 0FFH, 否则 AL = 00H
调用示例	MOV　AH, 0BH INT　21H CMP　AL, 0 JE　　SHIP … SKIP:
注意	不删除字符

10.4.2　DOS 显示功能调用

表 10.2 列出了与标准输出相关的 INT 21H 功能, 它包括显示单字符的功能和显示字符串功能, 这些功能都可以自动随字符的显示向前移动光标。

表 10.2　INT 21H 显示操作

AH	功能	调用参数
2H	显示一个字符(检验 Ctrl_Break)	DL = 字符
6H	显示一个字符(不检验 Ctrl_Break)	DL = 字符
9H	显示字符串	DS: DX = 字符串地址, 字符串必须以"$"结束

INT 21H 功能 2H 在标准输出上显示一个字符并将光标前进一个位置。

	INT 21H 功能 2H
描述	在标准输出上显示一个字符并将光标前进一个位置
接收参数	AH = 2H

续

	DL = 字符 ASCII 值
返回值	无
调用示例	MOV　AH, 2 MOV　DL, 'A' INT　21H
注意	

INT 21H 功能 9H 在标准输出上显示一个以" $ "结尾的字符串。

INT 21H 功能 9H	
描述	在标准输出设备上显示以 ' $ ' 结尾的字符串
接收参数	AX = 9H
	DS：DX = 字符串的段：偏移地址
返回值	无
调用示例	. DATA STRINGBYTE "This is a string. ", 0DH, 0AH, ' $ ' . CODE MOV　AH, 9H MOV　DX, OFFSETSTRING INT　21H
注意	字符串必须以' $ ' 结尾

【例 10.1】 编写程序实现从标准输入字符串，如果是小写字母，转成大写字母，并将转成后的字符串输出。

程序如程序 10.1 所示。

程序 10.1　从标准输入字符串并将小写字母转成大写字母

1	. MODEL SMALL		
2	. DATA		
3	STRING　BYTE　80, 0, 81 DUP(?)		
4	. CODE		
5	MAIN PROC FAR		
6		MOV	AX, @ DATA
7		MOV	DS, AX
8		MOV	DX, OFFSET STRING
9		MOV	AH, 0AH
10		INT 21H	

续程序 10.1

11		MOV	BX, OFFSET STRING
12		INC	BX
13		MOV	CL, [BX]
14		MOV	CH, 0
15		INC	BX
16	AGAIN:	MOV	DL, [BX]
17		CMP	DL, 'a'
18		JB	L
19		CMP	DL, 'z'
20		JA	L
21		SUB	DL, 20H
22	L:	MOV	AH, 2H
23		INT	21H
24		INC	BX
25		LOOP	AGAIN
26	NEXT:	MOV	AX, 4C00H
27		INT	21H
28	MAIN ENDP		
29	END		

【例 10.2】　编写程序，从标准输入上读出每个字符，使用 XOR 指令加密字符，并将加密字符送至标准输出。

程序如程序 10.2 所示。

程序 10.2　字符串加密

1	. MODEL SMALL		
2	. DATA		
3	VAL BYTE 213		
4	. CODE		
5	MAIN PROC FAR		
6		MOV	AX, @ DATA
7		MOV	DS, AX
8	AGAIN:	MOV	AH, 6H
9		MOV	DL, 0FFH
10		INT	21H

续程序 10.2

11		JZ	NEXT
12		XOR	AL, VAL
13		MOV	AH, 6H
14		MOV	DL, AL
15		INT	21H
16		JMP	AGAIN
17	NEXT:	MOV	AX, 4C00H
18		INT	21H
19	MAIN ENDP		
20	END		

10.4.3　DOS 打印功能调用

INT 21H 功能 5H 在打印机上打印一个字符，字符必须存放在 DL 寄存器当中，这是唯一的 DOS 打印功能。如果是回车、换行等打印功能，必须由汇编语言程序送出回车、换行等字符码。

INT 21H 功能 5H	
描述	在打印机上打印一个字符
接收参数	AH = 5H
	DL = 字符 ASCII 值
返回值	无
调用示例	MOV　AH, 5H MOV　DL, 'A' INT　21H
注意	MS – DOS 一直等待直到打印机准备好为止

【例 10.3】　编写程序，使用 INT 21H 功能 5H 在打印机上打印字符串"Hello，The world！"。

程序 10.3　在打印机上打印字符串"Hello，The World！"

1	. MODEL SMALL
2	. DATA
3	STRING BYTE　0CH, "Hello, The World!", 0DH, 0AH, 0AH, '$'
4	N EQU　$ – STRING
5	. CODE

续程序 10.3

6	MAIN PROC FAR		
7		MOV	AX, @ DATA
8		MOV	DS, AX
9		MOV	BX, 0
10		MOV	CX, N
11	AGAIN:	MOV	DL, STRING[BX]
12		MOV	AH, 5H
13		INT	21H
14		INC	BX
15		LOOP	AGAIN
16		MOV	AX, 4C00H
17		INT	21H
18	MAIN ENDP		
19	END		

字符串 STRING 中第一个字符是换页符(0CH)，最后两个字符是换行符(0AH)。程序 10.3 把 STRING 字符串在打印机上输出，字符串打印在新一页的顶部，并与下文有两个空行的距离。

10.5　本章小结

DOS 内包含了许多涉及设备驱动和文件管理方面的过程，DOS 的各种命令就是通过调用这些过程实现的。软件中断(software interrupt)是对操作系统过程的调用。这些过程中的大多数被称为中断服务例程(interrupt service routine)或中断处理程序(interrupt handler)。中断处理程序为应用程序提供了输入输出的能力。本章介绍了 MS – DOS 的基本内存组织、如何使用 MS – DOS 功能调用(称为中断)以及如何在操作系统层次执行基本输入输出。

习　题

1. 编写程序从键盘上输入一行字符，如果这行字符比前一次输入的一行字符长度长，则保存该行字符，然后继续输入另一行字符。如果它比前一次输入的短，则不保存这行字符。按下"$"输入结束，最后将最长的一行字符显示出来。

2. 编写程序从键盘上输入两个十进制数，求这两个数的最大公约数，显示该公约数。

3. 编写程序从键盘上输入两个十进制数，求这两个数的最小公倍数，显示该公倍数。

4. 编写程序用户从键盘输入一行字符并在屏幕上回显出来。每输入一行(≤80 字符)，用户检查一遍，如果用户认为无须修改，则键入回车键，此时这行字符存入 BUFFER 缓冲区保存，同时打印机把这行字符打印出来并回车换行。

5. 编写程序从键盘上输入一行字符串,使用 XOR 指令加密该行字符串,在标准输出显示加密后面的密文,然后将密文解密成明文,并在标准输出显示明文。

6. 编写程序接受从键盘输入的 10 个十进制数字,输入回车符则停止输入,然后将这些数字加密后(使用 XLAT 指令变换)存入内存缓冲区 BUFFER。加密表为:

输入数字:0,1,2,3,4,5,6,7,8,9

密码数字:7,5,9,1,3,6,8,0,2,4

第 11 章　过程

本章将讲述过程设计方法和技术。在程序设计过程当中，经常遇到这样的情况：有一段可以完成某个特定功能的程序段，多次在程序中被重复执行，因而占据了大量的存储空间。如果能够把这个程序段从中分离出来，使其单独成为一个程序段，用过程定义伪指令把它定义为一个过程。在需要的地方，用调用指令 CALL 调用这个过程。

11.1　过程结构

任何一个程序均可分解为许多相互独立的小程序段，这些小程序段称为程序模块。将其中重复的或者功能相同的程序模块设计成规定格式的独立程序段，这些程序段可提供给其他程序在不同的地方调用，从而可避免编制程序的重复劳动。特别是对于那些经常出现的输入输出控制程序等，都可以编成这种特殊程序段，以供调用。这种可以多次反复调用的、能完成指定操作功能的特殊程序段称为过程。相对而言调用过程的程序称为调用者。过程执行完后，应返回到调用者的调用处，继续执行调用者，这个过程称为返回调用者。

调用过程的关键是如何找到调用时保存的返回地址。在汇编语言中专门设置了调用过程 CALL 指令和返回 RET 指令，用以实现正确地转向过程地址，执行后又正确地返回到调用者的断点。这些操作主要是通过堆栈操作来完成的。

11.1.1　过程说明文件

过程一般以过程文件的形式存在，过程文件由文字说明和过程本身两部分构成。为了使所编的过程具有通用性，以便用户不需查看过程的内部结构或者程序本身就可以决定是否选用，在设计过程时，同时要建立过程的文档说明，使用户查看此说明就能清楚该过程的功能和调用方法。过程的说明文件一般应包括以下几项内容：

- 过程的功能，说明过程完成的具体任务。
- 过程所占用寄存器名、存储单元的分配情况。
- 过程的输入参数，说明过程运行所需要的参数以及存放位置。
- 过程的输入参数，说明过程运行结束的结果参数以及存放位置。
- 过程事例，通过所举示范例子，把具体参数值代入，使之更具体了解过程的功能，并能起到验证作用。

11.1.2　过程定义

过程是通过过程定义 PROC 和 ENDP 伪指令来定义的。过程的定义不仅要说明所定义过程的名字，而且还应指出过程的类型属性。过程类型属性有 NEAR 和 FAR 两种类型。调用者和其所调用的过程在同一代码段中，则过程定义说明为 NEAR 属性；调用者和其所调用的过程不在同一代码段中，则定义说明为 FAR 属性。过程执行的最后一条指令一定是 RET 指令。

过程的定义的一般格式为：
name　　PROC Attribute
…
RET
name　　ENDP

11.1.3　CALL 指令和 RET 指令

CALL 指令调用过程，将下一条指令的地址压入堆栈并将控制转移到目的地址。如果过程是近过程（即在同一个段内），CALL 指令只压入下一条指令的偏移，把被调用过程入口地址的偏移量送给指令指针寄存器 IP。否则，下一条指令的段和偏移都被压入堆栈，再把被调用过程入口地址的偏移量和段值分别送给 IP 和 CS。CALL 指令格式如下：
指令格式：
CALL　　nearlabel
CALL　　farlabel
CALL　　mem16/ mem32

过程调用指令本身的执行不影响任何标志位，但过程体中指令的执行会改变标志位，所以，如果希望过程的执行不能改变调用指令前后的标志位，那么，就要在过程的开始处保护标志位，在过程返回前恢复标志位。

RET 指令实现过程执行完后返回调用者，从堆栈的栈顶弹出数据作为返回地址。RET 指令格式如下：
RET
RET　　imm8

过程的返回分为段内返回和段间返回两种。具有 NEAR 属性的过程中的 RET 指令是段内返回，具有 FAR 属性的过程中的 RET 指令是段间返回。段内返回和段间返回所执行的操作是不同的。RET imm8 指令是弹出返回地址后将 SP 再增加 imm8，以去掉堆栈中 imm8 个字节的无用数据。

11.2　过程的现场保护和现场恢复

计算机 CPU 中的寄存器个数是有限的。调用者在调用过程之前要使用各个寄存器。在过程运行时也需要使用这些寄存器。调用者和过程可能都使用相同的一些寄存器。如果在调用者调用过程时不对它所使用的寄存器内容加以保护，那么从过程返回调用者时就无法将它们恢复到调用者调用过程前的状态。因此也就无法保证调用者能在原有的基础上继续执行下去。这就需要对这些寄存器的内容加以保护，称为现场保护。过程执行完后再恢复这些被保护的寄存器的内容，称为现场恢复。

在过程设计时，一般在过程一开始就保护过程将要占用的寄存器的内容，过程执行返回指令前再恢复被保护的寄存器的内容。保护现场和恢复现场的工作既可在调用者中完成，也可在过程中完成，这可根据用户需求在程序设计时自行安排。如果在过程设计时未考虑保护调用者的现场，则可在调用者调用过程前先保护现场，从过程返回后再恢复现场。通常在调用者中保护现场，就一定在调用者中恢复；在过程中保护现场，则一定在过程中恢复。这样安排程序结构清楚，不易出错。通常采用下述方法进行现场保护和现场恢复。

11.2.1 利用堆栈保护现场和恢复现场

利用进栈指令 PUSH 将寄存器的内容保存在堆栈中，恢复时再用出栈指令 POP 从堆栈中取出。这种方法较为方便，尤其在设计嵌套过程和递归过程时，由于进栈和出栈指令会自动修改堆栈指针，保护和恢复现场层次清晰，只要注意堆栈操作的先进后出的特点，就不会引起出错，因此这是经常采用的一种方法。如下面例子：

SUB1 PROC NEAR	
PUSH	AX
PUSH	BX
PUSH	CX
PUSH	DX
...	
POP	DX
POP	CX
POP	BX
POP	AX
RET	
SUB1 ENDP	

进入到该过程时，先是通过 4 条 PUSH 指令，依次将寄存器 AX，BX，CX 和 DX 进栈，以保护它们在调用者时的工作状态。在过程的功能完成后，通过 4 条 POP 指令，将原先保护在栈里的内容送回各个寄存器，从而恢复调用者的现场。

11.2.2 利用内存单元保护现场和恢复现场

利用数据传递指令将调用者所占用的寄存器的内容保存到指定的内存单元，恢复现场时再用数据传送指令，从指定的内存单元取回到对应的寄存器中。这种方法使用时不太方便，故较少使用。例如下面例子：

. DATA	
BUFFER WORD 10 DUP（？）	
. CODE	
SUB1 PROC NEAR	
MOV	DI，OFFSET BUFFER
MOV	[DI]，AX
MOV	[DI+2]，BX
MOV	[DI+4]，CX
MOV	[DI+6]，DX
…	
MOV	SI，OFFSET BUFFER
MOV	AX，[SI]
MOV	BX，[SI+2]
MOV	CX，[SI+4]
MOV	DX，[SI+6]
RET	
SUB1 ENDP	

11.2.3　利用寄存器保护现场和恢复现场

在调用者与过程中，能够发生冲突的寄存器很少，选用寄存器的时候，可以利用这些空闲的寄存器保护现场和恢复现场。如 BP 寄存器空闲，调用者与过程中发生冲突的仅为 AX，就可以利用 BP 来保护和恢复现场。

SUB1 PROC NEAR	
MOV	BP，AX
…	
MOV	AX，BP
RET	
SUB1 ENDP	

11.3　过程的参数传递

调用者在调用过程前须把参数送给过程，当过程执行完返回调用者时，应该把返回值传递给调用者。通常进行调用者和过程间参数传递的方法有三种：寄存器传递、堆栈传递和存储器传递。

11.3.1　通过寄存器传递参数

这种方法就是利用 CPU 内部寄存器作为调用者和过程之间参数传递的工具。这种方法的特点是信息传递快，编程简单、方便，且节省内存空间。但由于寄存器数量有限，所以传递的参数也有限，只适用于传递参数较少的情况。

该方法的实现是将过程的入口参数由调用者在调用前送入指定的寄存器中，在进入过程后，过程直接对指定的寄存器进行加工处理。过程加工处理的结果置入约定的寄存器中，作为过程的出口参数传递给调用者。需要注意的是，用于传递出口参数的寄存器不能进行现场保护和恢复。

【例 11.1】　输入一个十进制数，转换成为二进制数，并按十进制输出。

程序 11.1 输入一个十进制数并按十进制输出。假设输入的十进制数是 a_1，a_2，a_3 和 a_4，转换为二进制数的算法是$((((0\times10+a_1)\times10+a_2)\times10+a_3)\times10)+a_4$。由于数字 0～9 的 ASCII 码为 30H～39H，ASCII 码"0"～"9"减去 30H 便转换为对应的数字 0～9。过程 DECBINI PROC 功能为输入一个十进制数，转换成为二进制数，存放在 BX 寄存器。过程 BINIDEC 将 BX 寄存器的值转换十进制数输出。16 位无符号二进制数表示的范围是 0～65525，BX 寄存器的值首除以 10000，得到的商为万位数字，转换成 ASCII 码输出。得到的余数再除以 1000，得到的商为千位数字，转换成 ASCII 码输出。以此类推，输出百位数字、十位数字和个位数字。过程之间通过 BX 寄存器传递参数。

程序 11.1　输入一个十进制数并按十进制输出

1	. MODEL SMALL		
2	. CODE		
3	MAIN PROC FAR		
4		MOV	AX, @ DATA
5		MOV	DS, AX
6		CALL	DECBINI
7		CALL	CRLF
8		CALL	BINIDEC
9		CALL	CRLF
10		MOV	AX, 4C00H
11		INT	21H
12	MAIN ENDP		
13	DECBINIPROC NEAR		
14		MOV	BX, 0
15	NEWCHAR：	MOV	AH, 1
16		INT	21H
17		SUB	AL, 30H

续程序 11.1

18		JL	EXIT
19		CMP	AL, 9
20		JG	EXIT
21		CBW	
22		XCHG	AX, BX
23		MOV	CX, 10
24		MUL	CX
25		XCHG	AX, BX
26		ADD	BX, AX
27		JMP	NEWCHAR
28	EXIT:	RET	
29	DECBINIENDP		
30	BINIDEC PROC NEAR		
31		MOV	CX, 10000D
32		CALL	DEC_DIV
33		MOV	CX, 1000D
34		CALL	DEC_DIV
35		MOV	CX, 100D
36		CALL	DEC_DIV
37		MOV	CX, 10D
38		CALL	DEC_DIV
39		MOV	CX, 1D
40		CALL	DEC_DIV
41		RET	
42	BINIDEC ENDP		
43	DEC_DIV PROC NEAR		
44		MOV	AX, BX
45		MOV	DX, 0
46		DIV	CX
47		MOV	BX, DX
48		MOV	DL, AL
49		ADD	DL, 30H
50		MOV	AH, 2H
51		INT	21H
52		RET	

续程序 11.1

53	DEC_DIV ENDP		
54	CRLF PROC NEAR		
55		MOV	DL, 0DH
56		MOV	AH, 02H
57		INT	21H
58		MOV	DL, 0AH
59		MOV	AH, 02H
60		INT	21H
61		RET	
62	CRLF ENDP		
63	END		

11.3.2　通过存储单元传递参数

还有一种向过程传递较多参数的方法是在内存中使用一个存储区来保存和传递参数。调用者在调用前将所有输入参数按约定好的次序存入该存储区，进入过程后按约定从存储区中取出输入参数进行处理，输出参数也按约定次序存入指定的存储区。过程返回后调用者就可取得结果。通常还可以通过用寄存器存放存储区首址来实现多参数的传递。

【例 11.2】　编写一个过程对数组元素求和，通过存储单元传递参数。

数组元素求和过程有三个输入参数：数组元素首地址、数组元素个数和保存结果变量地址，采用存储单元传递参数。

程序 11.2　通过存储单元传递参数对数组元素求和

1	. MODEL SMALL		
2	. DATA		
3	ARRAY　WORD1, 2, 3, 4, 5, 6, 7, 8, 9, 10		
4	COUNT　WORD ($ − ARRAY)/TYPE ARRAY		
5	SUM　　WORD ?		
6	. CODE		
7	MAIN PROC FAR		
8		MOV	AX, @ DATA
9		MOV	DS, AX
10		CALL	PROCSUM
11		CALL	CRLF
12		CALL	BINIDEC
13		CALL	CRLF

续程序 11.2

14		MOV	AX，4C00H
15		INT	21H
16	MAIN ENDP		
17	PROCSUM PROC NEAR		
18		PUSH	AX
19		PUSH	CX
20		PUSH	SI
21		LEA	SI，ARRAY
22		MOV	CX，COUNT
23		XOR	AX，AX
24	AGAIN：	ADD	AX，[SI]
25		ADD	SI，TYPE ARRAY
26		LOOP	AGAIN
27		MOV	SUM，AX
28		POP	SI
29		POP	CX
30		POP	AX
31		RET	
32	PROCSUMENDP		
33	BINIDEC PROC NEAR		
34		MOV	BX，SUM
35		MOV	CX，10000D
36		CALL	DEC_DIV
37		MOV	CX，1000D
38		CALL	DEC_DIV
39		MOV	CX，100D
40		CALL	DEC_DIV
41		MOV	CX，10D
42		CALL	DEC_DIV
43		MOV	CX，1D
44		CALL	DEC_DIV
45		RET	
46	BINIDEC ENDP		
47	DEC_DIV PROC NEAR		
48		MOV	AX，BX
49		MOV	DX，0

续程序 11.2

50		DIV	CX
51		MOV	BX, DX
52		MOV	DL, AL
53		ADD	DL, 30H
54		MOV	AH, 2H
55		INT	21H
56		RET	
57	DEC_DIV ENDP		
58	CRLF PROC NEAR		
59		MOV	DL, 0DH
60		MOV	AH, 02H
61		INT	21H
62		MOV	DL, 0AH
63		MOV	AH, 02H
64		INT	21H
65		RET	
66	CRLF ENDP		
67	END		

【例 11.3】 把 4 个字节单元(高 4 位为 0)转换为 4 位压缩 BCD 码(两字节)后存放到首址为 BCDF 的两个字节单元中。例如,

非压缩 BCD 码 SRCF　BYTE　06H, 02H, 07H, 04H

压缩 BCD 码　BCDF　BYTE　62H, 74H

过程的输入参数存放在首址为 BCDF 的两个字节单元中,两者都是通过存储单元来传递参数的。

程序 11.3　通过存储单元传递数组参数非压缩 BCD 码转换压缩 BCD 码

1	. MODEL SMALL		
2	. DATA		
3	SRCFBYTE　06H, 02H, 07H, 04H		
4	BCDFBYTE　2 DUP(?)		
5	. STACK 4096		
6	. CODE		
7	MAIN PROC FAR		
8		MOV	AX, @ DATA
9		MOV	DS, AX

续程序 11.3

10		CALL	MERGE
11		CALL	CRLF
12		CALL	BINHEX
13		CALL	CRLF
14		MOV	AX, 4C00H
15		INT	21H
16	MAIN ENDP		
17	MERGE　PROC NEAR		
18		PUSH	AX
19		PUSH	BX
20		PUSH	CX
21		LEA	SI, SRCF
22		MOV	AH, [SI]
23		MOV	BH, [SI + 1]
24		MOV	CL, 4
25		SHL	AH, CL
26		ADD	AH, BH
27		MOV	AL, [SI + 2]
28		MOV	BL, [SI + 3]
29		SHL	AL, CL
30		ADD	AL, BL
31		MOV	BCDF, AH
32		MOV	BCDF + 1, AL
33		POP	CX
34		POP	BX
35		POP	AX
36		RET	
37	MERGE　ENDP		
38	BINHEX PROC NEAR		
39		MOV	SI, OFFSET BCDF
40		MOV	DI, 2
41	AGAIN:	MOV	BL, [SI]
42		MOV	CH, 2
43	ROTATE:	MOV	CL, 4
44		ROL	BL, CL

续程序 11.3

45		MOV	AL, BL
46		AND	AL, 0FH
47		ADD	AL, 30H
48		CMP	AL, 3AH
49		JL	PRINTIT
50		ADD	AL, 7H
51	PRINTIT:	MOV	DL, AL
52		MOV	AH, 2H
53		INT	21H
54		DEC	CH
55		JNZ	ROTATE
56		MOV	DL, 'H'
57		MOV	AH, 2H
58		INT	21H
59		MOV	DL, ' '
60		MOV	AH, 2H
61		INT	21H
62		INC	SI
63		DEC	DI
64		CMP	DI, 0
65		JNZ	AGAIN
66		RET	
67	BINHEX ENDP		
68	CRLF PROC NEAR		
69		MOV	DL, 0DH
70		MOV	AH, 02H
71		INT	21H
72		MOV	DL, 0AH
73		MOV	AH, 02H
74		INT	21H
75		RET	
76	CRLF ENDP		
77	END		

11.3.3　通过地址表传递参数

这种方法是利用地址表作为调用者和过程之间传递参数的工具。地址表可以用来存放调用者和过程之间传递的参数，这些参数既可以是数据，也可以是地址。用地址表传递参数的方法是在调用过程之前，将输入参数的地址或者参数值存放在地址表中，在过程中从地址表中依次获得这些参数。

【例 11.4】　利用地址表传递参数的方法实现对数组元素求和。

程序 11.4 利用地址表传递参数的方法实现对数组元素求和。地址表 TABLE 分别存放数组 ARRAY 首地址、数组元素个数变量 COUNT 地址和数组元素求和结果变量 SUM 地址。如图 11.1 所示。

程序 11.4　利用地址表传递参数的方法实现对已定义的数组求和

1	. MODEL SMALL		
2	. DATA		
3	ARRAY　WORD 10, 20, 30, 40, 50, 60, 70, 80, 90, 100		
4	COUNT　WORD　($ – ARRAY)/TYPE ARRAY		
5	SUM　　WORD ?		
6	TABLE　WORD 3 DUP(?)		
7	. CODE		
8	MAIN PROC FAR		
9		MOV	AX, @ DATA
10		MOV	DS, AX
11		MOV	BX, OFFSETTABLE
12		MOV	[BX], OFFSET ARRAY
13		MOV	[BX +2], OFFSET COUNT
14		MOV	[BX +4], OFFSET SUM
15		CALL	PROCSUM
16		CALL	CRLF
17		CALL	BINIDEC
18		CALL	CRLF
19		MOV	AX, 4C00H
20		INT	21H
21	MAIN ENDP		
22	PROCSUM PROC NEAR		
23		PUSH	AX
24		PUSH	CX

续程序 11.4

25		PUSH	SI
26		PUSH	DI
27		MOV	SI, [BX]
28		MOV	DI, [BX + 2]
29		MOV	CX, [DI]
30		MOV	DI, [BX + 4]
31		XOR	AX, AX
32	AGAIN:	ADD	AX, [SI]
33		ADD	SI, TYPE ARRAY
34		LOOP	AGAIN
35		MOV	[DI], AX
36		POP	DI
37		POP	SI
38		POP	CX
39		POP	AX
40		POP	BP
41		RET	4
42	PROCSUMENDP		
43	BINIDEC PROC NEAR		
44		MOV	BX, SUM
45		MOV	CX, 10000D
46		CALL	DEC_DIV
47		MOV	CX, 1000D
48		CALL	DEC_DIV
49		MOV	CX, 100D
50		CALL	DEC_DIV
51		MOV	CX, 10D
52		CALL	DEC_DIV
53		MOV	CX, 1D
54		CALL	DEC_DIV
55		RET	
56	BINIDEC ENDP		
57	DEC_DIV PROC NEAR		
58		MOV	AX, BX
59		MOV	DX, 0
60		DIV	CX
61		MOV	BX, DX

续程序 11.4

62		MOV	DL, AL
63		ADD	DL, 30H
64		MOV	AH, 2H
65		INT	21H
66		RET	
67	DEC_DIV ENDP		
68	CRLF PROC NEAR		
69		MOV	DL, 0DH
70		MOV	AH, 02H
71		INT	21H
72		MOV	DL, 0AH
73		MOV	AH, 02H
74		INT	21H
75		RET	
76	CRLF ENDP		
77	END		

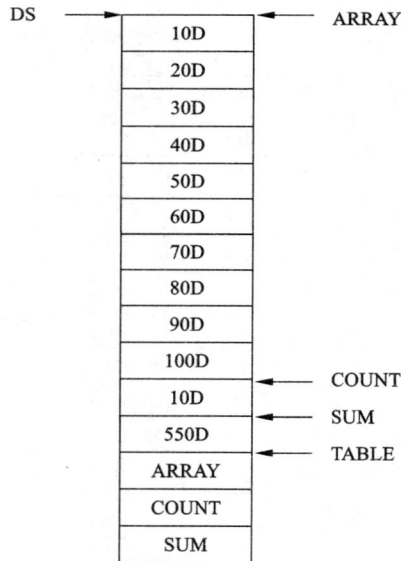

图 11.1 数据段的数据

11.3.4　通过堆栈传递参数

这种方法是将堆栈作为调用者和过程之间传递参数的工具。堆栈不仅可用来保存返回地址,而且还可以用来存放调用者和过程之间传递的参数,这些参数既可以是数据,也可以是地址。用堆栈传递参数的方法是在调用过程之前,用 PUSH 指令将输入参数压入堆栈,在过程中通过出栈方式依次获得这些参数,经过过程操作处理后再将输出参数压入堆栈,返回调用者后再通过出栈获得结果。特点是待传递的参数不占用寄存器,也无须另开辟存储单元,而是存放在公用的堆栈区,处理完之后堆栈恢复原状,不影响其他程序段使用堆栈。这种方法的缺点是由于参数和过程的返回地址混杂在一起,访问参数时必须准确地计算它们在栈内的位置。否则在执行 RET 指令时,栈顶存放的可能不是返回地址,从而导致运行混乱。另外在汇编语言与高级语言的接口时,也经常使用堆栈传递参数。使用这种方式传递参数时,编写程序比较复杂,特别要注意堆栈中断点的保存与恢复。

该方法的实现是将过程的入口参数在调用者中压栈保存,在调用过程后,过程从堆栈中弹出入口参数,经过加工处理后,将结果作为出口参数压栈保存。返回调用者后,再从堆栈中弹出出口参数。

【例 11.5】　利用堆栈传递参数的方法实现对数组元素求和。

程序 11.5 中 MAIN 过程将数组 ARRAY 首地址、存放数组元素个数变量 COUNT 地址和存放求和结果变量 SUM 地址分别压入堆栈。数组求和过程 PROCSUM 通过基址指针 BP 取得这些压入堆栈的参数。在程序第 25 行将老 BP 压入堆栈。在第 26 行将此时堆栈指针 SP 的值赋值给 BP。数组 ARRAY 首地址在单元 BP + 8H 中,变量 COUNT 在单元 BP + 6H 中,变量 SUM 地址在单元 BP + 4H 中。第 27 行至第 30 行保护现场,将 AX、CX、SI 和 DI 寄存器压入堆栈。此时堆栈状态如图 11.2 所示。

程序 11.5　利用堆栈传递参数的方法实现对数组元素求和

1	. MODEL SMALL		
2	. DATA		
3	ARRAY　WORD 10, 20, 30, 40, 50, 60, 70, 80, 90, 100		
4	COUNT　WORD　($ – ARRAY)/TYPE ARRAY		
5	SUM　　WORD ?		
6	. STACK 4096		
7	. CODE		
8	MAIN PROC FAR		
9		MOV	AX, @ DATA
10		MOV	DS, AX
11		MOV	BX, OFFSET ARRAY
12		PUSH	BX
13		MOV	BX, OFFSET COUNT

续程序 11.5

14		PUSH	BX
15		MOV	BX，OFFSET SUM
16		PUSH	BX
17		CALL	PROCSUM
18		CALL	CRLF
19		CALL	BINIDEC
20		CALL	CRLF
21		MOV	AX，4C00H
22		INT	21H
23	MAIN ENDP		
24	PROCSUM PROC NEAR		
25		PUSH	BP
26		MOV	BP，SP
27		PUSH	AX
28		PUSH	CX
29		PUSH	SI
30		PUSH	DI
31		MOV	SI，[BP+8H]
32		MOV	DI，[BP+6H]
33		MOV	CX，[DI]
34		MOV	DI，[BP+4H]
35		XOR	AX，AX
36	AGAIN：	ADD	AX，[SI]
37		ADD	SI，TYPE ARRAY
38		LOOP	AGAIN
39		MOV	[DI]，AX
40		POP	DI
41		POP	SI
42		POP	CX
43		POP	AX
44		POP	BP
45		RET	4
46	PROCSUMENDP		
47	BINIDEC PROC NEAR		
48		MOV	BX，SUM
49		MOV	CX，10000D

续程序 11.5

50		CALL	DEC_DIV
51		MOV	CX, 1000D
52		CALL	DEC_DIV
53		MOV	CX, 100D
54		CALL	DEC_DIV
55		MOV	CX, 10D
56		CALL	DEC_DIV
57		MOV	CX, 1D
58		CALL	DEC_DIV
59		RET	
60	BINIDEC ENDP		
61	DEC_DIV PROC NEAR		
62		MOV	AX, BX
63		MOV	DX, 0
64		DIV	CX
65		MOV	BX, DX
66		MOV	DL, AL
67		ADD	DL, 30H
68		MOV	AH, 2H
69		INT	21H
70		RET	
71	DEC_DIV ENDP		
72	CRLF PROC NEAR		
73		MOV	DL, 0DH
74		MOV	AH, 02H
75		INT	21H
76		MOV	DL, 0AH
77		MOV	AH, 02H
78		INT	21H
79		RET	
80	CRLF ENDP		
81	END		

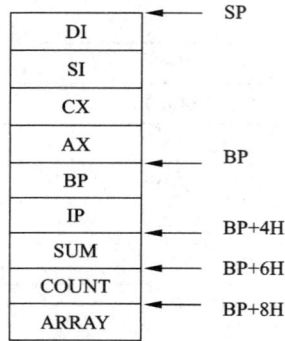

图 11.2　用堆栈传递参数时，堆栈最满时的状态

11.4　过程嵌套与递归调用

11.4.1　过程嵌套调用

如果某程序调用一个或若干个过程，称为过程一般调用。如果某个程序调用某一过程，而该过程又调用另外一个过程，就称为过程的嵌套调用，嵌套次数只受堆栈容量大小的约束，不受其他因素的影响，其嵌套层数称为嵌套深度。

过程的嵌套功能的实现是借助堆栈来完成的。因为调用指令和返回指令都是通过堆栈操作来进行的，而且它们是按照先进后出的原则工作的，这样就可保证依次取出返回地址。

假设过程 MAIN 调用 SUB1 过程，在过程 SUB1 执行过程中又调用过程 SUB2，在过程 SUB2 执行过程中又调用过程 SUB3，整个过程嵌套调用如图 11.3 所示。

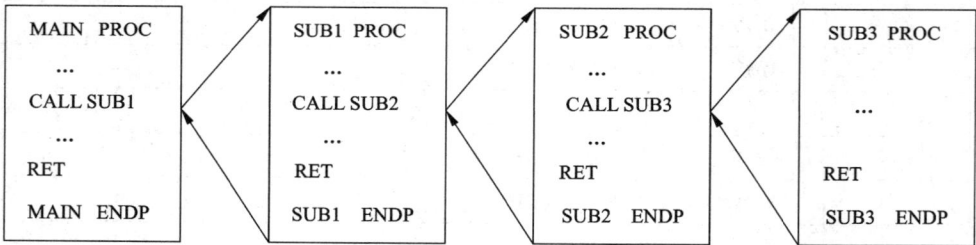

图 11.3　过程嵌套示意图

对于过程嵌套的程序设计，必须注意：

（1）调用指令 CALL 和返回指令 RET 成对配合使用。CALL 位于调用程序中，RET 位于被调用程序的出口处；

（2）要注意寄存器内容的保护和恢复，避免各层过程之间发生寄存器内容的冲突；

（3）如果程序中使用了堆栈，如使用堆栈保护现场和恢复现场，那么，压栈操作和出栈操作必须成对进行，只有这样，才可保证每个过程返回前 SP 正好指向返回地址；

（4）使用堆栈传递参数时，必须准确地安排堆栈操作，以保证程序能正确地返回。

【例 11.6】　编写程序求两个正整数的最大公约数，并输出结果。

程序 11.6 求两个正整数的最大公约数。过程 GCD 使用辗转相除法求两个正整数的最大公约数。

程序 11.6　求两个正整数的最大公约数

1	. MODEL SMALL		
2	. DATA		
3	M	WORD	319
4	N	WORD	377
5	RESULTWORD	?	
6	. CODE		
7	MAIN PROC FAR		
8		MOV	AX, @ DATA
9		MOV	DS, AX
10		MOV	AX, M
11		MOV	BX, N
12		CALL	GCD
13		CALL	BINIDEC
14		CALL	CRLF
15		MOV	AX, 4C00H
16		INT	21H
17	MAIN ENDP		
18	GCD PROC NEAR		
19		PUSH	AX
20		PUSH	BX
21		PUSH	DX
22		CMP	AX, BX
23		JZ	NEXT
24		JA	GREAT
25		XCHG	AX, BX
26	GREAT:	XOR	DX, DX
27		DIV	BX
28		AND	DX, DX
29		JZ	NEXT
30		MOV	AX, BX
31		MOV	BX, DX

续程序 11.6

32		JMP	GREAT
33	NEXT：	MOV	RESULT, BX
34		POP	DX
35		POP	BX
36		POP	AX
37		RET	
38	GCD ENDP		
39	BINIDEC PROC NEAR		
40		MOV	BX, RESULT
41		MOV	CX, 10000D
42		CALL	DEC_DIV
43		MOV	CX, 1000D
44		CALL	DEC_DIV
45		MOV	CX, 100D
46		CALL	DEC_DIV
47		MOV	CX, 10D
48		CALL	DEC_DIV
49		MOV	CX, 1D
50		CALL	DEC_DIV
51		RET	
52	BINIDEC ENDP		
53	DEC_DIV PROC NEAR		
54		MOV	AX, BX
55		MOV	DX, 0
56		DIV	CX
57		MOV	BX, DX
58		MOV	DL, AL
59		ADD	DL, 30H
60		MOV	AH, 2H
61		INT	21H
62		RET	
63	DEC_DIV ENDP		
64	CRLF PROC NEAR		
65		MOV	DL, 0DH
66		MOV	AH, 02H
67		INT	21H

续程序 11.6

68		MOV	DL, 0AH
69		MOV	AH, 02H
70		INT	21H
71		RET	
72	CRLF ENDP		
73	END		

11.4.2 过程递归调用

程序调用自身的编程技巧称为递归(recursion)。递归作为一种算法,在程序设计语言中广泛应用,一个过程或函数在其定义或说明中有直接或间接调用自身的一种方法,它通常把一个大型复杂的问题层层转化为一个与原问题相似的规模较小的问题来求解。递归策略只需少量的程序就可描述出解题过程所需要的多次重复计算,大大地减少了程序的代码量。递归的能力在于用有限的语句来定义对象的无限集合。一般来说,递归需要有边界条件、递归前进段和递归返回段。当边界条件不满足时,递归前进;当边界条件满足时,递归返回。

【例 11.7】 编写程序计算 $n!$。$n!$ 的递归定义如下:

$$factor(n) = \begin{cases} 0 & n = 0, 1 \\ n(n-1)! & n \geq 2 \end{cases}$$

用递归方法求 $n!$,每次使用的参数都不相同,所以将每次调用的参数、寄存器内容以及所有的中间结果都存放在堆栈中。

程序 11.7 用递归方法求 $n!$

1	. MODEL SMALL		
2	. DATA		
3	N WORD8		
4	. CODE		
5	MAIN PROC FAR		
6		MOV	AX, @ DATA
7		MOV	DS, AX
8		MOV	AX, N
9		MOV	CX, AX
10		CALL	FACTOR
11		MOV	BX, AX
12		CALL	BINIDEC
13		MOV	AX, 4C00H
14		INT	21H
15	MAIN ENDP		

续程序 11.7

16	FACTOR PROC NEAR		
17		DEC	CX
18		CMP	CX, 1
19		JE	RETURN
20		PUSH	CX
21		CALL	FACTOR
22		POP	CX
23		MUL	CX
24	RETURN:	RET	
25	FACTOR ENDP		
26	BINIDEC PROC NEAR		
27		MOV	CX, 10000D
28		CALL	DEC_DIV
29		MOV	CX, 1000D
30		CALL	DEC_DIV
31		MOV	CX, 100D
32		CALL	DEC_DIV
33		MOV	CX, 10D
34		CALL	DEC_DIV
35		MOV	CX, 1D
36		CALL	DEC_DIV
37		RET	
38	BINIDEC ENDP		
39	DEC_DIV PROC NEAR		
40		MOV	AX, BX
41		MOV	DX, 0
42		DIV	CX
43		MOV	BX, DX
44		MOV	DL, AL
45		ADD	DL, 30H
46		MOV	AH, 2H
47		INT	21H
48		RET	
49	DEC_DIV ENDP		
50	END		

递归过程使用堆栈参数，堆栈用来保存递归过程中的临时数据。当递归展开时，在堆栈上保存的数据就可以拿来用。例如，被调用者要从堆栈中取出调用者的压入堆栈中的参数。由于堆栈是先进后出的数据结构，通过堆栈指针 SP 只能取栈顶的数据，为了取堆栈中的调用者的压入堆栈的参数，可通过基址指针 BP 取调用者的压入堆栈中的参数。程序 11.8 中 FACTOR 过程被调用时，CALL 指令将后面一条指令的偏移地址压入堆栈。几次递归调用之后的堆栈如图 11.4 所示。可以看到，每次 FACTOR 调用自身的时候，n 和 BP 的新值都要压入堆栈。

程序 11.8　递归方法求 n!（通过 BP 取调用者传递的参数）

1	. MODEL SMALL		
2	. DATA		
3	N　WORD　8		
4	. CODE		
5	MAIN PROC FAR		
6		MOV	AX, @ DATA
7		MOV	DS, AX
8		MOV	BX, N
9		PUSH	BX
10		CALL	FACTOR
11		POP	BX
12		CALL	BINIDEC
13		MOV	AX, 4C00H
14		INT	21H
15	MAIN ENDP		
16	FACTOR PROC NEAR		
17		PUSH	AX
18		PUSH	BP
19		MOV	BP, SP
20		MOV	AX, [BP+6]
21		CMP	AX, 0
22		JNE	L
23		INC	AX
24		JMP	QUIT
25	L:	DEC	AX
26		PUSH	AX
27		CALL	FACTOR

续程序 11.8

28		POP	AX
29		MUL	WORD PTR［BP＋6］
30	QUIT：	MOV	［BP＋6］，AX
31		POP	BP
32		POP	AX
33		RET	
34	FACTOR ENDP		
35	BINIDEC PROC NEAR		
36		MOV	CX, 10000D
37		CALL	DEC_DIV
38		MOV	CX, 1000D
39		CALL	DEC_DIV
40		MOV	CX, 100D
41		CALL	DEC_DIV
42		MOV	CX, 10D
43		CALL	DEC_DIV
44		MOV	CX, 1D
45		CALL	DEC_DIV
46		RET	
47	BINIDEC ENDP		
48	DEC_DIV PROC NEAR		
49		MOV	AX, BX
50		MOV	DX, 0
51		DIV	CX
52		MOV	BX, DX
53		MOV	DL, AL
54		ADD	DL, 30H
55		MOV	AH, 2H
56		INT	21H
57		RET	
58	DEC_DIV ENDP		
59	END		

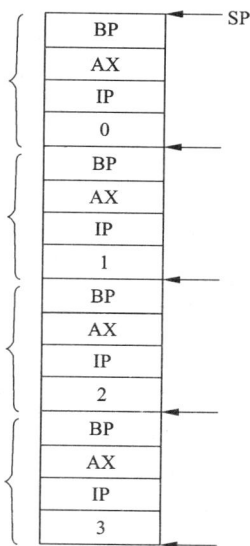

图 11.4　FACTOR 过程的堆栈使用

11.5　本章小结

本章介绍了过程设计方法和技术。过程是通过过程定义 PROC 和 ENDP 伪指令来定义的。过程的定义不仅要说明所定义过程的名字，而且还应指出过程的类型属性。过程执行的最后一条指令一定是 RET 指令。CALL 指令调用过程，将下一条指令的地址压入堆栈并将控制转移到目的地址。在过程一开始就保护过程将要占用的寄存器的内容，过程执行返回指令前再恢复被保护的寄存器的内容。调用者在调用过程前须把参数送给过程，当过程执行完返回调用者时，应该把返回值传递给调用者。通常调用者和过程间进行参数传递的方法有三种：寄存器传递、堆栈传递和存储器传递。如果某个程序调用某一过程，而该过程又调用另外一个过程就称为过程的嵌套调用。过程的嵌套功能的实现是借助堆栈来完成的。过程还可以调用自身，称为递归调用。递归方法通常把一个大型复杂的问题层层转化为一个与原问题相似的规模较小的问题来求解。

习　题

1. 调用过程和被调用过程之间的参数传递有哪几种主要的方式？

2. 定义 50 个学生的成绩，编写一个过程统计 60 ～ 69 分，70 ～ 79 分，80 ～ 89 分，90 ～ 99分和 100 分的人数，在主程序中调用该过程，以十进制形式输出各分数段的人数。

3. 编写程序输入有符号十进制数，转换成有符号二进制数，并按十进制输出有符号二进制数。

4. 编写程序输入 4 位十进制数，转换成非压缩 BCD 码，并按十进制输出非压缩 BCD 码。

5. 编写一个过程，统计数组元素正偶数的个数，在主程序中调用该过程，以十进制形式输出正偶数的个数。

6. 编写一个过程，判断一个输入串是否是合法的有符号整数，在主程序中调用该过程，如果是合法的有符号整数，输出"VALID"，否则输出"INVALID"。

7. 编写一个过程，使用有限状态自动机判断一个由'a'和'b'组成的字符串是否包含"abb"子串，在主程序中调用该过程，如果包含"abb"子串，输出"YES"，否则输出"NO"。

8. 编写一个过程，使用冒泡排序算法将数组元素从小到大排序。在主程序中调用该过程，输出已排序数组元素。

9. 素数是只能被正数 1 和它本身整除的正整数。求素数的一个方法是筛选法。筛选法计算过程是创建一自然数 2，3，5，…，n 的列表，其中所有的自然数都没有被标记。令 $k=2$，它是列表中第一个未被标记的数。把 k^2 和 n 之间的是 k 倍数的数都标记出来，找出比 k 大的未被标记的数中最小的那个，令 k 等于这个数，重复上述过程直到 $k^2>n$ 为止。列表中未被标记的数就是素数。编写一个过程，使用筛选法求小于 1000000 的所有素数。在主程序中调用该过程，输出小于 1000000 的所有素数。

10. 最小的 5 个素数是 2、3、5、7、11。有时两个连续的奇数都是素数。例如，在 3、5、11 后面的奇数都是素数，但是 7 后面的奇数不是素数。编写一个过程，对所有小于 1000000 的整数，统计连续奇数都是素数的情况的次数。在主程序中调用该过程，输出连续奇数都是素数的情况的次数。

11. 汉诺塔问题是一个古老的问题。传说在汉诺的一个寺庙中，有三根黄金柱子。第一根柱子上有 64 个同心的金盘，每个盘子的直径都比它下面的金盘直径稍微小一些。开始时，第二根和第三根柱子是空的。寺庙中的僧侣把所有的圆盘通过第二根柱子移到第三根柱子上，一次只能移动一个圆盘而且在任何时候大盘都不能放在小盘上面。据说，当他们完成的时候，世界末日就会来到。编写程序显示圆盘移动过程。

12. 编写程序用递归方法求 n!（$0 \leqslant n \leqslant 20$）。

$$factor(n) = \begin{cases} 0 & n=0,1 \\ n(n-1)! & n \geqslant 2 \end{cases}$$

13. 编写程序用递归方法求前 50 个 Fibonacci 数，以十进制数输出。Fibonacci 数列定义如下：

$$fib(n) = \begin{cases} 1 & n=1,2 \\ fib(n-2)+fib(n-1) & n \geqslant 3 \end{cases}$$

第 12 章　汇编语言程序格式

本章将讲述汇编语言程序格式、程序运行步骤及生成的文件，完整段定义程序格式和简化段定义程序格式。

12.1　汇编程序功能

要在计算机上运行汇编语言程序必须遵循一定的步骤，这些步骤主要分为 4 步，分别是：

（1）用编辑程序建立 ASM 源文件。

（2）用 MASM 程序把 ASM 文件转换成 OBJ 文件。

（3）用 LINK 程序把 OBJ 文件转换成 EXE 文件。

（4）用 DOS 命令直接键入文件名就可执行该程序

第一步通过编辑程序产生汇编语言的源程序，其文件属性为 ASM，称为汇编语言源程序。汇编语言源程序是用汇编语言写的，是不能为机器所识别的，必须要经过汇编程序加以翻译，转换成能被机器识别的二进制目标文件，也就是 OBJ 文件。在转换为 OBJ 文件的过程中，汇编程序将对源程序进行二遍扫视，如果发现源程序的语法错误，则在汇编结束后，汇编程序将指出源程序中的错误，用户通过编辑程序来修改错误，最后得到无语法错误的 OBJ 文件。OBJ 文件虽然已经是二进制文件，但是还不能直接上机运行，它必须与库文件或者其他目标文件通过连接程序（LINK 程序）连接在一起形成可执行文件后，才可以由操作系统装入存储器在机器上运行。汇编程序的主要功能是：

- 检查源程序。
- 测出源程序中的语法错误，并给出出错信息。
- 产生源程序的目标程序，并给出列表文件（同时列出汇编语言和机器语言的文件，称为 LST 文件）。
- 展开宏指令

12.2　汇编语言程序格式

由汇编语言编写的源程序是由许多汇编指令组成的，每个汇编指令由 1 ~ 4 个部分组成。这些指令可分为指令、伪指令和宏指令 3 种基本的指令。它们都有相似的结构，其格式如下：

　　[label：] mnemonic [operands] [；comment]

每个部分之间用空格（至少一个）或用 TAB 键符分开，这些部分可以在一行的任意位置输入。

标号位于指令的前端，是指令和数据的位置标记。标号位于指令表示指令的地址，位于变量的前端，表示变量的地址。

助记符可以是指令、伪指令或宏指令。指令就是作用于真正处理器的命令。伪指令也就是作用于汇编程序的命令，用于告诉汇编程序如何进行汇编。它既不控制机器的操作，也不被汇编成机器代码，只能为汇编程序所识别并指导汇编如何进行。将相对于程序或相对于寄存器的地址载入寄存器中。宏指令是一种伪指令，宏指令是代表某功能的一段源程序。

操作数指出指令执行的操作所需要数据的来源。操作数有三种类型：立即操作数、寄存器操作数、内存操作数。只有一个操作数的指令称为单操作数指令，有两个操作数的指令称为双操作数指令。双操作数又称为源操作数(source)和目的操作数(destination)。

注释用来说明程序或语句完成的功能。注释项可以占据一个完整的行，常用来说明下面一段程序的功能，或作为修饰源程序中的段分界。在某语句前加分号相当于注销该语句。

12.3　段定义

IBM – PC 机具有对存储器进行分段管理的结构，所以在汇编程序中必须按段来组织程序使用存储器存储程序和数据。汇编程序由代码段、数据段、附加段和堆栈段等组成。代码段包含程序的全部可执行指令，通常代码段中都有一个或几个过程，其中一个是启动过程，MAIN 就是启动过程。堆栈段存放着过程的参数和局部变量。数据段则存放着变量。段的定义有两种风格，一种是完整段定义，另一种是简化段定义。

12.3.1　完整段定义

完整段定义伪指令主要有 SEGMENT、ENDS、ASSUME 和 ORG。代码段中存放指令、宏指令或编程需要的伪指令，其他段中只可存放伪指令，如各种数据定义的伪指令等。

存储器的物理地址是由段地址和偏移地址两部分组合成的，汇编程序在把源程序转换为目标程序时，还没有具体确定标号和变量的偏移地址值，必须确定标号和变量的偏移地址，并且需要把有关信息通过目标模块传送给连接程序，使连接程序把不同的段和模块链接在一起，形成一个可执行程序。因此，需要使用段定义 SEGMENT 伪指令定义程序所需要的相关段。SEGMENT 伪指令的格式如下：

name　　SEGMENT［READONLY］［align］［combine］［use］［ 'class']

statements

name　　ENDS

定义名为 name 的段，段属性有对齐 align(BYTE、WORD、DWORD、PARA、PAGE)，组合方式 combine(PUBLIC、STACK、COMMON、MEMORY、PRIVATE)和模式 use(USE16、USE32 和 FLAT)以及类别 class。

若是数据段、附加段和堆栈段，通常是存储单元的定义段与分配等伪指令，而代码段则是指令与伪指令语句构成的。

段定义除了有段地址和偏移地址的属性以外，还有定位类型、组合方式和类别三个属性，以便于连接程序对不同的段和模块进行定位、组合和连接，最后形成一个结构紧凑、完整的可执行目标程序。

此外，还必须使用 ASSUME 伪指令明确段与段寄存器的关系。ASSUME 伪指令的格式如下：

ASSUME　segregister：name［，segregister：name］…

段寄存器必须是 CS、DS、ES、SS、FS 和 GS 中的一个，而段名则必须是由 SEGMENT 伪指令定义段的段名。

完整段定义程序格式如下：

程序 12.1　完整的段定义程序格式 1

DATAS SEGMENT	；定义数据段	
…		
DATAS ENDS		
EXTRAS SEGMENT	；定义附加段	
…		
EXTRAS ENDS		
STACKS SEGMENT	；定义堆栈段	
…		
STACKS ENDS		
CODES SEGMENT	；定义代码段	
ASSUME CS：CODES, DS：DATAS, ES：EXTRAS, SS：STACKS		
START：		
	MOV	AX, DATAS
	MOV	DS, AX
	…	
	MOV	AX, 4C00H
	INT	21H
CODES ENDS		
END START		

程序 12.2　完整的段定义程序格式 2

DATAS SEGMENT	；定义数据段
…	
DATAS ENDS	
EXTRAS SEGMENT	；定义附加段
…	
EXTRAS ENDS	

续程序 12.2

STACKS SEGMENT	；定义堆栈段	
…		
STACKS ENDS		
CODES SEGMENT	；定义代码段	
MAIN PROC FAR		
ASSUME CS：CODES，DS：DATAS，ES：EXTRAS，SS：STACKS		
	MOV	AX，DATAS
	MOV	DS，AX
	…	
	MOV	AX，4C00H
	INT	21H
MAIN ENDP		
CODES ENDS		
END		

程序 12.3　完整的段定义程序格式 3

DATAS SEGMENT	；定义数据段	
…		
DATAS ENDS		
EXTRAS SEGMENT	；定义附加段	
…		
EXTRAS ENDS		
STACKS SEGMENT	；定义堆栈段	
…		
STACKS ENDS		
CODES SEGMENT	；定义代码段	
MAIN PROC FAR		
ASSUME CS：CODES，DS：DATAS，ES：EXTRAS，SS：STACKS		
	PUSH	DS
	XOR	AX，AX
	PUSH	AX
	MOV	AX，DATAS
	MOV	DS，AX
	…	

续程序 12.3

	RET	
MAIN ENDP		
CODES ENDS		
END		

【例 12.1】　编写程序对数组元素求和。

程序 12.4 对数组元素求和，使用完整段定义程序格式。

程序 12.4　对数组元素求和

1	DATAS SEGMENT		
2	ARRAY　WORD 1, 2, 3, 4, 5, 6, 7, 8, 9, 10		
3	COUNT　WORD ($ – ARRAY)/TYPE ARRAY		
4	SUM　　WORD ?		
5	DATAS ENDS		
6	CODES SEGMENT		
7	ASSUME CS: CODES, DS: DATAS		
8	START:		
9		MOV	AX, DATAS
10		MOV	DS, AX
11		CALL	PROCSUM
12		CALL	CRLF
13		CALL	BINIDEC
14		CALL	CRLF
15		MOV	AX, 4C00H
16		INT	21H
17	PROCSUM PROC NEAR		
18		PUSH	AX
19		PUSH	CX
20		PUSH	SI
21		LEA	SI, ARRAY
22		MOV	CX, COUNT
23		XOR	AX, AX
24	AGAIN:	ADD	AX, [SI]
25		ADD	SI, TYPE ARRAY

续程序 12.4

26		LOOP	AGAIN
27		MOV	SUM, AX
28		POP	SI
29		POP	CX
30		POP	AX
31		RET	
32	PROCSUMENDP		
33	BINIDEC PROC NEAR		
34		MOV	BX, SUM
35		MOV	CX, 10000D
36		CALL	DEC_DIV
37		MOV	CX, 1000D
38		CALL	DEC_DIV
39		MOV	CX, 100D
40		CALL	DEC_DIV
41		MOV	CX, 10D
42		CALL	DEC_DIV
43		MOV	CX, 1D
44		CALL	DEC_DIV
45		RET	
46	BINIDEC ENDP		
47	DEC_DIV PROC NEAR		
48		MOV	AX, BX
49		MOV	DX, 0
50		DIV	CX
51		MOV	BX, DX
52		MOV	DL, AL
53		ADD	DL, 30H
54		MOV	AH, 2H
55		INT	21H
56		RET	
57	DEC_DIV ENDP		
58	CRLF PROC NEAR		
59		MOV	DL, 0DH
60		MOV	AH, 02H
61		INT	21H

续程序 12.4

62		MOV	DL, 0AH
63		MOV	AH, 02H
64		INT	21H
65		RET	
66	CRLF ENDP		
67	CODES ENDS		
68	END　START		

【例 12.2】　编写程序求两个正整数的最大公约数，并输出结果。

程序 12.5 求两个正整数的最大公约数，使用完整段定义程序格式。

程序 12.5　求两个正整数的最大公约数

1	DATAS SEGMENT		
2	M　WORD　319		
3	N　WORD　377		
4	RESULTWORD　？		
5	DATAS ENDS		
6	STACKS SEGMENT		
7	WORD1024　dup（？）		
8	TOS LABEL WORD		
9	STACKS ENDS		
10	CODES SEGMENT		
11	ASSUME CS：CODES, DS：DATAS, SS：STACKS		
12	MAIN PROC FAR		
13		MOV	AX, DATAS
14		MOV	DS, AX
15		MOV	AX, STACKS
16		MOV	SS, AX
17		MOV	SP, OFFSET TOS
18		MOV	AX, M
19		MOV	BX, N
20		CALL	GCD
21		MOV	BL, 10
22		MOV	RESULT, CX

续程序 12.5

23		CALL	CRLF
24		CALL	BINIDEC
25		MOV	AX，4C00H
26		INT	21H
27	MAIN ENDP		
28	GCD PROC NEAR		
29		PUSH	AX
30		PUSH	BX
31		PUSH	DX
32		CMP	AX，BX
33		JZ	NEXT
34		JA	GREAT
35		XCHG	AX，BX
36	GREAT：	XOR	DX，DX
37		DIV	BX
38		AND	DX，DX
39		JZ	NEXT
40		MOV	AX，BX
41		MOV	BX，DX
42		JMP	GREAT
43	NEXT：	MOV	CX，BX
44		POP	DX
45		POP	BX
46		POP	AX
47		RET	
48	GCD ENDP		
49	BINIDEC PROC NEAR		
50		MOV	BX，RESULT
51		MOV	CX，10000D
52		CALL	DEC_DIV
53		MOV	CX，1000D
54		CALL	DEC_DIV
55		MOV	CX，100D
56		CALL	DEC_DIV

续程序 12.5

57		MOV	CX, 10D
58		CALL	DEC_DIV
59		MOV	CX, 1D
60		CALL	DEC_DIV
61		RET	
62	BINIDEC ENDP		
63	DEC_DIV PROC NEAR		
64		MOV	AX, BX
65		MOV	DX, 0
66		DIV	CX
67		MOV	BX, DX
68		MOV	DL, AL
69		ADD	DL, 30H
70		MOV	AH, 2H
71		INT	21H
72		RET	
73	DEC_DIV ENDP		
74	CRLF PROC NEAR		
75		MOV	DL, 0DH
76		MOV	AH, 02H
77		INT	21H
78		MOV	DL, 0AH
79		MOV	AH, 02H
80		INT	21H
81		RET	
82	CRLF ENDP		
83	CODES ENDS		
84	END		

【例 12.3】　编写程序使用递归方法求 $n!$

程序 12.6 采用递归方法求 $n!$，使用完整段定义程序格式。

程序 12.6 使用递归方法求 $n!$

1	DATAS SEGMENT	
2	N WORD 8	
3	DATAS ENDS	
4	STACKS SEGMENT	
5	WORD 1024DUP（？）	
6	TOS LABEL WORD	
7	STACKS ENDS	
8	CODES SEGMENT	
9	ASSUME CS：CODES, DS：DATAS, SS：STACKS	
10	START：	
11	MOV	AX, DATAS
12	MOV	DS, AX
13	MOV	AX, STACKS
14	MOV	SS, AX
15	MOV	SP, OFFSET TOS
16	MOV	BX, N
17	PUSH	BX
18	CALL	FACTOR
19	POP	BX
20	CALL	BINIDEC
21	MOV	AX, 4C00H
22	INT	21H
23	FACTOR PROC NEAR	
24	PUSH	AX
25	PUSH	BP
26	MOV	BP, SP
27	MOV	AX, [BP+6]
28	CMP	AX, 0
29	JNE	L
30	INC	AX
31	JMP	QUIT
32	L： DEC	AX
33	PUSH	AX
34	CALL	FACTOR

续程序 12.6

35		POP	AX
36		MUL	WORD PTR［BP＋6］
37	QUIT：	MOV	［BP＋6］，AX
38		POP	BP
39		POP	AX
40		RET	
41	FACTOR ENDP		
42	BINIDEC PROC NEAR		
43		MOV	CX，10000D
44		CALL	DEC_DIV
45		MOV	CX，1000D
46		CALL	DEC_DIV
47		MOV	CX，100D
48		CALL	DEC_DIV
49		MOV	CX，10D
50		CALL	DEC_DIV
51		MOV	CX，1D
52		CALL	DEC_DIV
53		RET	
54	BINIDEC ENDP		
55	DEC_DIV PROC NEAR		
56		MOV	AX，BX
57		MOV	DX，0
58		DIV	CX
59		MOV	BX，DX
60		MOV	DL，AL
61		ADD	DL，30H
62		MOV	AH，2H
63		INT	21H
64		RET	
65	DEC_DIV ENDP		
66	CODES ENDS		
67	END		

12.3.2　简化段定义

用完整的段定义格式虽然可以控制段的各种属性，但现在的汇编程序提供了一种简化的段定义方式，使定义段更简单、方便。简化段定义程序格式如见程序 12.7、程序 12.8。

程序 12.7　简化段定义程序格式 1

. MODEL		；定义存储模式
. DATA		；定义数据段
...		
. STACK		；定义堆栈段
...		
. CODE		；定义代码段
MAIN PROC FAR		
	MOV	AX, @ DATA
	MOV	DS, AX
	...	
	MOV	AX, 4C00H
	INT	21H
MAIN ENDP		
END		

程序 12.8　简化段定义程序格式 2

. MODEL		；定义存储模式
. DATA		；定义数据段
...		
. STACK		；定义堆栈段
...		
. CODE		；定义代码段
MAIN PROC FAR		
	PUSH	DS
	XOR	AX, AX
	PUSH	AX
	MOV	AX, @ DATA
	MOV	DS, AX
	...	
	RET	

续程序 12.8

MAIN ENDP

END

.MODEL 伪指令用来指定源程序所采用的存储模式。.MODEL 伪指令格式如下：

.MODEL　memorymodel [, langtype] [, stackoption]

存储模式 memorymodel 可以是 TINY、SMALL、MEDIUM、COMPACT、LARGE、HUGE 或 FLAT。langtype 可以是 C、BASIC、FORTRAN、PASCAL 或者 STDCALL。Stackoption 可以是 NEARSTACK 或 FARSTACK。每种存储模式的功能如表 12.1 所示。

表 12.1　简化段定义存储模式

存储模式	功能
TINY	所有数据和代码都放在一个段内，其访问都为 NEAR 型，整个程序≤64 kB，并会产生 .COM 文件
SMALL	所有代码在一个 64 kB 的段内，所有数据在另一个 64KB 的段内（包括数据段，堆栈段和附加段）
MEDIUM	所有代码 >64 kB 时可放在多个代码段中，转移或调用可为 FAR 型。所有数据限在一个段内，DS 可保持不变
COMPACT	所有代码限在一个段内，转移或调用可为 NEAR 型。数据 >64 kB 时，可放在多个段中
LARGE	代码段和数据段都可超过 64 kB，被放置在有多个段内，所有数据和代码都是访问
HUGE	单个数据项可以超过 64 kB，其他同 Large 模型
FLAT	所有代码和数据放置在一个段中，但段地址是 32 位的，所以整个程序可为 4 GB。MASM 6.0 支持该模型

12.4　本章小结

本章讲述了汇编语言程序格式、程序运行步骤及生成的文件，完整段定义程序格式和简化段定义程序格式。汇编程序由代码段、数据段、附加段和堆栈段等组成。代码段包含程序的全部可执行指令，堆栈段存放着过程的参数和局部变量，数据段则存放着变量。完整段定义由 SEGMENT 伪指令定义程序所需要的相关段，使用 ASSUME 伪指令明确段与段寄存器的关系。简化段定义必须使用 .MODEL 伪指令来指定源程序所采用的存储模式。

习　题

1. 编写程序，使用选择排序算法将数组元素从小到大排序。

2. 编写程序输入一个十进制数，采用二分查找法查找在已排序的数组是否有该数。如果存在该数则输出"FOUND"；否则输出"NO FOUND"。

3. 最小的 5 个素数是 2、3、5、7、11。有时两个连续的奇数都是素数。例如，在 3、5、11 后面的奇数都是素数，但是 7 后面的奇数不是素数。编写程序对所有小于 1000000 的整数，统计连续奇数都是素数的情况的次数。

4. 在两个连续的素数 2 和 3 之间的间隔是 1，而在连续素数 7 和 11 之间的间隔是 4。编写程序对所有小于 1000000 的整数，求两个连续素数之间间隔的最大值。

5. 水仙花数(Narcissistic number)是指一个 n 位数($n \geqslant 3$)，它的每个位上的数字的 n 次幂之和等于它本身，例如：$1^3 + 5^3 + 3^3 = 153$。编写一个汇编程序，求 $3 \leqslant n \leqslant 24$ 的所有水仙花数。

6. 双素数是指一对差值为 2 的素数。例如，3 和 5 就是一对双素数，11 和 13 也是一对双素数。编写程序求小于 1000000 的双素数。

7. 完全数(perfect number)是一些特殊的自然数。它所有的真因子(即除了自身以外的约数)的和，恰好等于它本身。第一个完全数是 6，第二个完全数是 28。

$$6 = 1 + 2 + 3$$
$$28 = 1 + 2 + 4 + 7 + 14$$

编写程序求前 8 个完全数。

第 13 章　结构和宏

　　尽管汇编语言作为低级语言不可能像高级语言那样具有丰富的数据类型和方便灵活的表达方式，但汇编语言仍力求提供这些方面的功能，比如结构、宏和条件语句，利用它们可以编写出更具适应性的汇编语言源程序。本章将讲述结构和宏。

13.1　结构

　　结构(structure)是逻辑上相互关联的一组变量的模板或模式，用来将若干相互关联的数据项组合成一个整体。这些数据项作为结构的成员，可以有不同的类型。结构中的单个变量称为域。程序语句可以将结构作为单个实体进行访问，也可以对单个域进行访问。汇编语言中的结构与 C/C++ 基本相同，对于 Windows API 库中的任何结构，经过简单的转换就可以在汇编语言中工作。

　　结构是程序过程之间传递大量数据的基本工具。例如：假设要向一个过程传递 20 个与磁盘驱动器相关的数据单元，以正确的顺序传递所有的参数然后再调用过程是不现实的，相反，应该把所有相关的数据放在一个结构中然后向过程传递结构的地址，这只需使用极少的堆栈空间(一个地址)，同时也给了被调用过程向结构的域中插入新数据的机会。

　　结构的使用包含三个步骤：
- 定义结构。
- 声明一个或多个该结构类型的变量，称为结构变量。
- 写运行时指令访问结构的域。

13.1.1　定义结构

　　在描述结构型数据或使用结构型变量之前，需要说明结构类型。使用 STRUCT 和 ENDS 伪指令来定义结构。定义结构的格式一般如下：

name　STRUCT
fielddeclaration
name　ENDS

结构中可以包含任意数量的域，各域可以有不同的长度，还可以独立存取。

　　在说明结构类型时，可以给域赋初始值，也可以不赋初值。如果要赋初值，在定义结构变量时这些初始值就成了域的默认值，结构中可以使用多种类型的初始值：
- 未定义：使用"?"表示域内容未定义。

- 字符串：使用引号引起的字符初始化字符串域。
- 整数：使用整数常量或整数表达式初始化整数域。
- 数组：当域是一个数组时，使用 DUP 操作符初始化数组元素。

例如，定义一个描述学生信息的 STUDENT 结构，结构中的域有学号、姓名和成绩，其定义如下：

STUDENT	STRUCT	
SNO	BYTE	"000000000000"
SNAME	WORD 10 DUP(?)	
CORE	BYTE	?
STUDENT	ENDS	

定义一个描述雇员信息的 EMPLOYEE 结构，结构中的域有身份证号、姓名、服务年限以及工资薪金的历史，其定义如下：

EMPLOYEE	STRUCT	
IDNUM	BYTE" 000000000"	
LASTNAME	BYTE	30 DUP(0)
YEARS	WORD	0
SALARYHIST	DWORD	0, 0, 0, 0,
EMPLOYEE	ENDS	

结构中的每个域都有一个相对于结构第一个字节的偏移量。例如在上面定义的结构 STUDENT 中，SNO, SNAME 和 CORE 分别有偏移量 0, 12, 22。

再如，下列语句说明了一个名为 MESST 的结构类型：

MESST	STRUCT	
MBUFF BYTE	100	DUP(?)
CRLF	BYTE	0DH, 0AH
ENDMARK	BYTE	24H
MESST	ENDS	

结构 MESST 中的域 MBUFF 和 CRLF 均含有多个值，域 MBUFF、CRLF 和 ENDMARK 分别有偏移值 0, 100, 102。

在定义结构类型时不进行任何存储分配，只有在定义结构变量时才进行存储分配。这与高级语言中的数据类型定义相似。标记一个结构类型结束的伪指令与标记一个段结束的伪指令有相同的助记符 ENDS。汇编程序通过上下文理解 ENDS 的含义，所以要确保每一个 SEGMENT 伪指令和 STRUCT 伪指令有各自对应的 ENDS 伪指令。

13.1.2 声明结构变量

在定义了结构类型后，就可以定义相应的结构变量。结构变量定义的一般格式如下：

［变量名］ 结构名 ＜［域值表］＞

其中，变量名就是当前定义的结构变量的名称，结构变量名也可以省略，如果省略，就不能直接通过符号名称访问该结构变量。结构名是在说明结构类型时所用的名字。域值表用来给结构变量的各域赋初始值，其中各域值的排列顺序及类型应与结构定义的各域相一致，中间以逗号分隔。如果某个域采用在定义结构时所给定的缺省值，那么可以简单地用逗号表示。如果结构变量的所有域均如此，那么可以省去域值表，但是仍必须保留＜＞。

例如，应用上面定义的 STUDENT，可以如下定义结构变量：

.DATA	
S1	STUDENT ＜"201819671110"，"LI"，88＞
S2	STUDENT ＜"201819671010"，"LIU"＞
S3	STUDENT ＜＞
S4	STUDENT 99 DUP(＜＞)

对于宏汇编程序 MASM 而言，如果某个字段有多值，那么在定义结构变量时，就不能给该字段重赋初值。如上面说明的结构 MESST，不能给 CRLF 字段重赋初值。

13.1.3 引用结构变量

对结构变量的引用可以通过结构变量名直接存取，格式如下：

结构变量名.域名

上述格式中，其间用点号连接。若要存取结构变量中的域，则要用结构变量做修饰词。下面以 EMPLOYEE 结构为例：

.DATA	
WORKEREMPLOYEE ＜＞	
.CODE	
MOV	DX，WORKER.YEARS
MOV	WORKER.SALARYHIST，20000
MOVWORKER.SALARYHIST + 4，30000	
MOV	DX，OFFSET WORKER.LASTNAME

13.2 宏

汇编语言提供了宏功能，宏是一个命名的汇编语句块，一旦被定义之后，宏就可以在程序中被调用任意多次。使用此功能不仅可以减少程序书写的错误，缩短源程序长度，而且还可以扩充指令的功能，使源程序编写像高级语言一样清晰、简洁，有利于阅读、修改与调试，简化程序设计的工作。

可以直接在程序中编写宏，也可以将宏放在单独的文本文件中。单独的文本中的宏要使用 INCLUDE 伪指令使之在编译时被插入源程序。编译器在编译任何调用宏的语句前必须先找到宏的定义，编译器的预处理器扫描宏并将它们放在一个缓冲区中，当发现对宏的调用时，就将宏调用替换成宏的一份拷贝。

13.2.1 宏的定义和调用

宏的定义是使用伪指令 MACRO 和 ENDM 实现的，其语句格式为：

macroname　　MARCO　　［parameter list］

statements

ENDM

MACRO 和 ENDM 伪指令之间的语句直到宏被调用的时候才会被编译。宏指令名像变量名、过程名那样是一个符号名。MACRO 是宏指令的开始，ENDM 是宏指令的结束。注意 ENDM 前没有宏指令名。形式参数表给出了宏定义中所用到的形式参数（简称形参），形参之间用逗号隔开，可以有任意多参数。

宏指令完成定义后，就可以在源程序中调用它，宏调用的格式为：

macroname ［argument list］

实参表中的各个实参之间用逗号隔开。实参的顺序必须与宏定义中的形参顺序相同，但实参的数目不一定非要与宏定义中形参的个数完全一致。如果传递的实参个数多于定义中的形参个数，编译器会发出一个警告。如果传递的参数个数少于宏定义的个数，那么未传递的参数会被留为空。

当程序被汇编时，汇编程序将对每个宏调用做宏展开。宏展开就是用宏定义体取代源程序中的宏名，而且用实参取代宏定义中的形参。在取代时，实参和形参是按顺序一一对应的，即第一实参对应第一个形参，依次类推。例如下面例子：

宏定义：

WRCH MACRO	CHAR
PUSH	EAX
MOV	AL，CHAR
CAL L	WriteChar
POP	EAX
ENDM	

宏调用：

WRCH	'A'

编译器的预处理器自动将宏展开成下面的代码：

1	PUSH	EAX
1	MOV	AL, 'A'
1	CALL	WriteChar
1	POP	EAX

宏指令可以带形参,调用时用实参取代,避免了程序因变量传送带来的麻烦,使宏汇编的使用增加了灵活性。而且实参可以是常数、寄存器、存储单元名以及用寻址方式能找到的地址或表达式等。实参还可以是指令的操作码或操作码的一部分等,宏汇编的这一特性是过程所不及的。但是,宏调用的工作方式和过程调用的工作方式是完全不同的。过程是在程序执行期间由调用者调用的,它只占有它自身大小的一个空间,而宏调用则是在汇编期间展开的,每调用一次就把宏定义展开一次,因而它占有的存储空间与调用次数有关,调用次数越多则占有的存储空间也越大。用宏汇编可以免去执行时间上的额外开销,但如果宏调用次数较多的话,则其空间上的开销也是应该考虑的因素,所以,要根据具体的情况来选择使用方案。一般来说,由于宏汇编可能占用较大的空间,所以代码较长的功能段往往使用过程而不用宏汇编。那些代码较短且变元较多的功能段,则使用宏汇编更加合理。

宏展开时实参替代形参按位置匹配的原则。实参与形参的个数可以不等,参数替换时,多余的实参不予考虑,多余的形参以空格替代。实参替代形参时,不进行类型检查,完全是字符串的替代,替代后是否合法有效,将在汇编程序翻译时进行语法检查。

例如定义两个字相乘宏:

宏定义:

MULTIPLY　　MACRO OPR1, OPR2, RESULT	
PUSH	DX
PUSH	AX
MOV	AX, OPR1
MOV	RESULT, AX
POP	AX
POP	DX
ENDM	

宏调用:

MULTIPLY CX, VAR,　　ARRAY[BX]

宏展开:

1	PUSH	DX
1	PUSH	AX
1	MOV	AX, CX
1	IMUL	VAR

续表

1	ARRAY	ARRAY[BX]，AX
1	POP	AX
1	POP	DX

参数的形式灵活多变，可以是常数、变量、存储单元、指令操作码或它们的一部分，也可以是表达式。使用灵活多变的参数，同一个宏定义甚至可以执行不同的操作。

& 替换操作符用于将参数与其他字符分开。用在宏体中。如果参数紧接在其他字符之前或之后就必须使用该伪操作符。例如：

宏定义：

LJMP	MACRO COND，LAB
J&COND	LAB
ENDM	

宏调用：

LJMP	Z，L1
…	
LJMP	NZ，L2

宏展开：

1	JZ	L1
…		
1	JNZ	L2

& 替换操作符还可以用在参数出现在带引号的字符串中。例如：

宏定义：

MSG	MACRO LAB，NUM，ABC
LAB&NUM	BYTE" HELLO MR. &ABC"
ENDM	

宏调用：

MSG	ARRAY，1，LEI
…	
MSG	ARRAY，2，ZHANG

宏展开：

1	ARRAY1	BYTE" HELLO MR. LEI"
	...	
1	ARRAY2	BYTE" HELLO MR. ZHANG"

%表达式操作符将后面跟的表达式的值作为实参，而不是将表达式本身作为参数。例如：

宏定义：

STR	MACRO	STRING
BYTE	" &STRING&"	
ENDM		

宏调用：

STR	99 – 1
...	
STR	% 99 – 1

宏展开：

1	BYTE" 99 – 1"
	...
1	BYTE　"98"

当宏定义体内有标号，同一程序内多次调用，会造成标号的重复定义。LOCAL 伪指令说明的标号，第一次宏展开时，产生的标号为?? 0000，第二次宏展开时产生的标号为?? 0001，以此类推。例如下面求绝对值宏：

宏定义：

ABSOL	MACRO	OPER
LOCAL NEXT		
CMP	OPER, 0	
JGE	NEXT	
NEG	OPER	
NEXT:		
ENDM		

宏调用：

ABSOL	VAR	
...		
ABSOL	BX	

宏展开：

1	CMP	VAR，0
1	JGE	?? 0000
1	NEG	VAR
1	?? 0000：	
	.....	
1	CMP	BX，0
1	JGE	?? 0001
1	NEG	BX
1	?? 0001：	

13.2.2 宏的嵌套调用

有时使用模块化的方法来创建宏是有益的，保持每个宏短而简单，并将它们作为基本模块来构造更复杂的宏，这样可以减少编写重复的代码。当一个宏中又调用了另一个宏时，我们称之为宏嵌套。使用嵌套宏时，预处理器会展开所有内层的宏，就像所有的语句都属于同一个宏一样，传给外层的宏的参数可直接传递给内层的宏。例如：

DIFMACROX，Y
MOVAX，X
SUBAX，Y
ENDM
DIFSQRMACROOPR1，OPR2. RESULT
PUSHDX
PUSHAX
DIF OPR1，OPR2
IMULAX
MOVRESULT，AX
POPAX
POPDX
ENDM

当一个宏中又调用了自身时，我们称之为宏递归调用。例如宏 POWER 实现（$X \times 2^N$）：

宏定义：

POWER　MACRO　X，N	
SAL　X，1	
COUNT = COUNT + 1	
IFCOUNT − N	
POWER X，N	
ENDIF	
ENDM	

COUNT 为递归次数的计数器，当 COUNT 与 N 相等时结束递归调用。

宏调用：

COUNT = 0
POWER AX，3

宏展开：

1	SAL	AX，1
1	SAL	AX，1
1	SAL	AX，1

13.3　本章小结

本章讲述结构和宏。结构是逻辑上相互关联的一组变量的模板或模式，用来将若干相互关联的数据项组合成一个整体。结构是程序过程之间传递大量数据的基本工具。宏是一个命名的汇编语句块，一旦被定义之后，宏就可以在程序中被调用任意多次。使用此功能不仅可以减少程序书写的错误，缩短源程序长度，而且还可以扩充指令的功能，使源程序编写像高级语言一样清晰、简洁，有利于阅读、修改与调试，简化程序设计的工作。

习　题

1. 什么是宏指令？宏指令在程序中如何被调用？宏指令定义和过程有什么区别？

2. 结构数据类型怎么说明？结构变量怎么定义？结构字段怎么引用？

3. 定义宏 DISPLAY，使其能够在当前光标位置显示字符串，字符串的首地址由 BX 寄存器指出。

4. 定义宏 SUM，其功能是将一组数据累加。数据存放的首地址在 SI 寄存器中，数据的个数在 CL 寄存器中。

5.定义宏产生 N 条 NOP 指令，其中 N 是宏的形式参数。

6.定义 20 名教师的记录变量，通过存入数据得到教师的基本信息，然后统计年龄满 40 岁的男教师人数。

7.定义宏将一位十六进制数转换为 ASCII 码。

8.定义非递归宏计算 $K!$，其中 K 是宏的形式参数。

第 14 章 高级汇编语言技术

汇编语言提供了大型程序设计的高级功能和类似于高级语言的复杂类型。在上一章，我们介绍了汇编语言的结构变量、宏等内容。在本章我们将继续介绍汇编语言的模块化程序设计、高级过程、条件汇编、重复汇编高级技术。

14.1 模块化程序设计

当一个应用程序的所有源程序都放在一个文件中时，这样的源程序是很难管理的。将一个源程序文件分解成多个源程序文件(即模块化)，使得源代码的查看和编辑变得更加简单，从而使整个应用程序的源代码管理也变得更加简单。

在设计大型程序时，整个问题往往都是比较复杂的，常常需要把问题分解为若干个小问题。将每个小问题编写成独立的源文件，然后用连接程序(LINK)将所有的源文件连接起来，组成一个完整的可执行程序(.EXE 或者 .COM 文件)。

模块化程序设计的优点是程序可读性强、易调试、可维护性高、易修改，频繁使用的功能和算法可编写成模块保存到库中，提高代码的可复用性。

14.1.1 模块化程序设计原则

把一个程序分成多个具有明确任务的程序模块，分别编写、测试，然后连接成一个完整的程序。模块化程序设计的步骤如下：

- 系统分析：正确地描述整个程序需要完成的工作。
- 系统设计：把整个工作划分为多个任务，并且画出层次图。
- 详细设计：细化各个模块的功能，确定模块间的关系和通信方式。
- 编码：将每个模块用汇编语言实现。
- 系统测试：对各个模块进行测试。
- 连接：将各个模块连接在一起，经过调试形成一个完整的应用程序。
- 系统维护：将程序和使用说明书形成文档。

系统分析意在对用户的需求进行分析并最终对问题做出明确的定义。系统分析的好坏直接影响到后续各个阶段的工作效率及最终的系统功能。系统设计根据对问题的定义，用容易转变成程序的方式对任务做出描述，这些方式包括数据和信息流图、系统的运行逻辑、模块层次图、系统架构图等。详细设计是对系统设计的进一步细化，将系统模块化，编写详细的模块说明。程序编码是详细设计的实施，用计算机能够识别的形式来编写程序，不同模块可以通过不同的程序设计语言实现，甚至于同一个模块中的不同部分也可以使用不同的程序语言，如 C/C++，Java 等高级语言程序中都可以嵌入汇编语句，以实现高级语言所不容易实现的功能。程序编码只是整个任务的一小部分，关键的是前面几个分析设计要做好，否则将事倍功半。编码完成后，必须对程序的功能和正确性进行测试，测试的方法有很多种，如黑盒测试、白盒测试、单元测试、集成测试等。系统测试完成后，将各个模块连接到一起，组成一个完整的应用程序。

模块化程序设计的关键是模块的划分。层次图和模块说明是划分模块的有力工具，它描述了各个模块之间的从属关系。层次图的顶端是主控模块，直接控制位于其下一层的各个模块的执行过程，各子模块的控制关系与之类似。

模块说明应该简洁地写出模块实现的功能、涉及的数据结构、基本算法描述、模块输入和模块输出等。要考虑到程序中有哪些公共数据和私有数据，公共数据应该放在公共数据段，所有的模块都可以访问，而私有数据是某个模块所独有的。弄清楚数据在各个模块间传送的方式，如公共数据段、外部引用和全局符号说明、堆栈或寄存器等。

模块划分是一个自顶向下、逐步求精的设计过程：

（1）主模块是总控制模块。

（2）确定主要的子模块，即将整个任务分为若干子任务。如一个任务的输入、输出和处理或计算等。在划分子模块的过程中，应该弄清楚每个模块的功能、数据结构及其相互之间的关系。

（3）针对各子模块的子任务进行下一层任务的划分，弄清相互之间的关系。

（4）重复以上划分步骤，直到划分的子任务易于理解和实现为止。

模块之间的关系是多种多样的，可总结为控制耦合和数据耦合两种。控制耦合是指模块应该在怎样的条件下进入和退出，以及它们是如何进入和退出的。数据耦合是指模块之间的信息通信，信息量多少以及信息通信方式等。下面是划分模块时应该遵循的一些原则：

（1）单入口单出口原则：模块之间的控制耦合应该尽可能简单，尽量避免从多个入口点进入模块或从多个出口点退出，模块应该只有一个入口和一个出口。

（2）最小耦合原则：模块之间的数据耦合应最小，包括的数据传送量应当少，或者数据传送方式应该是规则传送。如果两个模块之间的数据传送量较大或不规则，则应该考虑把这两个任务放在同一个模块中；如果传送的数据量虽然很大，但是它们可以放在公共数据区中，用同一种规律来传送，仍然可以把两个任务划分为不同的模块。

（3）模块的长度适中原则：如果模块太长，程序难以理解和调试；如果模块太短，则连接、通信等过程的开销会比较大，不值得。

14.1.2 模块间的参数传递

通常多个模块之间不可能是完全独立的，一个模块可能需要访问另一个模块定义的变量、标号、过程或符号参数。最常用的模块之间通信的方法是使用模块通信伪指令。在源程序中用户定义的符号可以分为局部符号和外部符号两种。在本模块中定义，又在本模块中引用的符号称为局部符号。一个模块中定义，在另一个模块中引用的符号称为外部符号。当一个模块中定义的符号需要提供给其他模块使用时，必须用 PUBLIC 伪指令定义该符号为共享符号。

PUBLIC 伪指令使个模块中定义了各种符号(变量、符号常量、标号和过程名)可供其他模块引用。PUBLIC 伪指令格式如下：

PUBLIC [langtype]name [,[langtype]name]…

在本模块中使用另一个模块中定义的标识符，必须使用 EXTERN 伪指令说明。若符号为变量，则类型应为 BYTE、WORD、DWORD 等。若符号为标号或过程名，则类型应为 NEAR 或 FAR。

EXTERN 伪指令声明当前模块使用的哪些符号是在其他模块内定义的。EXTERN 伪指令格式如下：

EXTERN [langtype]name：type [,[langtype]name：type]…

伪指令 PUBLIC 和 EXTERN 配合使用，提供了不同模块间标识符相互访问的功能。这两条指令的使用必须相互匹配，连接程序检查每个模块中的 EXTERN 语句中的符号是否与其他模块中的 PUBLIC 语句中的一个符号相互匹配。如果不匹配，给出错误信息，匹配则给予确定值。

模块之间还可以使用公共数据段实现通信。COMMON 伪指令告诉 LINK 程序把多个同名数据段在连接时重叠形成一个段，产生段覆盖。具有 COMMON 组合类型的最长段决定了公共段的长度，重叠部分的内容取决于连接时最后一个公共段的内容。当两个模块的数据段因为同名且都使用了 COMMON 组合类型，经 LINK 程序连接后将被连接在相同的段起始地址，形成一个公共段，所以变量就不必用 EXTERN 和 PUBLIC 说明，处理起来比较简单。另外，由于过程有了自己的数据，也便于单独调试。

14.1.3　模块的连接

程序的各个模块是单独编写和测试的，在各个模块测试完成之后还要把它们连接起来组成一个完整的程序。各个模块都有自己的代码段和数据段，多个模块连接时，各模块的连接次序由用户在调用 LINK 程序时指定。

多个模块连接时，不一定要把所有的代码段或数据段分别连接在一起形成一个大的代码段或数据段。多数情况下，各程序模块仍然有各自的分段，并通过模块之间的调用来进行工作。有时某些程序模块需要连接在同一段内，段首部伪指令 SEGMENT 的组合类型提供了相应信息。

14.2　高级过程

14.2.1　LOCAL 伪指令

在数据段定义的变量称为静全局变量，全局变量对当前源文件所有过程都是可见的。局部变量是在过程中时创建、使用和销毁的变量。局部变量是程序运行时在堆栈上创建的，在编译时不能给定初值，但可以在运行时进行初始化。

LOCAL 伪指令在过程内声明一个或几个局部变量，语句必须紧接在 PROC 伪指令所在行之后。LOCAL 伪指令格式如下：

LOCALvarlist

变量列表是一系列的变量定义，中间用逗号分隔。列表可以占用多行。每个变量定义的格式如下：

label：type

标号可以是任何有效标识符，类型可以是标准类型（如 WORD、DWORD），也可以是用户自定义的类型（如结构）。

例如下面 BubbleSort 过程定义了 temp 和 SwapFlag 两个局部变量：

```
BubbleSort PROC
  LOCALtemp：WORD, SwapFlag：BYTE
  …
BubbleSort ENDP
```

局部变量也可以是数组，如下面例子中的局部变量 TempArray 是一个包含十个双字的数组：

```
LOCALTempArray[10]：DWORD
```

14.2.2　USES 运算符

USES 运算符与 PROC 伪指令一起使用，让程序员列出在该过程中修改的所有寄存器名。USES 运算符告诉汇编器做两件事情：第一，在过程开始时生成 PUSH 指令，将寄存器保存到堆栈；第二，在过程结束时生成 POP 指令，从堆栈恢复寄存器的值。USES 运算符紧跟 PROC 之后，其后是位于同一行上的寄存器列表，表项之间用空格符或制表符分隔。

例如下面将数组元数累加的过程 ARRAYADD 使用 USES 运算符来保存和恢复寄存器：

```
ARRAYADD  PROC  NARE  USES  CX  SI
          MOV    AX, 0
          MOV    CX, 10
          MOV    SI, OFFSET ARRAY
AGAIN：    ADD    AX, [SI]
          ADD    SI, TYPE ARRAY
          LOOP   AGAIN
          RET
ARRAYADD ENDP
```

汇编器生成的相应代码展示了使用 USES 运算符的效果：

```
ARRAYADD  PROC  NARE
          PUSH   CX
          PUSH   SI
```

续

	MOV	AX, 0
	MOV	CX, 10
	MOV	SI, OFFSET ARRAY
AGAIN:	ADD	AX, [SI]
	ADD	SI, TYPE ARRAY
	LOOP	AGAIN
	POP	SI
	POP	CX
	RET	
ARRAYADD ENDP		

【例 14.1】　编写程序对数组元素求和，过程 PROCSUM 使用 USES 运算符来保存和恢复寄存器。

程序 14.1　使用 USES 运算符来保存和恢复寄存器对数组元素求和

1	. MODEL SMALL		
2	. DATA		
3	ARRAY　WORD1, 2, 3, 4, 5, 6, 7, 8, 9, 10		
4	COUNT　WORD ($ − ARRAY)/TYPE ARRAY		
5	SUM　　WORD ?		
6	. CODE		
7	MAIN PROC FAR		
8		MOV	AX, @ DATA
9		MOV	DS, AX
10		CALL	PROCSUM
11		CALL	CRLF
12		CALL	BINIDEC
13		CALL	CRLF
14		MOV	AX, 4C00H
15		INT	21H
16	MAIN ENDP		
17	PROCSUM PROC NEAR USES AX CX SI		
18		LEA	SI, ARRAY
19		MOV	CX, COUNT

续程序 14.1

20		XOR	AX, AX
21	AGAIN：	ADD	AX, [SI]
22		ADD	SI, TYPE ARRAY
23		LOOP	AGAIN
24		MOV	SUM, AX
25		RET	
26	PROCSUMENDP		
27	BINIDEC PROC NEAR		
28		MOV	BX, SUM
29		MOV	CX, 10000D
30		CALL	DEC_DIV
31		MOV	CX, 1000D
32		CALL	DEC_DIV
33		MOV	CX, 100D
34		CALL	DEC_DIV
35		MOV	CX, 10D
36		CALL	DEC_DIV
37		MOV	CX, 1D
38		CALL	DEC_DIV
39		RET	
40	BINIDEC ENDP		
41	DEC_DIV PROC NEAR		
42		MOV	AX, BX
43		MOV	DX, 0
44		DIV	CX
45		MOV	BX, DX
46		MOV	DL, AL
47		ADD	DL, 30H
48		MOV	AH, 2H
49		INT	21H
50		RET	
51	DEC_DIV ENDP		
52	CRLF PROC NEAR		

续程序 14.1

53		MOV	DL, 0DH
54		MOV	AH, 02H
55		INT	21H
56		MOV	DL, 0AH
57		MOV	AH, 02H
58		INT	21H
59		RET	
60	CRLF ENDP		
61	END		

14.2.3　INVOKE 伪指令

INVOKE 伪指令是 Intel 的 CALL 指令的增强的替代品，它允许传递多个参数。INVOKE 伪指令的格式如下：

INVOKE procedureName [, argumentList]

参数列表是要传递给过程的多个参数的列表，参数之间用逗号分隔。INVOKE 伪指令和 CALL 指令之间的一个重要区别是 CALL 指令不能使用参数列表。

INVOKE 伪指令允许使用任意数量的参数，不同参数可以出现在不同代码行上。如下面例子中 INVOKE 调用 AddSum 过程，传递两个参数给过程：

.DATA
VAR1 WORD 1234H
VAR2 WORD 5678H
.CODE
INVOKE AddSum, VAR1, VAR2

14.2.4　ADDR 运算符

ADDR 运算符可以在使用 INVOKE 调用过程时传递地址。根据程序采用的内存模式不同，ADDR 返回一个近指针或一个远指针。在保护模式程序中，ADDR 返回一个 32 位偏移量，而在实模式程序中，ADDR 返回一个 16 位偏移量。

如下面例子中 INVOKE 调用过程 ArraySum，传递一个字数组：

.DATA
ARRAY WORD 50 DUP(?)
.CODE
INVOKE ArraySum, ADDRARRAY

14.2.5 PROC 伪指令

PROC 伪指令允许一个过程并且附带参数列表。PROC 伪指令格式如下：

label   PROC,

parameter_1,

parameter_2,

…

parameter_n,

参数列表也可以放在同一行上：

label   PROC,   parameter_1, parameter_2, …, parameter_n,

每个参数的格式如下：

parameterName：type

参数名的作用域限于当前的过程之内，参数类型可以是以下类型之一：BYTE、SBYTE、WORD、SWORD、DWORD、SDWORD、FWORD、QWORD 或者 TBYTE，还可以是修饰类型（qualified type），如指向已知类型的指针。下面是一些修饰例子：

PTR BYTE

PTR WORD

PTR DWORD

14.2.6 PROTO 伪指令

PROTO 伪指令为一个已存在的过程创建原型（prototype）。原型声明了过程的名字和参数列表，它允许一个过程只要被定义正确就可以在其他地方被调用。如下面例子中假设已定义了过程 ArraySum：

```
ArraySum PROC NEAR USES AX CX SI DI,

ptrARRAY：WORD,

sizeARRAY：WORD,

resADD：WORD

…

ArraySum ENDP
```

过程 ArraySum 原型声明如下：

```
ArraySumPROTO    ptrARRAY：WORD, sizeARRAY：WORD, resADD：WORD
```

如果在 INVOKE 语句调用过程之前给出了过程的具体实现，在这种情况下，PROC 本身起到了原型的作用。

14.2.7 语言选项关键字

语言选项关键字可使用 C、PASCAL 和 STDCALL 等。语言选项关键字使汇编程序员可以创建与这些语言兼容的汇编程序。例如在 MODEL 伪指令中使用语言选项关键字：

.MODEL SMALL, C

.MODEL SMALL, PASCAL

.MODEL SMALL, STDCALL

STDCALL 关键字指定过程按照从右至左的顺序压入参数，例如：

INVOKE AddSum，VAR1，VAR2

将生成以下的汇编语言代码：

PUSH VAR2
PUSH VAR1
CALL AddSum

另外要考虑的一个重要因素是在过程调用之后面如何从堆栈上移除参数。STDCALL 关键字要求过程在 RET 指令后面必须提供一个常量操作数，RET 指令在堆栈上弹出返回地址之后把该常量同 SP 相加：

AddSum　ROC, VAR1：WORD, VAR2：WORD
...
RET 4
AddSumNDP

通过将堆栈指针加 4，把堆栈指针重设为调用程序在堆栈上压入参数之前的值。

C 关键字指定过程按照从右至左的顺序压入参数，这一点与 STDCALL 关键字是一样的。但在过程调用之后堆栈参数的移除上，C 关键字使用不同的方法。在程序调用中，通过堆栈指针加一个常量，把堆栈指针重设为调用程序在堆栈上压入参数之前的值。例如：

INVOKE AddSum，VAR1，VAR2

将生成以下的汇编语言代码：

PUSH VAR2	
PUSH VAR1	
CALL AddSum	
ADD SP, 4	; clean up the stack

PASCAL 关键字指定过程按照从左至右的顺序压入参数，这一点同 STDCALL 关键字相反。例如：

INVOKE AddSum，VAR1，VAR2

将生成以下的汇编语言代码：

PUSH VAR1
PUSH VAR21
CALL AddSum

在过程调用之后堆栈参数的移除上，PASCAL 关键字与 STDCALL 关键字处理方式相同。关键字要求过程在 RET 指令后面必须提供一个常量操作数，RET 指令在堆栈上弹出返回地址之后把该常量与 SP 相加：

AddSum ROC，VAR1：WORD，VAR2：WORD
…
RET 4
AddSumNDP

通过将堆栈指针加 4，把堆栈指针重设为调用程序在堆栈上压入参数之前的值。

【例 14.2】 编写一个过程，把 4 个字节单元(高 4 位为 0)转换为 4 位压缩 BCD 码(两字节)后存放到首址为 BCDF 的两个字节单元中，通过 INVOKE 伪指令调用该过程。

程序 14.2 非压缩 BCD 码转换压缩 BCD 码

1	. MODEL SMALL		
2	. DATA		
3	SRCF	BYTE 06H，02H，07H，04H	
4	BCDF	BYTE 2 DUP(?)	
5	. STACK 4096		
6	MERGE	PROTO	
7	CRLF	PROTO	
8	BINHEX	PROTO	
9	. CODE		
10	MAIN PROC FAR		
11		MOV	AX，@ DATA
12		MOV	DS，AX
13		INVOKE	MERGE
14		INVOKE	CRLF
15		INVOKE	BINHEX
16		INVOKE	CRLF
17		MOV	AX，4C00H
18		INT	21H
19	MAIN ENDP		

续程序 14.2

20	MERGE　PROC NEAR USES AX BX CX		
21		LEA	SI, SRCF
22		MOV	AH, [SI]
23		MOV	BH, [SI+1]
24		MOV	CL, 4
25		SHL	AH, CL
26		ADD	AH, BH
27		MOV	AL, [SI+2]
28		MOV	BL, [SI+3]
29		SHL	AL, CL
30		ADD	AL, BL
31		MOV	BCDF, AH
32		MOV	BCDF+1, AL
33		RET	
34	MERGE　ENDP		
35	BINHEX PROC NEAR		
36		MOV	SI, OFFSET BCDF
37		MOV	DI, 2
38	AGAIN:	MOV	BL, [SI]
39		MOV	CH, 2
40	ROTATE:	MOV	CL, 4
41		ROL	BL, CL
42		MOV	AL, BL
43		AND	AL, 0FH
44		ADD	AL, 30H
45		CMP	AL, 3AH
46		JL	PRINTIT
47		ADD	AL, 7H
48	PRINTIT:	MOV	DL, AL
49		MOV	AH, 2H
50		INT	21H
51		DEC	CH
52		JNZ	ROTATE
53		MOV	DL, 'H'
54		MOV	AH, 2H

续程序 14.2

55		INT	21H
56		MOV	DL, ''
57		MOV	AH, 2H
58		INT	21H
59		INC	SI
60		DEC	DI
61		CMP	DI, 0
62		JNZ	AGAIN
63		RET	
64	BINHEX ENDP		
65	CRLF PROC NEAR		
66		MOV	DL, 0DH
67		MOV	AH, 02H
68		INT	21H
69		MOV	DL, 0AH
70		MOV	AH, 02H
71		INT	21H
72		RET	
73	CRLF ENDP		
74	END		

【例 14.3】 通过 INVOKE 伪指令调用过程编程，实现对已定义的数组求和。

程序 14.3 通过 INVOKE 伪指令调用过程实现对已定义的数组求和

1	. MODEL SMALL, C	
2	. DATA	
3	ARRAY WORD 10, 20, 30, 40, 50, 60, 70, 80, 90, 100	
4	COUNT WORD ($ – ARRAY)/TYPE ARRAY	
5	SUM WORD ?	
6	. STACK 4096	
7	PROCSUM	PROTO ptrARRAY：WORD, sizeARRAY：WORD, resADD：WORD
8	CRLF	PROTO
9	BINIDEC	PROTO
10	. CODE	
11	MAIN PROC FAR	

续程序 14.3

12		MOV	AX, @ DATA
13		MOV	DS, AX
14		INVOKE	PROCSUM, ADDR ARRAY, COUNT, ADDR SUM
15		INVOKE	CRLF
16		INVOKE	BINIDE C
17		INVOKE	CRLF
18		MOV	AX, 4C00H
19		INT	21H
20	MAIN ENDP		
21	PROCSUM PROC NEAR USES AX CX SI DI,		
22		ptrARRAY：WORD,	
23		sizeARRAY：WORD,	
24		resADD：WORD	
25		MOV	SI, ptrARRAY
26		MOV	CX, sizeARRAY
27		MOV	DI, resADD
28		XOR	AX, AX
29	AGAIN：	ADD	AX, [SI]
30		ADD	SI, TYPE ARRAY
31		LOOP	AGAIN
32		MOV	[DI], AX
33		RET	6
34	PROCSUMENDP		
35	BINIDEC PROC NEAR		
36		MOV	BX, SUM
37		MOV	CX, 10000D
38		CALL	DEC_DIV
39		MOV	CX, 1000D
40		CALL	DEC_DIV
41		MOV	CX, 100D
42		CALL	DEC_DIV
43		MOV	CX, 10D
44		CALL	DEC_DIV
45		MOV	CX, 1D

续程序 14.3

46		CALL	DEC_DIV
47		RET	
48	BINIDEC ENDP		
49	DEC_DIV PROC NEAR		
50		MOV	AX, BX
51		MOV	DX, 0
52		DIV	CX
53		MOV	BX, DX
54		MOV	DL, AL
55		ADD	DL, 30H
56		MOV	AH, 2H
57		INT	21H
58		RET	
59	DEC_DIV ENDP		
60	CRLF PROC NEAR		
61		MOV	DL, 0DH
62		MOV	AH, 02H
63		INT	21H
64		MOV	DL, 0AH
65		MOV	AH, 02H
66		INT	21H
67		RET	
68	CRLF ENDP		
69	END		

14.3　重复汇编

　　在编写程序时,有时需要连续重复编写一组相同或几乎相同的指令或伪指令,这时可以使用宏汇编语言提供的重复汇编伪指令来避免重复书写。然而,对于这种伪指令或伪指令组的连续重复问题,使用重复汇编结构更为简洁。重复汇编结构有三种,一种是定重复汇编结构,另两种是不定重复汇编结构。

　　重复汇编结构与宏汇编都可以达到简化源程序的目的,但它们的区别在于重复汇编适用于连续重复的场合,而宏汇编适用于非连续重复的场合。

14.3.1　定重复汇编

REPT 伪指令可以实现给定重复次数的重复汇编。REPT 伪指令格式如下：

REPT　expression

statements

ENDM

REPT 伪指令使宏汇编程序重复汇编重复块，重复次数由整数表达式的值确定。注意：

- REPT 和 ENDM 必须是成对出现的。
- 此伪指令可以出现在源程序中的任何地方。
- 重复汇编的次数必须预先由整数表达式定义。

如下面例子把字符 'A' 到 'Z' 的 ASCII 码填入数组 TABLE 中：

CHAR　＝'A'	
TABLE　LABEL　BYTE	
REPT　26	
BYTE　CHAR	
CHAR　＝ CHAR＋1	
ENDM	

14.3.2　不定重复伪指令

IRP 也用来说明重复块。REPT 说明的重复块的重复次数是固定的，而 IRP 由参数来确定重复次数。IRP 的使用格式为：

IRP　parameter ＜ argment ［，argment］… ＞

statements…

ENDM

注意：IRP 和 ENDM 必须成对出现。参数表中的参数必须用"＜ ＞"括起来，参数可以是常数、符号和字符串等，各参数间用逗号隔开，重复体部分的语句序列的重复次数由参数表中的参数个数决定，用参数表中的参数取代形参后得到的应该是有效的指令序列。

下面例子依次将 AX，BX，CX 和 DX 寄存器的内容压入栈。

IRP	REG ＜AX, BX, CX, DX ＞
PUSH	REG
ENDM	

宏汇编程序汇编时，将对语句"PUSH　REG"连续汇编四次，并在每次重复时，依次以实参 AX、BX CX 和 DX 代替形参 REG，最后产生的重复汇编语句如下：

1	PUSH	AX
1	PUSH	BX
1	PUSH	CX
1	PUSH	DX

伪指令 IRPC 和 IRP 的用法基本相同，但参数表用一个字符串来表示。IRPC 伪指令格式如下：

IRPC　parameter，＜ string ＞

statements

ENDM

IRPC 伪指令重复汇编重复块的时候，重复汇编的次数由字符串中的字符个数决定。每次重复汇编时，依次用字符串中的一个字符取代形参，直到字符串结束。

IRPC 与 IRP 伪指令的区别是 IRPC 伪指令的重复次数由字符串中的字符个数确定，每次重复用字符串中的下一个字符取代重复块中的参数。例如：

IRPC	REG，＜ ABCD ＞
PUSH	&REG&X
ENDM	

最后产生的重复汇编语句如下：

1	PUSH	AX
1	PUSH	BX
1	PUSH	CX
1	PUSH	DX

14.4　条件汇编

在实际应用中经常需要根据条件执行程序的不同部分，如果采用分支程序设计方法，即让程序包含各种条件下所需执行的语句，就会使目标程序中包含许多不满足条件的无用的目标代码，从而浪费存储空间。又由于要不断地进行条件判断，减慢了程序的运行速度，同时也给程序的调试带来了困难。另外，还有些条件判断本身也无法用指令来实现，例如，某符号是否已被说明为外部符号等。为了解决这类问题，汇编语言引入了条件汇编。

条件汇编的主要作用是可以有选择地对程序进行汇编。根据条件是否满足，可以对某段程序进行汇编或不进行汇编，因而可以根据实际情况和需要，得到合适的目标代码。

条件汇编伪指令的格式如下：

IF　condition

statements

[ELSE

statements]

ENDIF

条件汇编伪指令可以出现在源程序的任何位置上，但主要用于宏指令中，并允许任意次嵌套。根据条件的不同，可分为多种条件汇编伪指令，表 14.1 列出一些常用条件汇编伪指令。

表 14.1　条件汇编伪指令

条件伪指令	说明
IF 表达式	如果表达式值不为 0，则允许汇编
IFE 表达式	如果表达式值为 0，则允许汇编
条件伪指令	说明
IF 表达式	如果表达式值不为 0，则允许汇编
IFB ＜参数＞	如果参数为空，则允许汇编
IFNB ＜参数＞	如果参数不为空，则允许汇编
IFDEF 名字	如果名字已经定义，则允许汇编
IFNDEF 名字	如果名字未定义，则允许汇编
IFIDN ＜参数 1＞，＜参数 2＞	如果两个参数忽略大小写时相同，则允许汇编
IFIDNI ＜参数 1＞，＜参数 2＞	如果两个参数相同，则允许汇编
IFDIF ＜字符串 1＞，＜字符串 2＞	如果两个参数不相同，则允许汇编
IFDIFI ＜字符串 1＞，＜字符串 2＞	如果两个参数在忽略大小写时不相同，则允许汇编
ENDIF	结束一个条件汇编伪指令开始的语句块
ELSE	如果前面的条件汇编伪指令的条件均为假，则汇编该伪指令至 ENDIF 伪指令之间的语句
EXITM	立即退出宏，阻止其后任何语句的展开

14.4.1　布尔表达式

编译器允许在常量布尔表达式中使用关系运算符，这些关系运算符如表 14.2 所示。

表 14.2　常量布尔表达式中关系运算符

关系运算符	含义
LT	小于
GT	大于
EQ	等于
NE	不等于
LE	小于等于
GE	大于等于

14.4.2　特殊操作符

有 4 个特有汇编操作符可使宏的使用更加灵活：

表 14.3　汇编操作符

汇编操作符	含义
&	替换操作符
< >	文本操作符
!	特字符操作符
%	展开操作符

14.4.3　IF 和 IFE 伪指令

IF 伪指令的表达式值不为 0，认为汇编条件成立，否则认为不成立。而 IFE 伪指令，则是在表达式值为 0 时，认为条件成立，执行汇编。

如下面例子如果 VALUE 的值大于 10，则对语句块 1 进行汇编，否则对语句块 2 进行汇编。

IF	VALUE GT 10
CALL	DEBUG1
ELSE	
CALL	DEBUG2
ENDIF	

设 AL 中存放了 1 个字母的 ASCII 码，下面的条件汇编决定程序将 AL 中的字母转换为大写字母还是小写字母。

.DATA	
CHANGE　BYTE　0	
.CODE	
IFE	CHANGE
OR	AL, 20H
ELSE	
AND	AL, 0DFH
ENDIF	

14.4.4　IFB 和 IFNB 伪指令

IFB 和 IFNB 伪指令经常用于宏定义体中，以确定参数是否为空。如果在宏调用时给出了对应的实参，形参就用实参来替代。如果宏调用没有给出对应的实参，形参就为空。

下面例子是一个宏，将 3 个形参中的最大值取出赋给 EAX。第二个形参和第三个形参可能为空。只有在第二个形参和第三个形参不为空时，才将它们取出来进行比较。

MAX MACRO X，Y，Z	
LOCAL　NEXT1，NEXT2	
MOV	AX，X
IFNB	＜ Y ＞
CMP	AX，Y
JBE	NEXT1
MOV	EAX，Y
NEXT1：	
IFNB	＜ Z ＞
CMP	EAX，Z
JBE	NEXT2
MOV	AX，Z
NEXT2：	
ENDIF	
ENDIF	
ENDM	

14.4.5　IFDEF 和 IFNDEF 伪指令

对 IFDEF 伪指令而言，当给定的符号已经在本模块中定义或已经在本模块中用 EDTRN 伪指令说明为外部符号时，认为汇编条件成立，否则认为不成立。IFNDEF 伪指令则与之相反。

下面例子以下条件汇编结构将根据标号 SIG 是否被定义来确定过程 SUB1 为远过程还是近过程。也就是说，当标号 SIG 已被定义或已用 EXTRN 说明为外部符号时，将 SUB1 过程定义为远过程，否则为近过程。

IFDEF SIG	
SUB1　PROC　FAR	
ELSE	
SUB1　　PROC	

续
ENDIF
…
SUB1   ENDP

14.5 本章小结

本章介绍了汇编语言的模块化程序设计、高级过程、条件汇编、重复汇编高级技术。模块化程序设计的优点是程序可读性强、易调试、可维护性高、易修改，频繁使用的功能和算法可编写成模块保存到库中，提高代码的可复用性。模块划分是一个自顶向下、逐步求精的设计过程。

LOCAL 伪指令在过程内声明一个或几个局部变量，语句必须紧接在 PROC 伪指令所在行之后。

USES 运算符与 PROC 伪指令一起使用，让程序员列出在该过程中修改的所有寄存器名。

INVOKE 伪指令是 Intel 的 CALL 指令的增强的替代品，它允许传递多个参数。

ADDR 运算符可以在使用 INVOKE 调用过程时传递地址。

PROC 伪指令允许一个过程并且附带参数列表。

PROTO 伪指令为一个已存在的过程创建原型（prototype）。原型声明了过程的名字和参数列表，它允许一个过程只要被定义正确就可以在其他地方被调用。

在编写程序时，有时需要连续重复编写一组相同或几乎相同的指令或伪指令，这时可以使用宏汇编语言提供的重复汇编伪指令来避免重复书写。

条件汇编的主要作用是可以有选择地对程序进行汇编。根据条件是否满足，可以对某段程序进行汇编或不进行汇编，因而可以根据实际情况和需要，得到合适的目标代码。

习 题

1.在汇编语言程序设计中，若调用不在本模块中的过程，则对该过程必须用(　　　)伪指令进行说明。

A. ASSUME   B. EXTERN   C. COMMON   D. PUBLIC

2.定义堆栈段时其组合类型是什么？

A. STACK   B. EXTERN   C. COMMON   D. PUBLIC

3.下列指令中(　　　)指定了段开始地址的偏移量？

A. PARA   B. ORG   C. SEGMENT   D. PROC

4.编写程序，要求从键盘输入一组四位的十进制数，每组数中间以空格分隔，以回车作为输入结束标志，然后将这组数按升序输出。

5.利用多模块设计方法编写一个程序，求一个从 BUFFER 开始存放若干无符号字节数据中的最大数，并以十六进制形式输出。

6. 用模块连接法编写程序，求三个数之间的最小值。

7. 编写过程求 ARRAY 字数组中的偶数和奇数个数，使用 INVOKE 调用该过程，并判断过程返回的偶数的个数是否大于奇数的个数如果大于，输出"YES"，否则输出"NO"。

8. 编写过程求 ARRAY 字数组中的绝对值之和，使用 INVOKE 调用该过程，并判断过程返回值是否大于 10000，如果大于，输出"YES"，否则输出"NO"。

9. 编写过程统计 ARRAY 字数组中正偶数的个数，使用 INVOKE 调用该过程，并以十进制形式输出。

10. 试编写过程统计字符串 STRING 中大写字母个数，使用 INVOKE 调用该过程，并以十进制形式输出。

11. 一个素数是一个只能被正数 1 和它本身整除的正整数。求素数的一个方法是筛选法。筛选法计算过程是创建一自然数 2，3，5，…，n 的列表，其中所有的自然数都没有被标记。令 $k=2$，它是列表中第一个未被标记的数。把 k^2 和 n 之间的是 k 倍数的数都标记出来，找出比 k 大的未被标记的数中最小的那个，令 k 等于这个数，重复上述过程直到 $k^2 > n$ 为止。列表中未被标记的数就是素数。编写一个过程，使用筛选法求小于 1000000 的所有素数。使用 INVOKE 调用该过程，并以十进制形式输出。

12. 编写过程求两个数的最小公倍数，使用 INVOKE 调用该过程，并以十进制形式输出。

13. 编写过程求两个数的最大公约数，使用 INVOKE 调用该过程，并以十进制形式输出。

14. 定义一个宏，其功能为定义一个元素个数不超过 100 个的数组。

15. 定义递归宏计算 $K!$，其中 K 是宏的形式参数。

第 15 章　文件系统

文件是具有文件名的一组相关信息的集合,操作系统中负责管理和存储文件信息的软件机构称为文件系统。从系统角度来看,文件系统是对文件存储设备的空间进行组织和分配,负责文件存储并对存入的文件进行保护和检索的系统。具体地说,它负责为用户建立文件,存入、读出、修改、转储文件,控制文件的存取,当用户不再使用时撤销文件等。本章将介绍 MS – DOS 磁盘文件系统组织和使用方法,包括 MS – DOS 文件结构和标准 MS – DOS 文件 I/O 服务。

15.1　磁盘存储系统

磁盘存储系统有一些共同的特征:它们都有物理数据分区,都可以对数据进行直接访问,都有将文件名映射到物理存储的方法;从硬件角度来看,磁盘存储系统有盘片、盘面、磁道、柱面和扇区,这些描述了磁盘的物理结构;从软件角度来看,它们都有簇和文件,MS – DOS 使用簇和文件来定位数据。

磁盘结构如图 15.1 所示。它由固定在一定速度旋转的轴上的多盘片组成,每个盘片的表面都有用来记录磁脉冲的读/写磁头。读/写磁头以组为单位向盘片的磁道步进。

磁盘的表面被格式化成磁道(track),数据在磁道上以磁记录的方式存储。将读/写磁头从一个磁道移动另一个磁道称为寻道,平均寻道时间是磁盘速度的一项测量指标。磁盘速度的另一个指标是 RPM(每分钟转速),典型的磁盘转速是 7200 rpm。最外圈的磁道是 0 号磁道,磁头向磁盘圆心移动时磁道号是递增的。

柱面(cylinder)是指读/写磁头在某位置时可访问的所有磁道。开始时磁盘上的文件总是存储在相邻的柱面上,这样可以减少磁头的移动。

扇区(sector)是磁道上按每 512 字节来划分的块。如图 15.1 所示。物理扇区是由制造商使用一种称为低级格式化(low level format)的手段所做的磁性标记。不管安装的是什么操作系统,扇区的大小永远是 512 字节。

磁盘的物理参数用于描述磁盘结构,使其可被系统 BIOS 理解和读取。物理参数由柱面数、每柱面的读/写磁头数和每磁道的扇区数构成。

单个物理硬盘可以被分成一个或多个逻辑单位,称为分区(partition)或卷(volume)。每个格式化的分区由一个独立驱动器符代表,如 C、D、E 等。

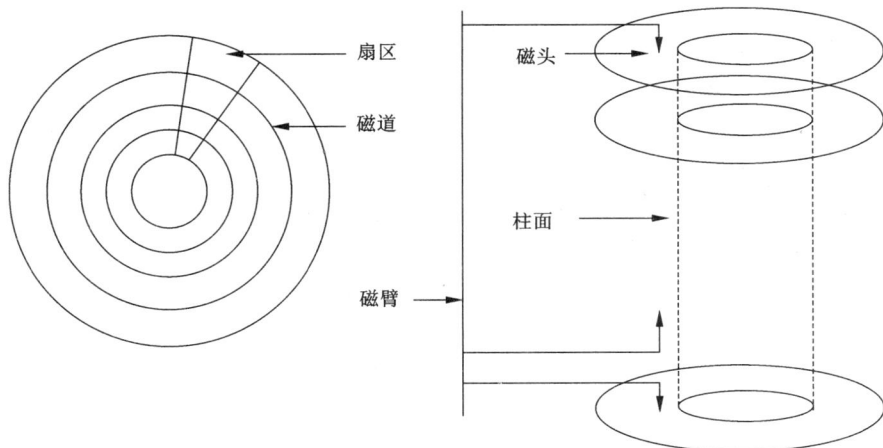

图 15.1　磁盘结构

15.2　文件系统

每个操作系统都有某种形式的磁盘管理系统。磁盘管理系统在最低层管理分区,在上一层管理文件和目录。文件系统必须跟踪每个磁盘文件的文章、大小和属性。每种文件系统都提供了下面的映射:

- 将逻辑扇区映射为簇,簇是所有文件和目录的基本存储单位。
- 将文件和目录名映射为簇序列。

簇(cluster)是文件使用空间的最小单位,它包含一个或多个相邻的磁盘扇区。文件系统将每个文件存储为簇的链表序列。图 15.2 显示了一个由三个 2048 字节的簇组成的文件,其中每个簇包含 4 个 512 字节的扇区。

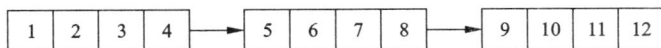

图 15.2　簇链

簇链可以在文件分配表(file allocation table,FAT)中查找,后者跟踪文件使用的所有簇。指向 FAT 表中文件的首个簇的指针存储在每个文件的目录项中。

簇的大小依赖于使用的文件系统类型和磁盘分区的大小。4096 字节大小的簇(4 kB)被认为是存储小文件的有效方式。

15.3　MS – DOS 目录结构

每个文件有 32 个字节的目录项,每个域包含的内容如表 15.1 所示。文件名域用于存放文件、目录或卷标的名字。文件名域的第一个字节表示文件名第一个字母或文件的状态,其可能的状态值如表 15.2 所示。16 位的起始簇号域是指定了分配给文件的第一个簇的簇号，同时也指定了文件在分配表中的起始项。文件大小域表示按字节计算的文件大小，这是一个 32 位数。

表 15.1　MS－DOS 目录项

字节	域名	格式
00～07	文件名	ASCII
08～0A	扩展名	ASCII
0B	属性	8 位二进制
0C～15	MS－DOS 保留	
16～17	时间	16 位二进制
18～19	日期	16 位二进制
1A～1B	起始簇号	16 位二进制
1C～1F	文件大小	16 位二进制

表 15.2　文件名状态字节

状态字节	描述
00H	该目录项未使用
01H	如果属性字节等于 0FH 并且状态字节等于 01H，表示该目录项是最新的长文件名目录项
05H	文件名的第一个字节实际上是 E5H
E5H	目录项包含一个文件名，但是该文件已被删除
2EH	代表当前目录，如果第 2 个字节也是 2EH，则簇号域包含该目录的父目录的簇号
4nH	第一个长文件名目录项，如果属性值字节是 0FH 的话，表示这是包含长文件名的多个目录项中的第一个目录项。数字 n 表示长文件名使用的目录项数目

属性域表示文件的类型。该域是位映射的。通常可包含图 15.3 所示值的组合，两个保留位应永远置 0，修改文件时设置存档位。如果目录项包含子目录项，则设置子目录位。卷标表示目录项用于表示磁盘卷的名字。系统文件位表示该文件是操作系统的一部分。隐藏文件使文件隐藏，文件名将不出现在目录列表中。只读位防止以任何方式删除或修改文件。最后，属性值 0FH 表示当前目录项用于扩展的长文件名。

日期戳表示文件创建或最后修改的日期，它是以位映射值表示的：年的取值为 0～119，该值与 1980(IBM PC 发布的那一年份)相加即为正确的年份。月的取值为 0～14，日的取值为 1～31。

时间戳域表示文件被创建或最后修改的时间，该域也是以位映射值方式表示的。小时可以取值为 0～23，分钟取值为 0～59，秒计数可以取值为 0～29，每个单位表示 2 s。

例如，值 10100 等于 40 s。图 15.4 所表示的时间值是 14：02：40。

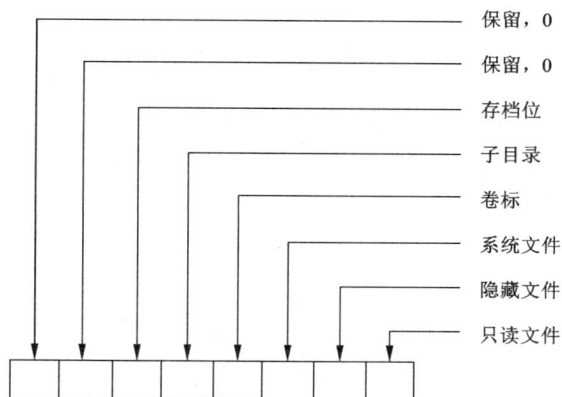

图 15.3　文件属性字节域

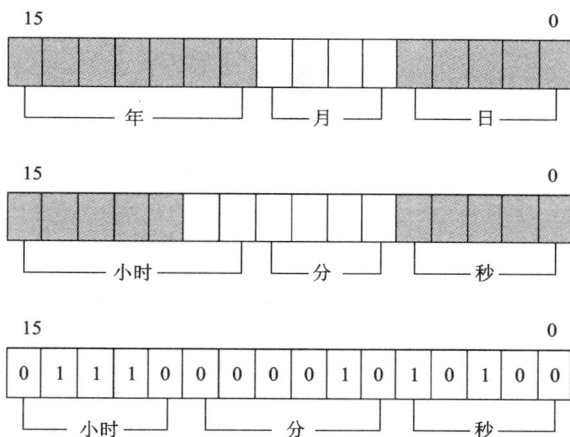

图 15.4　日期戳和时间戳

15.4　文件分配表（FAT）

文件系统使用一个称为文件分配表（FAT）的表格记录磁盘上每个文件的位置。FAT 是磁盘上所有簇的映射，规定了簇和特定文件之间的所有权属关系。文件分配表中的每个项都与特定的簇号相对应，每个簇包含一个或多个扇区。换句话说，FAT 中的第 10 项标识磁盘上的第 10 个簇，第 11 项标识磁盘上的第 11 个簇，依此类推。

在 FAT 中文件以链表标识，称为簇链。每个 FAT 表项包含下一个簇号的整数。假设 File1 和 File2 使用的两个簇链如图 15.5 所示。

File1：起始簇号 1，大小为 7 个簇

File2：起始簇号 5，大小为 5 个簇

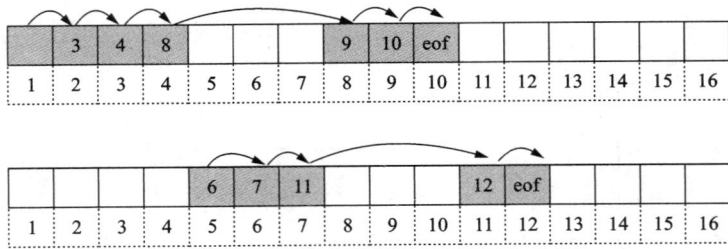

图 15.5 簇链表示法

从图 15.5 可见，File1 占用了第 1，2，3，4，8，9 和 10 簇，File2 占用了第 5，6，7，11 和 12 簇。最后一个 FAT 表项中的 eof 是一个预定义值，该值表示已经到达簇链中的最后一个簇了。当文件被创建时，操作系统查找 FAT 中的第一个可用簇。因为常常没有足够的连续簇来容纳整个文件，因此文件的存储会产生间隙。图中，File1 和 File2 都发生了这种情况。当文件修改后存回磁盘，簇链常常变得更加碎片化。如果很多文件都碎片化了，整个磁盘的性能都会下降，因为磁头必须在不同磁道之间移动，以定位文件的全部簇。

15.5 标准 MS-DOS 文件 I/O 服务

INT 21H 提供了数量众多的文件和目录 I/O 服务，表 15.3 中列出了一些主要的功能。

表 15.3 INT 21H 文件和目录相关功能

功能号	描述
39H	创建子目录
3AH	删除子目录
3BH	改变当前目录
3CH	创建文件
3DH	打开文件
3EH	关闭文件句柄
3FH	读文件或设备
40H	写文件或设备
41H	删除文件
42H	移动文件指针
43H	检验或改变文件属性
5706H	获取文件创建的日期和时间

15.5.1 路径名和 ASCIZ 字符串

文件路径名说明文件在磁盘上的位置，包括磁盘驱动器、目录路径和文件名。路径名和一个全 0 字节构成的字符串称为 ASCIZ 字符串。当使用 DOS 的功能调用处理磁盘文件时，必须使用 ASCIZ 字符串，ASCIZ 字符串的地址装入 DX 寄存器。

15.5.2 文件句柄和错误代码

当打开已存在的文件或创建新文件时，DOS 的功能调用将一个用 16 位二进制表示的文件代号(handle)送到 AX 中。标准设备的文件代号：

0 = 标准输入设备

1 = 标准输出设备

2 = 标准错误输出

3 = 标准辅助设备(异步)

4 = 标准打印设备

每个 I/O 功能都有一个共同的特点：如果失败则设置进位标志，并在 AX 中返回错误代码。用户可以根据错误代码来显示合适的提示信息。表 15.4 列出了错误代码及其含义。

表 15.4 MS－DOS 扩展错误码

错误代码	含义
01H	非法功能号
02H	文件未找到
03H	路径未找到
04H	打开文件太多
05H	拒绝存取
06H	非法句柄
07H	控制块破坏
08H	内存不足
09H	非法内存块地址
0AH	非法
0BH	非法格式
0CH	非法访问格式
0DH	无效数据
0EH	保留
0FH	无效驱动器
10H	试图删除当前目录
11H	非同一设备
12H	无更多文件
13H	磁盘写保护
14H	未知单元

续表 15.4

错误代码	含义
15H	驱动器未准备好
16H	未知命令
17H	数据错误(CRC)
18H	无效的请求结构长度
19H	读写指针移动错误
1AH	未知媒体类型
1BH	扇区未找到
1CH	打印机缺纸
1DH	写错误
1EH	读错误
1FH	一般错误

15.5.3　创建或打开文件

INT 21H 功能 3CH 创建新的文件或打开已存在的文件并将其内容清除，该功能描述如下所示：

INT 21H 功能 3CH	
描述	创建新文件或打开已存在的文件并将其内容清除
接收参数	DS = ASCIZ 字符串的段地址 DX = ASCIZ 字符串的偏移地址 CX = 属性(0 = 普通，1 = 只读，2 = 隐藏，3 = 系统，8 = 卷标，20H = 存档)
返回值	如果创建/打开文件成功，CF = 0，AX = 文件句柄；否则 CF = 1，AX = 错误代码
调用示例	. DATA filehandle WORD ? . CODE MOV　AH, 3EH MOV　BX, filehandle INT　21H JC　　failed
注意	如果文件被修改，其时间戳和日期戳也将修改

INT 21H 功能 3DH 打开文件，该功能描述如下所示：

INT 21H 功能 3DH	
描述	打开文件
接收参数	DS = ASCIZ 串的段地址 DX = ASCIZ 字符串的偏移地址 AL = 访问模式(0 = 读,1 = 写,2 = 读/写)
返回值	如果文件成功关闭,CF = 0,AX = 文件句柄,否则 CF = 1,AX = 错误码
调用示例	. DATA Filename BYTE filename, 0 . CODE MOV　AH,3DH MOV　AL,0H MOVDX,OFFSET Filename INT　21H JC　　failed
注意	如果文件被修改,其时间戳和日期戳也将修改

15.5.4 关闭文件句柄

INT 21H 功能 3EH 关闭一个文件的句柄,提交文件的写缓冲,将任何残留数据写入磁盘,该功能描述如下所示:

INT 21H 功能 3EH	
描述	关闭文件句柄
接收参数	AX = 3EH
	BX = 文件句柄
返回值	如果文件成功关闭,CF = 0,否则 CF = 1
调用示例	. DATA filehandle WORD ? . CODE MOV　AH,3Eh MOV　BX,filehandle INT　21H JC　　failed
注意	如果文件被修改,其时间戳和日期戳也将修改

15.5.5 移动文件指针

INT 21H 功能 42H 将已打开文件的指针移动到新的位置。当调用该功能时，AL 中存放的方式代码标识了应该如何设置指针：

0 相对于文件头开始的偏移；

1 相对于当前位置开始的偏移；

2 相对于文件末尾开始的偏移。

该功能描述如下所示：

INT 21H 功能 42H	
描述	移动文件指针
接收参数	AH = 42H AL = 方式代码 BX = 文件句柄 CX：DX = 32 位偏移量
返回值	如果移动文件指针成功，CF = 0 并且 DX：AX 中返回新的文件指针；否则 CF = 1

调用示例	MOV AH, 42H
	MOV AL, 0
	MOV BX, handle
	MOV CX, offsetHi
	MOV DX, offsetLo
	INT 21H

注意	DX：AX 中返回的文件指针偏移量总是相对于文件开始

15.5.6 读写文件

INT 21H 功能 3FH 从文件或设备读取字节数组，BX 代表一个已经被打开的用于输入的文件句柄。当功能 3FH 返回时，AX 中返回实际从文件中读取的字节数。当到达文件末尾时，AX 中返回的字节数比请求读取的字节数（在 CX 中）要少。该功能描述如下所示：

INT 21H 功能 3FH	
描述	从文件或设备读取字节数组
接收参数	AX = 3FH BX = 文件/设备句柄(0 = 键盘句柄) CX = 最多读取的字符数 DS：DX = 输入缓冲区的地址

续表

返回值	实际读取的字节数
调用示例	.DATA inputBuffer BYTE 127 dup(0) bytesRead WORD ? .CODE MOV　AH，3FH MOV　BX，0　　　　　　　　　　　　　　　; keyboard handle MOV　CX，LENGTHOF inputBuffer MOV　DX，OFFSET inputBuffer INT　21H MOV　bytesRead，AX
注意	如果从键盘读取，当按下回车键时输入终止，0DH 和 0AH 被放入到输入缓冲区的末尾

INT 21H 功能 40H 的 BX 中的句柄也可以是一个打开的文件句柄。该功能自动更新文件的位置指针，因此再次调用功能 40H 的时候将从上次写入后的位置开始继续写。该功能描述如下所示：

INT 21H 功能 40H

描述	将字节数组写入文件或设备
接收参数	AX = 40H BX = 文件句柄 CX = 要写的字符数目 DS：DX = 字节数组的地址
返回值	AX = 已写的字节数
调用示例	.DATA MESSAGE　BYTE " Hello，The World! " .CODE MOV　AH，40H MOV　BX，1 MOV　CX，LENGTHOF MESSAGE MOV　DX，OFFSET MESSAGE INT　　21H
注意	

15.5.7 获取文件创建的日期和时间

INT 21H 功能 5706H 获取文件创建的日期和时间，该时间和文件最后被修改或访问的日期和时间不一定相同。功能描述如下所示：

INT 21H 功能 5706H	
描述	获取文件创建的日期和时间
接收参数	AX = 5706
	BX = 文件句柄
返回值	如果功能调用成功，CF = 0，DX = 日期，CX = 时间，SI = 毫秒；否则 CF = 1
调用示例	MOV　AX, 5706H MOV　BX, handle INT　21H　　　　　　　　　; Get creation date/time JC　error　　　　　　　　　　; quit if failed MOV　date, DX MOV　time, CX MOV　milliseconds, SI
注意	文件必须已经被打开。毫秒值标识是要加到 MS – DOS 时间上的 10 毫秒间隔数。范围为 0 ~ 199

15.5.8 读取 MS – DOS 命令行

使用命令行向程序传递信息，假设我们需要向程序 action. exe 传递文件名 file1. doc，相应的 MS – DOS 命令行应该是：

action file1. doc

程序运行时，命令行上的任何文本都被自动存储在一个 128 字节的 MS – DOS 命令行区域中，该区域位于称为程序段前缀（program segment prefix, PSP）的偏移 80h 处，其中的第一个字节包含了命令行上键入的字符数目。以 action. exe 程序为例，用十六进制格式表示的命令行内容如下所示：

80	81	82	83	84	85	86	87	88	89	8A	8B
0A	20	66	69	6C	65	31	2E	64	6F	63	0D
		f	i	l	e	1	.	d	o	c	

程序 15.1 读取 MS – DOS 命令行参数。过程 GetCommandline 返回命令行的一份拷贝。在 GetCommandline 过程中使用 SCASB 指令剔除开始的空格。如果命令行为空，设置进位标志。在命令行上未键入任何内容时，程序可以使用 JC 指令来检测这种情况。INT 21H 功能 62H 返回程序段前缀的段地址值，返回值在 BX 寄存器中。

程序 15.1　读取 MS – DOS 命令行参数

1	. MODEL SMALL			
2	. DATA			
3	BUFFER BYTE 129 DUP(?)			
4	. CODE			
5	MAIN PROC FAR			
6		MOV	AX, @ DATA	
7		MOV	DS, AX	
8		MOV	DX, OFFSET BUFFER	
9		CALL	GetCommandline	
10		MOV	AX, 4C00H	
11		INT	21H	
12	MAIN ENDP			
13	GetCommandline PROC NEAR			
14		PUSH	ES	
15		PUSHA		; save general registers
16		MOV	AH, 62H	; get PSP segment address
17		INT	21H	; returned in BX
18		MOV	EX, BX	; copies to ES
19		MOV	SI, DX	; point to buffer
20		MOV	DI, 81H	; PSP offset of commandline
21		MOV	CX, 0	byte count
22		MOV	CL, ES: [DI – 1]	; get length byte
23		CMP	CX, 0	; is the command line empty?
24		JE	L2	; yes: exit
25		CLD		; no: scan forward
26		MOV	AL, 20H	; space character
27		REPZ	SCASB	; scan for non – space
28		JZ	L2	; all spaces found
29		DEC	DI	; non space found
30		INC	CX	
31	L1:	MOV	AL, ES: [DI]	; copy tail to buffer
32		MOV	[SI], AL	; pointed to by DS: SI
33		INC	SI	
34				

续程序 15.1

35		LOOP	L1	
36		CLC		; CF = 0 means command line found
37		JMP	L3	
38	L2：	STC		; set CF: no command tail
39	L3：	MOV	BYTE PTR［SI］, 0	; store null byte
40		POPA		; restore registers
41		POP	ES	
42		RET		
43	GetCommandline ENDP			
44	END			

【**例 15.1**】 程序 15.2 打开一个文本文件,从文件中读取 1000 字节,然后在标准输出上显示,同时创建一个新文件,并将数据拷贝到新文件中。

程序 15.2 从文件中读数据并拷贝到新文件中

1	. MODEL SMALL			
2	. DATA			
3	BufSize ＝1000			
4	INFILE BYTE " TEXT. txt", 0			
5	OUTFILE BYTE " OUTPUT. txt", 0			
6	inHandle WORD ?			
7	outHandle WORD ?			
8	BUFFER BYTE BufSize DUP(?)			
9	bytesRead WORD ?			
10	. CODE			
11	MAIN PROC FAR			
12		MOV	AX, @ DATA	
13		MOV	DS, AX	
14		MOV	AH, 3DH	; open the input file
15		MOV	AL, 0	; mode = read – only
16		MOV	DX, OFFSET INFILE	
17		INT	21H	
18		JC	QUIT	; quit if error
19		MOV	InHandle, AX	

续程序 15.2

20		MOV	AH, 3FH	; read the input file
21		MOV	BX, inHandle	
22		MOV	CX, BufSize	; max bytes to read
23		MOV	DX, OFFSET BUFFER	
24		INT	21H	
25		JC	QUIT	; quit if error
26		MOV	BytesRead, AX	
27		MOV	AH, 40H	; display the buffer
28		MOV	BX, 1	
29		MOV	CX, BytesRead	; Number of bytes
30		MOV	DX, OFFSET BUFFER	
31		INT	21H	
32		JC	QUIT	; quit if error
33		MOV	AH, 3EH	; close the file
34		MOV	BX, inHandle	
35		INT	21H	
36		JC	QUIT	; quit if error
37		MOV	AH, 3DH	; open the output file
38		MOV	AL, 1	; model = write − only
39		MOV	DX, OFFSET OUTFILE	
40		INT	21H	
41		JC	QUIT	; quit if error
42		MOV	OutHandle, AX	
43		MOV	AH, 40H	; write file or device
44		MOV	BX, OutHandle	
45		MOV	CX, BytesRead	; number of bytes
46		MOV	DX, OFFSET BUFFER	
47		INT	21H	
48		JC	QUIT	; quit if error
49		MOV	AH, 3EH	; close the file
50		MOV	BX, OutHandle	
51		INT	21H	
52	QUIT:	MOV	DL, 0DH	
53		MOV	AH, 2H	

续程序 15.2

54		INT	21H	
55		MOV	DL, 0AH	
56		MOV	AH, 2H	
57		INT	21H	
58		MOV	AX, 4C00H	
59		INT	21H	
60	MAIN ENDP			
61	END			

【**例 15.2**】 打开二进制整数文件，读取二进制整数并关闭文件，将读取二进制整数并显示在屏幕上。

程序 15.3　读写整数文件并显示读取的数据

1	. MODEL SMALL			
2	. DATA			
3	ARRAY DWORD 50 DUP(?)			
4	fileName　　BYTE "binaryfile. bin" , 0			
5	fileHandle　WORD ?			
6	. CODE			
7	MAIN PROC FAR			
8		MOV	AX, @ DATA	
9		MOV	DS, AX	
10		CALL	ReadTheFile	
11		CALL	DisplayThe Array	
12		CALL	CRLF	
13		MOV	4C00H	
14		INT	21H	
15	MAIN ENDP			
16	ReadTheFile PROC NEAR			
17		MOV	AH, 3DH	; openthe file
18		MOV	AL, 0	; mode：read − only
19		MOV	DX, OFFSETfileName	
20		INT	21H	
21		JC	QUIT	

续表 15.3

22		MOV	fileHandle, AX	MOV
23		MOV	AH, 3FH	; read file or device
24		MOV	BX, fileHandle	; file handle
25		MOV	CX, SIZEOF ARRAY	; max bytes to read
26		MOV	DX, OFFSET ARRAY	; buffer pointer
27		INT	21H	
28		JC	QUIT	; quit if error
29		MOV	AH, 3EH	; close the file
30		MOV	BX, fileHandle	
31		INT	21H	
32	QUIT:	RET		
33	ReadTheFile ENDP			
34	DisplayTheArray PROC			
35		MOV	CX, LENGTHOF ARRAY	
36		MOV	SI, 0	
37	L1:	MOV	AX, ARRAY[SI]	; get a number
38		CALL	BINIDEC	; display the number
39		MOV	DL, ', '	; display a comma
40		MOV	AH, 2H	
41		INT	21H	
42		ADD	SI, TYPE ARRAY	; next array position
43		LOOP	L1	
44	DisplayTheArray ENDP			
45	BINIDEC PROC NEAR			
46		MOV	CX, 10000D	
47		CALL	DEC_DIV	
48		MOV	CX, 1000D	
49		CALL	DEC_DIV	
50		MOV	CX, 100D	
51		CALL	DEC_DIV	
52		MOV	CX, 10D	
53		CALL	DEC_DIV	
54		MOV	CX, 1D	
55		CALL	DEC_DIV	

续程序 15.3

56		RET		
57	BINIDEC ENDP			
58	DEC_DIV PROC NEAR			
59		MOV	AX, BX	
60		MOV	DX, 0	
61		DIV	CX	
62		MOV	BX, DX	
63		MOV	DL, AL	
64		ADD	DL, 30H	
65		MOV	AH, 2H	
66		INT	21H	
67		RET		
68	DEC_DIV ENDP			
69		MOV	DL, 0DH	
70		MOV	AH, 02H	
71		INT	21H	
72		MOV	DL, 0AH	
73		MOV	AH, 02H	
74		INT	21H	
75		RET		
76	CRLF ENDP			
77	END			

15.6 本章小结

本章介绍了 DOS 磁盘文件系统。簇是文件使用空间的最小单位，它包含一个或多个相邻的磁盘扇区。文件系统将每个文件存储为簇的链表序列。文件分配表 FAT 指的是用来记录文件所在位置的表格。INT 21H 提供了数量众多的文件和目录 I/O 服务。INT21H 功能 3CH 创建新的文件或打开已存在的文件并将其内容清除。INT21H 功能 716CH 创建新文件或打开已存在的文件。INT 21H 功能 3DH 打开文件。INT 21H 功能 3EH 关闭一个文件的句柄。INT 21H 功能 42H 将已打开文件的指针移动到新的位置。INT 21H 功能 3FH 从文件或设备读取字节数组。INT 21H 功能 40H 的 BX 中的句柄也可以是一个打开的文件句柄。INT 21H 功能 5706H 获取文件创建的日期和时间。

习　题

1. 给定一个英文 ASCII 码文件，统计文件中英文字母出现的次数，并以十进制形式输出。

2. 给定一个英文 ASCII 码文件，统计文件中英文单词的个数，并以十进制形式输出。

3. 给定一个整数字文件，读取其整数并排序，然后存放到新的文件中。

4. 给定一个整数字文件，在屏幕上显示它们，然后将整数写入二进制文件，并关闭文件，最后又重新打开文件，读取整数并显示在屏幕上。

5. 编写程序将一个文件拷贝到另一个文件中，要求使用命令行参数。

第 16 章　BIOS 程序设计

BIOS(basic input output system)在 IBM PC 兼容系统上是一种业界标准的固件接口，BIOS 是个人电脑启动时加载的第一个软件。它是一组固化到计算机内主板上一个 ROM 芯片上的程序，它保存着计算机最重要的基本输入输出的程序、开机后自检程序和系统自启动程序，它可从 CMOS 中读写系统设置的具体信息。其主要功能是为计算机提供最底层的、最直接的硬件设置和控制。此外，BIOS 还向作业系统提供一些系统参数。系统硬件的变化由 BIOS 隐藏，程序使用 BIOS 功能而不是直接控制硬件。本章将讲述 BIOS 基本程序设计方法和技术。

16.1　BIOS 数据区

BIOS 数据区包含了 ROM BIOS 服务例程使用的系统数据，如表 16.1 所示。例如键盘缓冲区(在偏移 001EH 处)中包含了等待 BIOS 处理的按键的 ASCII 码扫描码。

表 16.1　BIOS 数据区

十六进制偏移	描述
0000H ~ 0007H	串口地址，COM1 ~ COM4
0008H ~ 000FH	并口地址，LPT1 ~ LPT4
0010H ~ 0011H	已安装的硬件列表
0012H	初始化标志
0013H ~ 0014H	内存大小，以千字节为单位
0015H ~ 0016H	I/O 通道内存
0017H ~ 0018H	键盘状态标志
0019H	ALT 数字键盘工作区
001AH ~ 001BH	键盘缓冲区指针(头)
001CH ~ 001DH	键盘缓冲区指针(尾)
001EH ~ 003DH	键盘输入缓冲区
003EH ~ 0048H	键盘数据区
0049H	当前的视频模式

续表 16.1

十六进制偏移	描述
004AH ~ 004BH	屏幕列的数目
004CH ~ 004DH	视频、每页的字节总数
004EH ~ 004FH	视频、当前页在视频缓冲中的偏移
0050H ~ 005FH	光标位置、视频页 1 ~ 8
0060H	光标结束行
0061H	光标起始行
0062H	当前显示的视频页号
0063H ~ 0064H	显示端口的基地址
0065H	CRT 模式寄存器
0066H	彩色图形适配寄存器
0067H ~ 006BH	磁带数据区
006CH ~ 0070H	时间数据区

16.2　INT 16H 键盘中断

BIOS 键盘处理程序 INT 16H 获取键盘输入。INT 16H 不允许重定向，但却是读取扩展功能键、方向键、PgUp 和 PgDn 的最好方法。这些扩展键产生一个 8 位扫描码(scan code)。对于 IBM 兼容机，每个键的扫描码都是一样的。IBM 键盘的扫描码如表 16.2 所示。

表 16.2　IBM 键盘的扫描码

键	扫描码	键	扫描码	键	扫描码	键	扫描码
Esc	01	U and u	16	| and \	2B	F6	40
！and 1	02	I and i	17	Z and z	2C	F7	41
@ and 2	03	O and o	18	X and x	2D	F8	42
# and 3	04	P and p	19	C and c	2E	F9	43
$ and 4	05	{ and [	1A	V and v	2F	F10	44
% and 5	06	} and]	1B	B and b	30	NumLock	45
^ and 6.	07	Enter	1C	N and n	31	ScrollLock	46
& and 7	08	Ctrl	1D	M and m	32	7 and Home	47
* and 8	09	A and a	1E	< and,	33	8 and ↑	48
(and 9	0A	S and s	1F	> and .	34	9 and PgUp	49
) and 0	0B	D and d	20	? and /	35	- （灰）	4A
_ and -	0C	F and f	21	Shift（右）	36	4 and ←	4B

续表 16.2

键	扫描码	键	扫描码	键	扫描码	键	扫描码
+ and =	0D	G and g	22	PrtSc	37	5（小键盘）	4C
Backspace	0E	H and h	23	Alt	38	6 and →	4D
Tab	0F	J and j	24	Space	39	+（灰）	4E
Q and q	10	K and k	25	CapsLock	3A	1 and End	4F
W and w	11	L and l	26	F1	3B	2 and ↓	50
E and e	12	: and ;	27	F2	3C	3 and PgDn	51
R and r	13	" and '	28	F3	3D	0 and Ins	52
T and t	14	~ and `	29	F4	3E	. and Del	53
Y and y	15	Shift（左）	2A	F5	3F		

键盘输入事件是从键盘控制芯片开始的，到字符被放在 30 字节的键盘缓冲区（如表 16.1 所示）中时结束。键盘输入缓冲区在任何时候最多容纳 15 个击键，因为每次击键将产生两个字节（ASCII 码 + 扫描码）的数据。当用户按键时，键盘控制芯片向 PC 的键盘输入端口发送一个 8 位的扫描码（SC）。输入端口引发一个中断，用于通知 CPU 一个输入输出设备需要引起注意。CPU 通过执行 INT 9H 服务例程相应键盘中断。INT 9H 服务例程从输入端口获取键盘的扫描码（SC）并查找对应 ASCII 码（AC），如果找到了 ASCII 码，就将 ASCII 码和扫描码一起插入到键盘缓冲区中（如果扫描码没有对应的 ASCII 码，键盘缓冲区的 ASCII 码就设为 0）。一旦扫描码和 ASCII 码被安全地放置于缓冲区中，它们就一直保存在那里，直到被当前运行的程序取出为止。有两种方法取出按键：

调用 BIOS INT 16H 功能从键盘缓冲区中返回扫描码和 ASCII 码。这在处理没有 ASCII 码的功能键和光标键时非常有用。调用 MS – DOS INT 21H 的功能从输入缓冲区中返回按键的 ASCII 码。如果按下了扩展键，必须第二次调用 INT 21H 以返回扫描码。

16.2.1 设置击键重复率

INT 16H 功能 03H 允许设置键盘击键重复率。当一直按着某个键时，在键开始重复之前通常有 250 ~ 1000 ms 的延迟。重复速率的取值为 1FH（最慢）~ 0（最快）。

INT 16H 功能 03H	
描述	设置键盘击键重复率
接收参数	AH = 3 AL = −5 BH = 重复延迟（0 = 250 ms，1 = 500 ms，2 = 750 ms，3 = 1000 ms）
返回值	无

调用示例	MOV AX = 0305H
	MOV BH, 1 ; 500 ms repeat delay
	MOV BL, 0FH ; repeat rate
	INT 16h

16.2.2　在键盘缓冲区中插入按键动作

INT 16H 功能 05H 允许将一个按键动作送入键盘缓冲区。一个按键由两个 8 位整数构成：一个 ASCII 码和一个键盘扫描码。

INT 16H 功能 05H	
描述	将按键送键盘缓冲区
接收参数	AH = 5 CH = 扫描码 CL = ASCII 码
返回值	如果键盘缓冲区已满，则 CF = 1，AL = 1；否则 CF = 0，AL = 0
调用示例	MOV　　AH = 5 MOV　　CH, 3BH　　　　　　; scan code for F1 key MOV　　CL, 0　　　　　　　　; ASCII code INT　　16H

16.2.3　等待按键

INT 16H 功能 10H 从键盘缓冲区中删除下一个按键。如果缓冲区没有现成的按键存在，则键盘处理程序等待用户按键。

INT 16H 功能 10H	
描述	等待按键
接收参数	AH = 10H
返回值	AH = 键盘扫描码 AL = ASCII 码
调用示例	MOV　　AH, 10H INT　　16H MOV　　scanCode, AH MOV　　ASCIICode, AL
注意	如果缓冲区内无按键，该功能就等待按键

【例 16.1】　程序 16.1 在循环中使用 INT 16H 输入击键，当按下 Esc 键时程序结束。

程序 16.1 循环使用 INT 16H 输入击键，当按下 Esc 键时程序结束

1	. MODEL SMALL			
2	. CODE			
3	MAIN PROC FAR			
4	L1：	MOV	AH, 10H	; keyboard input
5		INT	16H	; using BIOS
6		CMP	AL, 1	
7		JNE	L1	; no：repeat the loop
8		MOV	AX, 4C00H	
9		INT	21H	
10	MAIN ENDP			
11	END			

16.2.4 检查键盘缓冲区

INT 16H 功能 11H 允许查看键盘缓冲区内是否有按键在等待。如果有按键，则返回按键的 ASCII 码和扫描码。注意该功能并不从键盘缓冲区中删除按键。

INT 16H 功能 11H

描述	检查键盘缓冲区	
接收参数	AH = 11H	
返回值	如果有键在等待，则 ZF = 0, AH = 扫描码, AL = ASCII 码；否则 ZF = 0	

调用示例	MOV AH, 11H
	INT 16H
	JZ NoKeyWaiting
	MOV scanCode, AH
	MOV ASCIICode, AL
		; no key in buffer

注意	并不从缓冲区中删除字符(如果有的话)	

16.2.5 获取键盘标志

INT 16H 功能 12H 返回非常有价值的关于当前键盘标志的信息。

INT 16H 功能 12H

描述	获取键盘标志
接收参数	AH = 12H
返回值	键盘状态标志的一份拷贝
调用示例	MOV AH，12H INT 16H MOV KeyFlags，AX
注意	键盘标志位于 BIOS 数据区中，在 00417H ~ 00418H 处

　　如表 16.3 所示，键盘标志显示的是大量关于用户在对键盘做什么的信息：用户在按下左 Shift 键还是右 Shift 键，是否同时还按下了 Alt 键？当一些特殊键正在被按下的时候，对应的键盘标志位将置 1。

表 16.3　键盘标志值

位号	描述
0	右 Shift 键被按下
1	左 Shift 键被按下
2	Ctrl 键被按下
3	Alt 键被按下
4	ScrollLock 键被按下
5	NumLock 键被按下
6	CapsLock 键被按下
7	Insert 键被按下
8	左 Ctrl 键被按下
9	左 Alt 键被按下
10	右 Ctrl 键被按下
11	右 Alt 键被按下
12	Scrol 键被按下
13	Num Lock 键被按下
14	Caps Lock 键被按下
15	SysReq 键被按下

16.3　INT 10H 视频程序设计

　　应用程序在文本在模式下向屏幕上写字符，可在下列三种类型的视频输出方式中进行选择：

（1）MS – DOS 方式访问：使用 INT 21H 在视频显示上写文本，输入输出可以重定向到其他设备上，如打印机和磁盘。但这种访问模式输出较慢，并且不能控制文本的颜色。

（2）BIOS 方式访问：使用 INT 10H BIOS 服务输出字符。这种方式执行起来比 INT 21H 快得多，而且允许控制文本的颜色。但输出不能重定向。

（3）直接视频访问：字符直接送视频到 RAM，因此执行是瞬时的。但输出不可重定向。

应用程序在选择使用何种方式时不尽相同。那些要求高性能的程序选择直接视频访问，其他一些则选择 BIOS 方式访问，当屏幕输出需要重定向或要和其他程序共享屏幕时，一般使用 MS – DOS 方式访问。应该说明的是，MS – DOS 中断使用 BIOS 过程来完成它们的任务，而 BIOS 过程又使用直接视频访问在屏幕上输出结果。

16.3.1　INT 10H 视频功能

表 16.4 列出了最常用的 INT 10H 功能。在调用 INT 10H 之前保护通用寄存器，因为不同版本的 BIOS 影响寄存器的方式并不相同。

表 16.4　最常用的 INT 10H 功能

功能号	描述
0H	设置文本或图形显示模式
01H	设置光标起始和结束线，控制光标的形状和大小
02H	设置光标在屏幕上的位置
03H	获取光标的屏幕位置和大小
06H	上卷当前的视频页，将上卷的行用空行代替
07H	下卷当前的视频页，将下卷的行用空行代替
08H	读取当前光标所在位置的字符和属性
09H	在当前光标位置显示字符及属性
0AH	在当前光标位置显示字符（无属性）
0CH	图形视频模式下在屏幕上写一个像素点
0DH	读取给定位置的一个像素点的色彩值
0FH	获取视频模式信息
10H	切换死扣闪烁和亮度模式
1EH	以电传模式向屏幕上写字符串

16.3.2　设置视频模式

INT 10H 功能 0H 允许将当前视频模式设置为文本或图形模式。表 16.5 中列出了一些文本模式。

表 16.5　INT 10H 可以识别的视频模式

模式	分辨率(列×行)	颜色数量
0H	40×25	1
01H	40×25	16
02H	80×25	2
03H	80×25	16
07H	80×25	2
14H	132×25	16

在设置新的视频模式之前，最好首先获取当前的视频模式(使用 INT 10H 功能 0Fh)，将当前的视频模式保存在变量中，在程序退出时可以利用该值恢复原始的视频模式。

<table>
<tr><td colspan="2" align="center">INT 10H 功能 0H</td></tr>
<tr><td>描述</td><td>设置视频模式</td></tr>
<tr><td>接收参数</td><td>AH = 0H
AL = 视频模式</td></tr>
<tr><td>返回值</td><td>无</td></tr>
<tr><td>调用示例</td><td>MOV　AH, 0H
MOV　AL, 3H
INT　10H
MOV　KeyFlags, AX</td></tr>
<tr><td>注意</td><td>在调用该功能之前，如果未设置 AL 中的最高位，则屏幕自动被清除</td></tr>
</table>

16.3.3　设置光标起始行和结束行

INT 10H 功能 01H 用来设置文本光标的大小，通过定义起始扫描行和结束扫描行可以控制文本光标的显示大小。应用程序可以通过设置光标的大小以显示当前操作的状态。例如，文本编辑器可能会在锁定 NumLock 键时增大光标，再次按下 NumLock 的时候，光标又恢复成原始大小。

<table>
<tr><td colspan="2" align="center">INT 10H 功能 01H</td></tr>
<tr><td>描述</td><td>设置光标起始行和结束行</td></tr>
<tr><td>接收参数</td><td>AH = 01H
CH = 起始行
CL = 结束行</td></tr>
<tr><td>返回值</td><td>无</td></tr>
</table>

续表

调用示例	MOV AH, 01H MOV CX = 0607H INT 10H
注意	单色显示模式下光标使用 12 线方式，其他显示模式下使用 8 线方式

16.3.4 设置光标位置

INT 10H 功能 02H 在特定视频页的特定行列位置定位光标。

<table>
<tr><td colspan="2" align="center">INT 10H 功能 02H</td></tr>
<tr><td>描述</td><td>设置光标位置</td></tr>
<tr><td>接收参数</td><td>AH = 02H
DH = 光标行值
DL = 光标列值
BH = 视频页</td></tr>
<tr><td>返回值</td><td>无</td></tr>
<tr><td>调用示例</td><td>MOV AH, 02H
MOV DH, 10
MOV DL, 20
MOV BH, 0
INT   10H</td></tr>
</table>

16.3.5 获取光标位置和大小

INT 10H 功能 03H 返回光标的行/列 1 位置以及决定光标大小的起始行和结束行。当用户在菜单周围移动鼠标的时候，这个功能是相当有用的。根据光标的位置，就可以知道哪个菜单项被选中了。

<table>
<tr><td colspan="2" align="center">INT 10H 功能 03H</td></tr>
<tr><td>描述</td><td>获取光标位置和大小</td></tr>
<tr><td>接收参数</td><td>AH = 03H
BH = 视频页</td></tr>
<tr><td>返回值</td><td>CH = 光标的起始扫描行
CL = 光标的结束扫描行
DH = 光标行值
DL = 光标列值</td></tr>
</table>

续表

调用示例	MOV AH, 03H
	MOV BH, 0
	INT 10H
	MOV cursor, CX
	MOV position, DX

如果能在显示菜单、不断向屏幕输出或读出鼠标输入时暂时隐藏光标,那将是非常有用的。将光标的顶线设置为非法值(较大值)可以隐藏光标,将光标恢复为默认值(6 线和 7 线)可以重新显示光标。

16.3.6　上卷屏幕

INT 10H 功能 06H 上卷屏幕上矩形区域内(称为窗口)的所有文本,窗口是使用左上角和右下角的行列坐标来定义的。默认的 MS – DOS 屏幕从顶端开始计算有 25 行(0 ~ 24),从左边开始计算有 80 列(0 ~ 79)。窗口上卷时,底端的行由空行代替。如果所有的行都上卷了,窗口就被清空了,上卷时移出的行将不能被恢复。

INT 10H 功能 06H	
描述	上卷屏幕
接收参数	AH = 06H AL = 要上卷的行数 BH = 空白区域的视频属性 CH, CL = 窗口左上角的行、列位置 DH, DL = 窗口右下角的行、列位置
返回值	无

调用示例	MOV AH, 06H ; scroll windows up
	MOV AL, 0 ; entire window
	MOV CH, 0 ; upper left row
	MOV CL, 0 ; upper left column
	MOV DH, 24 ; lower right row
	MOV DL, 79 ; lower right column
	MOV BH, 7 ; attribute for blanked area
	INT 10H ; call BIOS

16.3.7　下卷屏幕

除了窗口内文本的移动方向是向下的,下卷屏幕与 06H 的功能基本相同,它们的输入参数也是相同的。

16.3.8　读取字符及其属性

INT 10H 功能 08H 返回当前光标位置处的字符及其属性。那些直接从屏幕读取文本的程序一般使用该功能，称为抓屏技术。

INT 10H 功能 08H	
描述	读取字符及其属性
接收参数	AH = 08H BH = 视频页
返回值	AL = 字符的 ASCII 码 AH = 字符的属性
调用示例	MOV　AH, 08H MOV　BH, 0　　　　　　　; video page 0 INT　10H MOV　char, AL　　　　　; save the character MOV　attrib, AH　　　　; save the attribute

16.3.9　显示字符并设置其属性

INT 10H 功能 09H 在当前的光标位置显示彩色字符。这个功能可以显示任何的 ASCII 字符，包括 ASCII 码中 1~31 的那些特殊 IBM 图形字符。

INT 10H 功能 09H	
描述	显示字符并设置其属性
接收参数	AH = 09H AL = 字符的 ASCII 码 BH = 视频页 BL = 属性 CX = 重复次数
返回值	无
调用示例	MOV　AH, 09H MOV　AL, ' A'　　　　　; ASCII character MOV　BH, 0　　　　　　; video page 0 MOV　BL, 71H　　　　　; attribute（blue on white） MOV　CX, 1　　　　　　; repetition count INT　10h
注意	在显示字符后并不前进光标

CX 中的重复次数决定重复显示多少次字符。在显示完字符之后，如果还要继续显示字符，必须调用 INT 10H 功能 02H 前进光标。

16.3.10　显示字符

INT 10H 功能 0AH 在当前的光标位置字符而不改变当前屏幕位置的属性。该功能除了不需要指定义属性值，其他方面与功能 09H 是相同的。

INT 10H 功能 0AH		
描述	显示字符	
接收参数	AH = 0AH AL = 字符的 ASCII 码 BH = 视频页 CX = 重复次数	
返回值	无	
调用示例	MOV　AH, 0AH MOV　AL, ' A ' MOV　BH, 0 MOV　CX, 1 INT　10H	; ASCII character ; video page 0 ; repetition count
注意	在显示字符后不前进光标	

16.3.11　切换闪烁和亮度模式

INT 10H 功能 10H 有许多有用的子功能，子功能允许将色彩属性的最高位设置为控制色彩亮度或字符的闪烁。

INT 10H 功能 10H 子功能 03H		
描述	切换闪烁和亮度模式	
接收参数	AH = 10H AL = 3H BL = 闪烁模式（0 = 允许亮度，1 = 允许闪烁）	
返回值	无	
调用示例	MOV　AH, 10H MOV　AL, 3H MOV　BL, 1 INT　10H	; enable blinking
注意	在 MS - Windows 中必须运行于全屏幕模式下	

16.3.12 获取视频模式信息

INT 10H 功能 0FH 获取视频模式信息，包括模式号、显示的列数以及当前活跃视频页号。

INT 10H 功能 0FH		
描述	获取视频模式信息	
接收参数	AH = 0FH	
返回值	AL = 当前的显示模式 AH = 列数（字符数或像素数）	
调用示例	MOV　AH，0FH INT　10H MOV　vmode，AL MOV　columns，AH MOV　page，BH	; save the mode ; save the columns ; save the page
注意	在文本和视频模式下均可工作	

16.3.13 以电传打字机方式显示字符串

INT 10H 功能 13H 从屏幕上指定的位置开始显示字符串。字符串可以选择包含字符及其属性值。

INT 10H 功能 13H	
描述	以电传打字机方式显示字符串
接收参数	AH = 13H AL = 显示模式 BH = 视频页 BL = 属性值（如果 AL = 00H 或 01H） CX = 字符串长度 DH，DL = 屏幕的行、列值 ES：BP = 字符串的段：偏移地址
返回值	无

续表

调用示例	. DATA colorString BYTE 'A', 1FH, 'B', 1CH, 'C', 1BH, 'D', 1CH row　　　BYTE 10 column　　BYTE 20 . CODE MOV　　AX, SEG colorString MOV　　ES, AX MOV　　AH, 13H MOV　　AL, 2 MOV　　BH, 0 MOV　　CX, (SIZEOF colorString)/2 MOV　　DH, row MOV　　DL, column MOV　　BP, OFFSET colorString INT　　10H	 ; set ES segment ; write sring ; write mode ; video page ; string length ; start row ; start column ; string offset
注意	显示模式的值： 00H = 字符串只包含字符码，在显示之后不更新光标位置，属性值在 BL 中 01H = 字符串只包含字符码，在显示之后更新光标位置，属性值在 BL 中 02H = 字符串包含字符码及其属性值，在显示之后不更新光标位置 03H = 字符串包含字符码及其属性值，在显示之后更新光标位置	

16.4　本章小结

　　本章介绍了 BISO 基本程序设计方法和技术。BIOS 中中断例程即 BIOS 中断服务程序。它是微机系统软、硬件之间的一个可编程接口，用于程序软件功能与微机硬件实现的衔接。DOS/Windows 操作系统对软盘、硬盘、光驱与键盘、显示器等外围设备的管理即建立在系统 BIOS 的基础上，通过对 INT 05H、INT 13H 等中断的访问直接调用 BIOS 中断例程。

　　程序服务处理程序主要是为应用程序和操作系统服务，这些服务主要与输入输出设备有关，例如读磁盘、文件输出到打印机等。为了完成这些操作，BIOS 必须直接与计算机的 I/O 设备打交道，它通过端口发出命令，向各种外部设备传送数据以及从它们那儿接收数据，使程序能够脱离具体的硬件操作。

　　硬件中断处理则分别处理 PC 机硬件的需求，BIOS 的服务功能是通过调用中断服务程序来实现的，这些服务分为很多组，每组有一个专门的中断。例如视频服务，中断号为 10H；屏幕打印，中断号为 05H；磁盘及串行口服务，中断号为 14H 等。每一组又根据具体功能细分为不同的服务号。应用程序需要使用哪些外设、进行什么操作，只需要在程序中用相应的指令说明即可，无须直接控制。

习 题

1. 写出把光标设置在第 12 行、第 8 列的指令序列。

2. 编写指令序列，使其完成下列要求：读当前光标位置；把光标移至屏底一行的开始；在屏幕的左上角以正常属性显示一个字母 M。

3. 从键盘上输入一行字符。如果这行字符比前一次输入的一行字符长度长，则保存该行字符，然后继续输入另一行字符；如果它比前一次输入的短，则不保存这行字符。按下 '$' 输入结束，最后将最长的一行字符显示出来。

4. INT 10H 的哪个功能在视频显示上绘制一个像素点？

5. 使用 INT 10H 绘制像素点的主要缺点是什么？

6. 在使用 INT 10H 绘制像素点时，在 AL, BH, CX 和 DX 寄存器中需要放入什么值？

7. 编写程序反复从键盘输入字符，并将其在标准输出上输出。当按 Ctrl + Back Space 时结束程序运行。

附　录

附录 A　ASCII 码表

表 A.1　ASCII 码表

高位＼低位		0H	1H	2H	3H	4H	5H	6H	7H
		000	001	010	011	100	101	110	111
0H	0000	NUL	DEL	SP	0	@	P	、	p
1H	0001	SOH	DC1	!	1	A	Q	a	q
2H	0010	STX	DC2	"	2	B	R	b	r
3H	0011	ETX	DC3	#	3	C	S	c	s
4H	0100	EOT	DC4	$	4	D	T	d	t
5H	0101	ENQ	NAK	%	5	E	U	e	u
6H	0110	ACK	SYN	&	6	F	V	f	v
7H	0111	BEL	ETB	'	7	G	W	g	w
8H	1000	BS	CAN	(	8	H	X	h	w
9H	1001	HT	EM	)	9	I	Y	i	y
AH	1010	LF	SUB	*	:	J	Z	j	z
BH	1011	VT	ESC	+	;	K	[	k	{
CH	1100	FF	FS	,	<	L	\	l		
DH	1101	CR	CS	–	=	M	]	m	}
EH	1110	SO	RS	.	>	N	^	n	~
FH	1111	SI	VS	/	?	O	_	o	DEL

附录 B 中断向量地址表

表 B.1 80x86 中断向量

I/O 地址	中断类型	功能
0H ~ 3H	0H	除法溢出中断
4H ~ 7H	1H	单步(用于 DEBUG)
8H ~ 0BH	2H	非屏蔽中断
0CH ~ 0FH	3H	断点中断
10H ~ 13H	4H	溢出中断
14H ~ 17H	5H	打印屏幕
18H ~ 1FH	6H、7H	保留

表 B.2 8259 中断向量

I/O 地址	中断类型	功能
20H ~ 23H	8H	定时器
24H ~ 27H	9H	键盘
28H ~ 2BH	AH	彩色/图形
2CH ~ 2FH	BH	异步通信(secondary)
30H ~ 33H	CH	异步通信(primary)
34H ~ 37H	DH	硬磁盘
38H ~ 3BH	EH	软磁盘
3CH ~ 3FH	FH	并行打印机

表 B.3 BIOS 中断

I/O 地址	中断类型	功能
40H ~ 43H	10H	屏幕显示
44H ~ 47H	11H	设备检验
50H ~ 53H	14H	串行通信接口 I/O
54H ~ 57H	15H	盒式磁带 I/O
58H ~ 5BH	16H	键盘输入
5CH ~ 5FH	17H	打印机输出
60H ~ 63H	18H	BASIC 入口代码
64H ~ 67H	19H	引导装入程序
68H ~ 6BH	1AH	日时钟

表 B.4 提供给用户的中断

I/O 地址	中断类型	功能
6CH ~ 6FH	1BH	Ctrl – Break 控制的软中断
70H ~ 73H	1CH	定时器控制的软中断

表 B.5 数据表指针

I/O 地址	中断类型	功能
74H ~ 77H	1DH	显示器参数表
78H ~ 7BH	1EH	软盘参数表
7CH ~ 7FH	1FH	图形

表 B.6 DOS 中断

I/O 地址	中断类型	功能
80H ~ 83H	20H	程序结束
84H ~ 87H	21H	DOS 功能调用
88H ~ 8BH	22H	结束退出
8CH ~ 8FH	23H	Ctrl – Break 退出
90H ~ 93H	24H	严重错误处理
94H ~ 97H	25H	绝对磁盘读
98H ~ 9BH	26H	绝对磁盘写
9CH ~ 9FH	27H	驻留退出
A0H ~ A3H	28H	DOS 安全使用
A4H ~ A7H	29H	快速写字符
A8H ~ ABH	2AH	Microsoft 网络接口
B8H ~ BBH	2EH	基本 SHELL 程序装入
BCH ~ BFH	2FH	多路服务中断
CCH ~ CFH	33H	鼠标中断
104H ~ 107H	41H	硬盘参数块
118 ~ 11BH	46H	第二硬盘参数表

附录 C Intel 指令集

每条指令的说明中都包含一系列用于描述指令如何影响 CPU 标志的方格，其中的每个标志用一个字母表示：

O	溢出标志	S	符号标志	P	奇偶标志
D	方向标志	Z	零标志	C	进位标志
I	中断标志	A	辅助进位标志		

在方格中，使用下面的符号来表示每条指令是以何种方式影响标志的：

1	设置标志
0	清除标志
?	标志值的改变无法预测
*	根据与该标志相联系的特定规则改变标志值

例如，下面的 CPU 标志图摘自某条指令的描述：

```
 O  D  I  S  Z  A  P  C
┌──┬──┬──┬──┬──┬──┬──┬──┐
│ ?│  │  │ ?│ ?│ *│ ?│ *│
└──┴──┴──┴──┴──┴──┴──┴──┘
```

从图中可见：溢出标志、符号标志、零标志和奇偶标志将改变为未知值，辅助进位标志和进位标志将根据与这些标志值相联系的规则进行修改，方向标志和中断标志不会改变。

指令描述及格式

当引用源操作数和目的操作数时，使用 Intel 80x86 指令的自然顺序，即其中第一个操作数是目的操作数，第二个操作数是源操作数。例如在 MOV 指令中，目的操作数将被赋以源操作数的一份拷贝：

MOV 目的操作数，源操作数

指令可能有多种格式，表 B.1 是在指令格式中使用的符号的列表。在单条指令描述中，使用符号(IA－32)表示一条指令或其变例只能用于 IA－32 系列处理器(Intel386 以上)，与之类似，符号(80286)表示至少要使用 80286 处理器。

寄存器符号如(E)CX，(E)SI，(E)DI，(E)SP，(E)BP 和(E)IP 等分别用于使用 32 位寄存器的 IA－32 处理器和使用 16 位寄存器的早期处理器。

表 C.1　指令格式中使用的符号

符号	描述
reg	下列 8 位、16 位或 32 位通用寄存器中的一个：AH, AL, BH, BL, CH, CL, AX, BX, CX, DX, SI, DI, BP, SP, EAX, EBX, ECX, EDX, ESI, EDI, EBP 和 ESP
reg8，reg16，re32	通用寄存器，以其包含的数据位的位数来标识
segreg	16 位段寄存器(CS, DS, ES, SS, FS, GS)
accum	AL, AX 或 EAX
mem	使用任何标准内存寻址方式的内存操作数
mem8，mem16，mem32	内存操作数，数字指明了操作数的位数
shortlabel	代码段内距当前位置 －128 到 ＋127 字节范围之内的地址
nearlabel	当前代码段内的位置，以标号标识
farlabel	外部代码段内的位置，以标号标识
imm	立即操作数
imm8，imm16，imm32	立即操作数，数字指明了操作数的位数
instruction	一条 Intel 汇编语言指令

表 C.2　指令集

AAA	加法后进行 ASCII 调整（ASCII adjust after addition）

O	D	I	S	Z	A	P	C
?			?	?	*	?	*

调整两个 ASCII 数字相加之后在 AL 中的结果。如果 AL 的低 4 位大于 9 或辅助进位标志等于 1，则 AL 加 6 并清除 AL 的高 4 位，同时 AH 加 1，设置进位标志和辅助进位标志；否则，直接清除 AL 的高 4 位，清除进位标志和辅助进位标志。

指令格式：

　　AAA

AAD	在除法前进行 ASCII 调整（ASCII adjust before division）

O	D	I	S	Z	A	P	C
?			*	*	?	*	?

将 AH 和 AL 中未压缩的 BCD 数字转换成二进制值存放在 AL 中，AH 清零，为 DIV 指令做好准备。

指令格式：

　　AAD

AAM	乘法后进行 ASCII 调整（ASCII adjust after multiply）

O	D	I	S	Z	A	P	C
?			*	*	?	*	*

调整两个未压缩的 BCD 数字相乘之后 AX 中的结果，即将二进制值调整为非压缩的 ASCII 格式。

调整方法是 AL 除以 0Ah，得到的商存放在 AH 中，余数存放在 AL 中。

指令格式：

　　AAM

AAS	减法后进行 ASCII 调整（ASCII adjust after subtraction）

O	D	I	S	Z	A	P	C
?			?	?	*	?	*

调整 ASCII 减法之后 AL 中得到的结果。如果 AL 的低 4 位大于 9 或辅助进位标志等于 1，AL 减 6，清除 AL 的高 4 位，AH 减 1，设置进位标志和辅助进位标志。否则，直接清除 AL 的高 4 位，清除进位标志和辅助进位标志。

指令格式：

　　AAS

	带进位加（add carry）

O	D	I	S	Z	A	P	C
*			*	*	*	*	*

ADC

将源操作数、目的操作数和进位标志相加。操作数尺寸必须相同。

指令格式：

ADC   reg, reg   ADC   reg, imm

ADC   mem, reg   ADC   mem, imm

ADC   reg, mem   ADC   accum, imm

	加（add）

O	D	I	S	Z	A	P	C
*			*	*	*	*	*

ADD

源操作数与目的操作数相加，结果存储在目的操作数中，操作数尺寸必须相同。

指令格式：

ADD   reg, reg   ADD   reg, imm

ADD   mem, reg   ADD   mem, imm

ADD   reg, mem   ADD   accum, imm

	逻辑与（logical and）

O	D	I	S	Z	A	P	C
*			*	*	?	*	0

AND

目的操作数中的每个数据位与源操作数中的对应位进行与操作。

指令格式：

AND   reg, reg   ADD   reg, imm

AND   mem, reg   ADD   mem, imm

AND   reg, mem   ADD   accum, imm

	检查数组边界（check array bounds）

O	D	I	S	Z	A	P	C

BOUND

检查一个有符号的指针值是否在数组边界之内。在 80286 处理器上，目的操作数可以是任何包含要检查的指针的 16 位寄存器，源操作数必须是 32 位内存操作数，其高字和低字分别包含数组的上边界指针值和下边界指针值。在 IA-32 上，目的操作数也可以是 32 位寄存器，源操作数可以是 64 位内存操作数。如果待检查的指针值在数组边界之外，则产生异常。

指令格式：

    BOUND   reg16, men32   BOUND   reg32, mem64

BSF BSR	位扫描（bit scan）（IA – 32） O D I S Z A P C （带有 * 标记在 Z 位） 扫描操作数并寻找第一个被设置的数据位。如果找到则清除零标志，目的操作数存放第一个被设置位的位号（索引）。如果没有找到被设置的数据位则 ZF = 1。BSF 指令按照从位 0 到最高位的顺序扫描。BSR 指令按从最高位到位 0 的顺序扫描。 指令格式（以 BSF 为例，适用于 BSF 和 BSR，后面有些指令的描述方法类似，不再重复说明）： BSF　reg16，r/m16　　　　　　　　BSF　reg32，r/m32
BSWAP	字节交换（byte swap）（IA – 32） O D I S Z A P C 反转 32 位目的寄存器中的字节顺序。 指令格式： 　BSWAP reg32
BT BTC BTR BTS	位测试（bit tests）（IA – 32） O D I S Z A P C （带有 * 标记在 C 位） 将指定位（n）拷贝入进位标志中，目的操作数包含要操作的位号。BT 将源操作数的位 n 拷贝到进位标志中；BTC 将源操作数的位 n 拷贝到进位标志中并将位 n 变反；BTR 将源操作数的位 n 拷贝到进位标志中并将位 n 清除；BTS 将源操作数的位 n 拷贝到进位标志中并将位 n 置 1。 　指令格式： 　BT　r/m16，imm8　　　　　　　BT　r/m16，r16 　BT　r/m32，imm8　　　　　　　BT　r/m32，r32
CALL	调用过程（call a proedure） O D I S Z A P C 将下一条指令的地址压入堆栈并将控制转移到目的地址。如果过程是近过程（在同一个段内），指令只压入下一条指令的偏移；否则，下一条指令的段和偏移都被压入堆栈。 指令格式： CALL　nearlabel　　　　　　　CALL　mem16 CALL　farlabel　　　　　　　CALL　mem32 CALL　reg

CBW	字节扩展到字（convert byte to word） O　D　I　S　Z　A　P　C 〔□□□□□□□□〕 将 AL 中的符号位扩展到 AH 中。 指令格式： 　　CBW
CDQ	双字扩展到 8 字（convert doubleword to quadword）（IA－32） O　D　I　S　Z　A　P　C 〔□□□□□□□□〕 将 EAX 中的符号位扩展到 EDX 中。 　指令格式： 　　CDQ
CLC	清除进位标志（clear carry flag） O　D　I　S　Z　A　P　C 〔□□□□□□□ 0 〕 清除进位标志。 指令格式： 　　CLC
CLD	清除方向标志（clear direction flag） O　D　I　S　Z　A　P　C 〔□ 0 □□□□□□〕 清除方向标志。此时，字符串指令自动增加（E）SI 和（E）DI 的值。 指令格式： 　　CLD
CLI	清除中断标志（clear interrupt flag） O　D　I　S　Z　A　P　C 〔□□ 0 □□□□□〕 清除中断标志。禁止可屏蔽硬件中断，直到执行一条 STI 指令为止。 指令格式： 　　CLI

CMC	进位标志取反（complement carry flag） 　　　　　　　O　D　I　S　Z　A　P　C 　　　　　　　□□□□□□□ * 当前进位标志值变反。 指令格式： 　　　　CMC
CMP	比较（compare） 　　　　　　　O　D　I　S　Z　A　P　C 　　　　　　　* □□ * * * * * 比较目的操作数和源操作数，隐含执行（相应设置标志位，但不改变操作数）从源操作数中减掉目的操作数的减法操作。 指令格式： CMP　reg, reg　　　　　　　　CMP　reg, imm CMP　mem, reg　　　　　　　CMP　mem, imm CMP　reg, mem　　　　　　　CMP　accum, imm
CMPS **CMPSB** **CMPSW** **CMPSD**	比较字符串（compare strings） 　　　　　　　O　D　I　S　Z　A　P　C 　　　　　　　* □□ * * * * * 比较内存中由 DS：(E)SI 和 ES：(E)DI 寻址的字符串。隐含执行源减去目的的减法操作。CMPSB 比较字节，CMPSW 比较字，CMPSD 比较双字（IA-32 处理器）。(E)SI 和 (E)DI 的值依据操作数的大小以及方向标志的状态增减。如果设置了方向标志，减少 (E)SI 和 (E)DI；否则，增加 (E)SI 和 (E)DI。 指令格式： 　　CMPSB　　　　　　　　　　CMPSW 　　CMPSD
CMPXCHG	比较并交换（compare and exchange） 　　　　　　　O　D　I　S　Z　A　P　C 　　　　　　　* □□ * * * * * 目的操作数和累加器（AL, AX 或 EAX）进行比较，如果相等，源操作数拷贝到目的操作数中。否则，目的操作数拷贝到累加器中。 指令格式： 　　CMPXCHG　reg, reg　　　　　　CMPXCHG　mem, reg

CWDE	字扩展到双字(convert word to extended double)(IA－32)

	O	D	I	S	Z	A	P	C

AX 符号扩展到 EAX 的高字。

指令格式:

  CWDE

DAA	加法后进行十进制调整(decimal adjust after addition)

	O	D	I	S	Z	A	P	C
	?			*	*	*	*	*

调整两个压缩 BCD 值相加之后 AL 中的结果。将和转换成两个 BCD 数存放在 AL 中。

指令格式:

  DAA

DAS	减法后进行十进制调整(decimal adjust after subtraction)

	O	D	I	S	Z	A	P	C
	?			*	*	*	*	*

将两个压缩 BCD 值减法操作后在 AL 中得到的结果转换为两个压缩的 BCD 数并存储在 AL 中。

指令格式:

  DAS

DEC	减(decrement)

	O	D	I	S	Z	A	P	C
	*			*	*	*	*	*

从操作数中减去 1。注意:本指令不影响进位标志。

指令格式:

  DEC　reg   DEC　mem

DIV	无符号整数除法(unsigned integer divide)

	O	D	I	S	Z	A	P	C
	?			?	?	?	?	?

执行 8 位、16 位或 32 位的无符号整数除法操作,如果除数是 8 位的,被除数是 AX,除法操作后商在 AL 中,余数在 AH 中;如果除数是 16 位的,被除数是 DX:AX,除法操作后商在 AX 中,余数在 DX 中;如果除数是 32 位的,被除数是 EDX:EAX,除法操作后商在 EAX 中,余数在 EDX 中。

指令格式:

  DIV　reg   DIV　mem

	生成堆栈框架(make stack frame)(80286) O D I S Z A P C [?] [ ] [ ] [*] [*] [*] [*] [*]
ENTER	为接收堆栈参数和使用局部堆栈变量的过程创建堆栈框架。第一个操作数表示要为局部变量保留的字节数。第二个操作数表示过程嵌套层次(C, BASIC, FORTRAN 必须设为0)。 指令格式: 　　　ENTER　imm16，imm8
	停机(halt) O D I S Z A P C [ ] [ ] [ ] [ ] [ ] [ ] [ ] [ ]
HLT	中止 CPU,直到硬件中断发生(注意:只有 STI 指令设置了中断标志才可能发生硬件中断)。 指令格式: 　　　HLT
	有符号整数除法(signed integer divide) O D I S Z A P C [?] [ ] [ ] [?] [?] [?] [?] [?]
IDIV	对 EDX：EAX, DX：AX 或 AX 执行有符号整数除法操作。如果除数是 8 位的,被除数是 AX,商在 AL 中,余数在 AH 中;如果除数是 16 位的,被除数是 DX：AX,商在 AX 中,余数在 DX 中;如果除数是 32 位的,被除数是 EDX：EAX,商在 EAX 中,余数在 EDX 中。通常在 IDIV 指令之前要 CBW 或 CBD,对被除数进行符号扩展。 指令格式: 　　　IDIV　reg　　　　　　　　　　　　IDIV　mem

IMUL

有符号整数乘法(signed integer multiply)

O	D	I	S	Z	A	P	C
*			?	?	?	?	*

对 AL, AX 或 EAX 执行有符号整数乘法操作。如果乘数是 8 位的, 被乘数在 AL 中, 积在 AX 中; 如果乘数是 16 位的, 被乘数在 AX 中, 积在 DX: AX 中; 如果乘数是 32 位的, 被乘数在 EAX 中, 积在 EDX: EAX 中。若 16 位乘积扩展到 AH, 32 位乘积扩展到 DX, 或者位 64 位乘积扩展到 EDX, 进位标志位和溢出标志位置 1。

指令格式:

单操作数:

    IMUL r/m8   IMUL r/m16

    IMUL r/m32

双操作数:

    IMUL r16, r/m16   IMUL r16, imm8

    IMUL r32, r/m32   IMUL r32, imm8

    IMUL r16, imm16   IMUL r32, imm32

三操作数:

    IMUL r16, r/m16, imm8   IMUL r16, r/m16, imm16

    IMUL r32, r/m32, imm8   IMUL r32, r/m32, imm32

IN

从端口输入(input from port)

O	D	I	S	Z	A	P	C

从端口输入一个字节或字到 AL 或 AX 中。源操作数是端口地址, 可以是 8 位的常量或 DX 中的一个 16 位地址。在 IA - 32 处理器上, 还可以从端口输入一个双字至 EAX 中。

指令格式:

    IN accum, imm   IN accum, DX

INC

加 1(increment)

O	D	I	S	Z	A	P	C
*			*	*	*	*	

寄存器或内存操作数加 1。

指令格式:

    INC reg   INC mem

INS INSB INSW INSD	从端口输入一个字符串(input from port to sotring)(80286) O D I S Z A P C □ □ □ □ □ □ □ □

	从端口输入一个字符串至 ES:(E)DI 指向的缓冲区中。端口号在 DX 中指定,对于接收到的每个值,(E)DI 的调整方式与 LODSB 及其他类似的字符串操作指令类似。REP 前缀可以和该指令联用。
	指令格式:
	    INS dest, DX REP INSB dest, DX
	    REP INSW dest, DX REP INSD dest, DX

INT	中断(interrupt) O D I S Z A P C □ □ 0 □ □ □ □ □
	产生软件中断,导致调用操作系统的中断服务程序。在转移到中断服务程序之前,该指令清除中断标志,并将标志、CS 和 IP 压入堆栈。 指令格式: INT imm INT 3
INTO	溢出中断(interrupt on overflow) O D I S Z A P C □ □ * * □ □ □ □
	如果设置了溢出标志,该指令产生 4 号 CPU 中断。在 DOS 下调用 INT4 时,默认的服务程序不采取任何动作,但是用户可以用自己编写的服务程序替换它。 指令格式: INTO
IRET	中断返回(interrupt return) O D I S Z A P C * * * * * * * *
	从中断处理例程返回。从堆栈上弹出(E)IP, CS 以及标志。 指令格式: IRET

Jcondition	条件跳转（conditional jump）
	O D I S Z A P C
	□ □ □ □ □ □ □ □
	如果特定的标志为真则跳转到指定的标号处。在 IA‒32 处理器之前，标号距当前位置必须在 ‒128 到 +127 字节范围之内；在 IA‒32 处理器上，标号距当前位置必须在 ‒32768 到 +32767 字节范围之内。指令助记符列表参见表 B.2。
	指令格式：
	Jcondition label

条件跳转助记符

指令助记符	含义	指令助记符	含义
JA	大于则跳转	JE	相等则跳转
JNA	不大于则跳转	JNE	不等则跳转
JAE	大于等于则跳转	JZ	为 0 则跳转
JNAE	不大于等于则跳转	JNZ	不为 0 则跳转
JB	小于则跳转	JS	为负则跳转
JNB	不小于则跳转	JNS	不为负则跳转
JBE	小于或等于则跳转	JC	进位则跳转
JNBE	不小于等于则跳转	JNC	无进位则跳转
JG	大于则跳转	JO	溢出则跳转
JNG	不大于则跳转	JNO	未溢出则跳转
JGE	大于等于则跳转	JP	奇偶位置位则跳转
JNGE	不大于等于则跳转	JPE	奇偶位相等则跳转
JL	小于则跳转	JNP	奇偶位清除则跳转
JNL	不小于则跳转	JPO	奇偶位清除则跳转
JLE	小于或等于则跳转	JNLE	不小于等于则跳转

JCXZ JECXZ	CX 为 0 则跳转（jump if CX is zero）
	O D I S Z A P C
	□ □ □ □ □ □ □ □
	如果 CX 寄存器等于 0 则跳转。标号距其后指令必须在 ‒128 到 +127 字节范围之内。在 IA‒32 处理器上，JECXZ 表示如果 ECX 等于 0 则跳转。
	指令格式：
	JCXZ label JECXZ label

JMP	无条件跳转(jump unconditionally to label) O D I S Z A P C □□□□□□□□ 跳转到标号处。短跳转的目的地址距当前位置应在 – 128 到 127 字节范围之内。近跳转的目的地址应在同一代码段之内。远跳转的目的地址可以在当前段之外。 指令格式： JMP　shortlabel　　　　　JMP　reg16 JMP　nearlabel　　　　　JMP　mem16 JMP　farlabel　　　　　　JMP　mem32
LAHF	将标志送 AH(load AH from flags) O D I S Z A P C □□□□□□□□ 传送标志的低 8 位，但不会传送陷阱、中断、溢出、方向和符号标志。 指令格式： 　　LAHF
LDS LES LFS LGS LSS	装入远指针(load far pointer) O D I S Z A P C □□□□□□□□ 将双字内存操作数装入段寄存器和特定的目的寄存器中。在 IA – 32 处理器之前，LDS 装入 DS，LES 装入 ES；在 IA – 32 处理器上，LFS 装入 FS，LGS 装入 GS，LSS 装入 SS。 指令格式(LDS，LES，LFS，LGS，LSS 相同)； 　　LDS　reg，mem
LEA	装入有效地址(load effective address) O D I S Z A P C □□□□□□□□ 计算并装入 16 位或 32 位的内存操作数的有效地址。类似于 MOV..OFFSET，不同点在于 LEA 指令获取的地址是在运行时进行计算的。 指令格式： 　　LEA　reg，mem

LEAVE	高级过程退出 (high – level procedure exit) O D I S Z A P C □ □ □ □ □ □ □ □ 释放过程的堆栈框架。通过将 ESP 和 EBP 恢复为原始值，对过程开始的 ENTER 指令进行逆操作。 指令格式： 　　LEAVE
LOCK	锁定系统总线 (load the system bus) O D I S Z A P C □ □ □ □ □ □ □ □ 在多处理器的计算机中，其他处理器在下一条指令执行期间暂停运行。在其他处理器可能修改当前 CPU 正在访问的数据时使用该指令。 指令格式： 　　LOCK　　instruction
LODS LODSB LODSW LODSD	将字符串装入累加器 (load accumulator from string) O D I S Z A P C □ □ □ □ □ □ □ □ 将由 DS：(E)SI 寻址的一个内存字节或字装入累加器 (AL，AX 或 EAX) 中。如果 LODS，必须指定内存操作数。LODSB 将一个字节装入 AL，LODSW 将一个字装入 AX。IA – 32 处理器的 LODSD 将一个双字装入 EAX。(E)SI 根据操作数大小和方向标志值自动增减。如果方向 (DF) = 1，(E)SI 增加；如果 (DF) = 0，ESI 减少。 LODS　　mem　　　　　　　　　LODSB LODS　　segreg：mem　　　　　　LODSW LODSD
LOOP LOOPW	循环 (loop) O D I S Z A P C □ □ □ □ □ □ □ □ (E)CX 减 1，如果 (E)CX 大于 0 则跳转到一个短标号处。目的标号距当前位置必须在 – 128 到 127 字节范围之内。在 IA – 32 上，ECX 用做默认的循环计数器。 指令格式： 　　　　LOOP　　shortlabel　　　　　　　　LOOPW　　shortlabel

LOOPD	循环（IA – 32）（loop） O D I S Z A P C □ □ □ □ □ □ □ □ （E）CX 减 1，如果（E）CX 大于 0，跳转到一个短标号处。目的标号距当前位置必须在 – 128 到 + 127 字节之内。 指令格式： 　　LOOPD　shortlabel
LOOPE LOOPZ	如果相等（为零）则循环［（loop if equal（zero）］ O D I S Z A P C □ □ □ □ □ □ □ □ （E）CX 减 1，如果（E）CX > 0 并且零标志设置则跳转到短标号处。 指令格式： 　　LOOPE　shortlabel　　　　　　　　LOOPZ　shortlabel
LOOPNE LOOPNZ	如果不等（不为 0）则循环［（loop if not equal（zero）］ O D I S Z A P C □ □ □ □ □ □ □ □ （E）CX 减 1，如果（E）CX > 0 并且零标志清除则跳转到短标号处。 指令格式： 　　LOOPNE　shortlabel　　　　　　　　LOOPNZ　shortlabel
MOV	数据传送（move） O D I S Z A P C □ □ □ □ □ □ □ □ 拷贝字节、字源操作数到目的操作数中。 指令格式： 　　MOV　reg, reg　　　　　　　　MOV　reg, imm 　　MOV　mem, reg　　　　　　　　MOV　mem, imm 　　MOV　reg, mem　　　　　　　　MOV　mem16, segreg 　　MOV　segreg, reg16　　　　　　MOV　segreg, mem16 　　MOV　segreg, reg16

	字符串传送(move string) 　　O　D　I　S　Z　A　P　C 　　□　□　□　□　□　□　□　□
MOVS MOVSB MOVSW MOVSD	拷贝 DS：(E)SI 寻址的内存操作数到 ES：(E)DI。MOVS 指令要求指定源和目的操作数。MOVSB 拷贝字节,MOVSW 拷贝字。在 IA－32 处理器上,MOVSD 拷贝双字。(E)SI 和(E)DI 的值根据操作数的大小和方向标志的状态增减。如果方向标志(DF)＝1,(E)SI 和(E)DI 减少,如果 DF＝0,(E)SI 和(E)DI 增加。 指令格式: MOVSB MOVSW MOVSD MOVS　dest, source MOVS　ES：dest, segreg：source
	符号扩展传送(move with sign extend) 　　O　D　I　S　Z　A　P　C 　　□　□　□　□　□　□　□　□
MOVSX	将一个字节或字从源操作数中拷贝到目的寄存器中,并将符号扩展到目的操作数的高半部分。该指令用于将一个 8 位或 16 位的操作数拷贝到更大的目的操作数中。 指令格式: MOVSX　reg32, reg16　　　　　MOVSX　reg32, mem16 MOVSX　reg16, reg8　　　　　MOVSX　reg16m8
	零扩展传送(move with zero extend) 　　O　D　I　S　Z　A　P　C 　　□　□　□　□　□　□　□　□
MOVZX	将一个字节或字从源操作数中拷贝到目的寄存器中并零扩展到目的操作数的高半部分。该指令用于将一个 8 位或 16 位的操作数拷贝到更大的目的操作数中。 指令格式: MOVZX　reg32, reg16　　　　　MOVZX　reg32, mem16 MOVZX　reg16, reg8　　　　　MOVZX　reg16, m8

	O	D	I	S	Z	A	P	C
MUL	*			?	?	?	?	*

MUL 无符号整数乘法(unsigned integer multiply)

将 AL,AX 或 EAX 与源操作数相乘。如果源操作数是 8 位的,则与 AL 相乘,积存储在 AX 中。如果源操作数是 16 位的,与 AX 相乘,积存储在 DX:AX 中。如果源操作数是 32 位,与 EAX 相乘,积存储在 EDX:EAX 中。

指令格式:

    MUL reg   MUL mem

	O	D	I	S	Z	A	P	C
NEG	*			*	*	*	*	*

NEG 求补(negate)

计算目的操作数的补码并将结果存储在目的操作数中。

指令格式:

    NEG reg   NEG mem

	O	D	I	S	Z	A	P	C
NOP								

NOP 空操作(no operation)

这条指令什么也不做,可用于计时循环中或用于后续指令的按字边界对齐。

指令格式:

    NOP

	O	D	I	S	Z	A	P	C
NOT								

NOT 求反(not)

通过将操作数的各位变反执行逻辑非操作。

指令格式:

    NOT reg   NOT mem

	O	D	I	S	Z	A	P	C
OR	0			*	*	?	*	0

OR 或(inclusive or)

对目的操作数和源操作数的对应数据位执行布尔(位)或操作。

指令格式:

OR reg,reg	OR reg,imm
OR mem,reg	OR mem,imm
OR reg,mem	OR accum,imm

	输出到端口（output to port）
	O D I S Z A P C
OUT	在 IA-32 之前，这条指令将累加器中的一个字节或字输出到端口。端口地址如果在范围 0~FFh 之间可以是一个常量，也可以在 DX 中存放 0 到 FFFFh 之间的端口地址。在 IA-32 处理器上，可向端口输出一个双字。 指令格式： 　　OUT　imm8, accum　　　　　　　　OUT　DX, accum
OUTS OUTSB OUTSW OUTSD	向端口输出字符串（80286）（output string to port）
	O D I S Z A P C
	将 ES：(E)DI 指向的字符串输出到端口。端口号在 DX 中指定。每输出一个值，(E)DI 按照与 LODSB 或其他字符串操作指令类似的方式进行调整。REP 前缀可以和该指令联合使用。 指令格式： OUTS　dest, DX　　　　　　　　REP　OUTSB dest, DX REP　OUTSW　dest, DX　　　　　REP　OUTSD dest, DX
POP	出栈（pop from stack）
	O D I S Z A P C
	将当前堆栈指针位置处的一个字或双字拷贝到目的操作数中，并把(E)SP 加 2（或 4）。 指令格式： POP　reg16/reg32　　　　　　　POP　segreg POP　mem16/mem32
POPA POPAD	全部出栈（pop all）
	O D I S Z A P C
	将堆栈顶部的 16 个字节弹出到 8 个通用寄存器中，顺序如下：DI, SI, BP, SP, BX, DX, CX, AX。SP 的值被丢弃，因此 SP 并不重新赋值。POPA 出栈送 16 位的寄存器中，IA-32 处理器上的 POPAD 指令出栈送 32 位的寄存器中。 指令格式： 　　POPA　　　　　　　　　　　　POPAD

POPF POPFD	标志出栈(pop flags from stack) O D I S Z A P C * * * * * * * * POPF 将堆栈顶部的一个字出栈送至 FLAGS 寄存器。IA – 32 上的 POPFD 将堆栈顶部的一个双字出栈送至 32 位的 EFLAGS 寄存器。 指令格式: 　　POPF　　　　　　　　　　　　POPFD
PUSH	压栈(push on stack) O D I S Z A P C (E)SP 减去 2(或 4)并将源操作数拷贝到(E)SP 堆栈指针所指的堆栈位置。在 80186 以上的处理器上,也可以将立即数压入堆栈。 指令格式: 　　PUSH　reg16/reg32　　　　　　PUSH　segreg 　　PUSH　mem16/mem32　　　　　PUSH　imm16/imm32
PUSHA PUSHAD	全部压栈(80286)(push all) O D I S Z A P C 在堆栈中按顺序压入下列寄存器: AX, CX, DX, BX, SP, BP, SI 和 DI。IA – 32 的 PUSHAD 指令压入 EAX, ECX, EDX, EBX, ESP, EBP, ESI, EDI。 指令格式: 　　PUSHA　　　　　　　　　　　PUSHAD
PUSHF PUSHFD	标志压栈(push flags) O D I S Z A P C PUSHF 在堆栈上压入 16 位的 FLAGS 寄存器。PUSHFD(IA – 32)在堆栈上压入 32 位的 EFLAGS 寄存器。 指令格式: 　　PUSHF　　　　　　　　　　　PUSHFD

PUSHW **PUSHD**	压栈(push on stack) 　　O　D　I　S　Z　A　P　C 　　□　□　□　□　□　□　□　□ PUSHW 在堆栈上压入一个 16 位的字。在 IA – 32 上，PUSHD 在堆栈上压入一个 32 位双字。 指令格式： 　　PUSH　reg16/reg32　　　　　　　　PUSH　segreg 　　PUSH　mem16/mem32　　　　　　　PUSH　imm16/imm32
RCL	带进位循环左移(rotate carry left) 　　O　D　I　S　Z　A　P　C 　　*　□　□　□　□　□　□　* 目的操作数循环左移，源操作数决定移位的数量。进位的值拷贝到最低位，最高位送进位标志中。使用 8086/8088 处理器时 Imm8 操作数必须是 1。 指令格式： 　　RCL　reg, imm8　　　　　　　　RCL　mem, imm8 　　RCL　reg, CL　　　　　　　　　RCL　mem, CL
RCR	带进位循环右移(Rotate Carry Right) 　　O　D　I　S　Z　A　P　C 　　*　□　□　□　□　□　□　□ 目的操作数循环右移，源操作数决定移位的数量。进位的值拷贝到最高位，最低位送进位标志中。使用 8086/8088 处理器时 Imm8 操作数必须是 1。 指令格式： 　　RCR　reg, imm8　　　　　　　　RCR　mem, imm8 　　RCR　reg, CL　　　　　　　　　RCR　em, CL
REP	重复字符串操作(repeat string) 　　O　D　I　S　Z　A　P　C 　　□　□　□　□　□　□　□　□ 使用(E)CX 作为计数器重复字符串操作指令。每次指令重复的时候(E)CX 减 1，直到(E)CX = 0。 指令格式(以 MOVS 为例)： 　　　REP MOVS　dest, source

有条件重复字符串操作(repeat string conditionally)

O D I S Z A P C

				*			

REPcondition

在标志条件为真时重复字符串操作直到(E)CX=0。REPZ(REPE)当零标志设置时重复,REPZ和REPNE当零标志清除时重复。只有SCAS和CMPS才能和REPcondition联合使用,因为它们是唯一的修改零标志的字符串操作指令。
指令格式,以SCAS为例:

REPZ SCAS dest	REPNE SCAS dest
REPZ SCASB	REPNE SCASB
REPE SCASW	REPNZ SCASW

过程返回(return from procedure)

O D I S Z A P C

RET
RETN
RETF

从堆栈上弹出返回地址。RETN(近返回)只从堆栈顶部弹出(E)IP。在实地址模式下,RETF(远返回)首先弹出(E)IP,然后弹出CS。根据PROC伪指令指定的或暗含的属性的不同,RET可以是近的或远的。可选的8位操作数通知CPU在弹出返回地址后给(E)SP加上一个值。
指令格式:

RET RET imm8	
RETN	RETN imm8
RETF	RETF imm8

循环左移(rotate left)

O D I S Z A P C

*							*

ROL

目的操作数循环左移,源操作数决定移位的数目。最高位拷贝到进位标志中并同时送至最低位中。使用8086/8088处理器时imm8操作数必须是1。
指令格式:

ROL reg, imm8	ROL mem, imm8
ROL reg, CL	ROL mem, CL

ROR	循环右移（rotate right） O D I S Z A P C * _ _ _ _ _ _ * 目的操作数循环右移，源操作数决定移位的数目。最低位拷贝到进位标志中并同时送至最高位。8086/8088 处理器时 imm8 操作数必须是 1。 指令格式： 　　ROR　reg, imm8　　　　　　　ROR　mem, imm8 　　ROR　reg, CL　　　　　　　　ROR　mem, CL
SAHF	AH 送标志寄存器（store ah Into flags） O D I S Z A P C _ _ _ * * * * * 拷贝 AH 到标志寄存器的位 0 到位 7 中。 指令格式： 　　SAFH
SAL	算术左移（shift arithmetic left） O D I S Z A P C * _ _ * * ? * * 目的操作数中的每一位左移，源操作数决定移位数目。最高位拷贝到进位标志中，最低位以 0 填充。使用 8086/8088 处理器时 imm8 操作数必须是 1。 指令格式： 　　SAL　reg, imm8　　　　　　　SAL　mem, imm8 　　SAL　reg, CL　　　　　　　　SAL　mem, CL
SAR	算术右移（shift arithmetic right） O D I S Z A P C * _ _ * * ? * * 目的操作数中的每一位右移，操作数决定移位数目。最低位拷贝到进位标志中，最高位保持原值。SAR 指令通常用于有符号数操作，因为它保留了符号位的值。8086/8088 处理器时 imm8 操作数必须是 1。 指令格式： 　　SAR　reg, imm8　　　　　　　SAR　mem, imm8 　　SAR　reg, CL　　　　　　　　SAR　mem, CL

SBB	带进位减(subtract with borrow)
	
	O D I S Z A P C
	* * * * * *
	
	从源操作数中减去目的操作数,然后再减去进位标志值。
	指令格式:
	  SBB reg, reg SBB reg, imm
	  SBB mem, reg SBB mem, imm
	  SBB reg, mem

SCAS
SCASB
SCASW
SCASD
	扫描字符串(scan string)
	
	O D I S Z A P C
	* * * * * *
	
	扫描 ES:(E)DI 指向的内存字符串查找与累加器匹配的值。SCAS 要求指定操作数。
	SCASB 扫描查找与 AL 匹配的 8 位值。SCASW 扫描与 AX 匹配的 16 位值。SCASD 扫描与
	EAX 匹配的 32 位值。(E)DI 依据操作数的大小和方向标志的值自动增减。如果 DF =1,
	(E)DI 减少,如果 DF =0,(E)DI 增加。
	指令格式:
	  SCASB SCASW
	  SCASD SCAS ES:dest
	  SCAS dest .

SETcondition	条件设置(set conditionally) O D I S Z A P C 如果给定的条件为真,目的操作数指定的字节被赋以值 1。如果标志条件为假,目的被赋 以值 0。条件的可能值列在本附录前面的表 B.2 中。 指令格式: SETcond reg8 SETcond meme8

SHL	逻辑左移(shift left)
	
	O D I S Z A P C
	* * * ? * *
	
	将目的操作数的每位左移,使用源操作数决定要移位的数目。最高位拷贝到进位标志中,
	最低位以 0 填充与 SAL 相同。在 8086/8088 处理器时 imm8 操作数必须为 1。
	指令格式:
	  SHL reg, imm8 SHL mem, imm8
	  SHL reg, CL SHL mem, CL

SHLD	双精度左移（IA – 32）（double – precision shift left） 　　O　D　I　S　Z　A　P　C 　　*　　　　*　*　?　*　* 将第二个操作数的若干位移到第一个操作数中。第三个操作数表示要移位的数目。第一个操作数移出的位由第二个操作数的高位填充。第二个操作数必须是寄存器，第三个操作数可以是立即数或 CL 寄存器。第二个操作数保持不变。 指令格式： 　　SHLD　reg16, reg16, imm8　　　　　SHLD　mem16, reg16, imm8 　　SHLD　reg32, reg32, imm8　　　　　SHLD　mem32, reg32, imm8 　　SHLD　reg16, reg16, CL　　　　　　SHLD　mem16, reg16, CL 　　SHLD　reg32, reg32, CL　　　　　　SHLD　mem32, reg32, CL
SHR	右移（shift right） 　　O　D　I　S　Z　A　P　C 　　*　　　　*　*　?　*　* 目的操作数中的每一位右移，使用源操作数决定移位的数目。最高位以 0 填充，最低位拷贝到进位标志中。在 8086/8088 处理器时 imm8 必须是 1。 指令格式： 　　SHR　reg, imm8　　　　　　　　SHR　mem, imm8 　　SHR　reg, CL　　　　　　　　　SHR　mem, CL
SHRD	双精度右移（IA – 32）（double – precision shift right） 　　O　D　I　S　Z　A　P　C 　　*　　　　*　*　?　*　* 将第二个操作数的若干位移到第一个操作数中。第三个操作数表示要移位的数目。第一个操作数移出的位由第二个操作数的低位填充。第二个操作数必须是寄存器，第三个操作数可以是立即数或 CL 寄存器。第二个操作数保持不变。 指令格式： 　　SHRD　reg16, reg16, imm8　　　　　SHRD　mem16, reg16, imm8 　　SHRD　reg32, reg32, imm8　　　　　SHRD　mem32, reg32, imm8 　　SHRD　reg16, reg16, CL　　　　　　SHRD　mem16, reg16, CL 　　SHRD　reg32, reg32, CL　　　　　　SHRD　mem32, reg32, CL
STC	设置进位标志（set carry flag） 　　O　D　I　S　Z　A　P　C 　　　　　　　　　　　　　　1 设置进位标志 指令格式： 　　STC

STD

设置方向标志(set direction flag)

O	D	I	S	Z	A	P	C
	1						

设置方向标志，导致字符串操作指令自动减少(E)SI 和/或(E)DI 的值，这样，字符串处理就能从高地址向低地址进行。

指令格式：

    STD

STI

设置中断标志(set interrupt flag)

O	D	I	S	Z	A	P	C
		1					

设置中断标志，以允许可屏蔽硬件中断。中断发生时自动禁止中断，因此中断处理程序应使用 STI 立即重新允许中断。

指令格式：

    STI

STOS
STOSB
STOSW
STOSD

存储字符串数据(store string data)

O	D	I	S	Z	A	P	C

将累加器内容存储到由 ES：(E)DI 寻址的内存地址。如果使用 STOS，必须指定目的操作数。STOSB 拷贝 AL 到内存中，STOSW 拷贝 AX 到内存中，STOSD 拷贝 EAX 到内存中。(E)DI 根据操作数的尺寸和方向标志的状态值增减。如果 DF＝1，(E)DI 增加；如果 DF＝0，(E)DI 减少。

指令格式：

    STOSB   STOSW
    STOSD   STOS　ES：mem
    STOS　mem

SUB

减法(subtract)

O	D	I	S	Z	A	P	C

从目的操作数中减去源操作数。

指令格式：

    SUB　reg, reg   SUB　reg, imm
    SUB　mem, reg   SUB　mem, imm
    SUB　reg, mem   SUB　accum, imm

TEST	测试（test） O D I S Z A P C * _ _ * * ? * 0 测试目的操作数的单个位。指令执行逻辑与操作，影响标志值但不改变目的操作数的内容 指令格式： 　　TEST　reg, reg　　　　　　　　TEST　reg, imm 　　TEST　mem, reg　　　　　　　TEST　mem, imm 　　TEST　reg, mem　　　　　　　TEST　accum, imm
WAIT	等待协处理器（wait for coprocessor） O D I S Z A P C _ _ _ _ _ _ _ _ 挂起 CPU，直到协处理器完成当前的指令。 指令格式： 　　WAIT
XADD	加交换（exchange and add）（Intel486） O D I S Z A P C * _ _ * * ? * * 源操作数与目的操作数相加。同时，原目的操作数送至源操作数。 指令格式： 　　XADD　reg, reg　　　　　　　　XADD　mem, reg
XCHG	交换（exchange） O D I S Z A P C _ _ _ _ _ _ _ _ 交换源操作数和目的操作数的内容。 指令格式： 　　XCH　reg, reg　　　　　　　　XCH　mem, reg 　　XCH　reg, mem

XLAT XLATB	字节转换(translate byte) O D I S Z A P C ☐☐☐☐☐☐☐☐ AL 中的值作为由 DS：BX 指向的一张表的索引,该索引指向的字节送至 AL。可以使用操作数指定一个段超越前缀。XLATB 可以用 XLAT 代替。 指令格式： 　　XLAT　　　　　　　　　　　　　XLAT　segreg：mem 　　XLAT　mem　　　　　　　　　　XLATB
XOR	异或(exclusive or) O D I S Z A P C 0 ☐ * * ? * 0 源操作数的每位同目的操作数的对应位进行异或操作。只有当原操作数的数据位与目的操作数的对应位不同时结果才为 1。 指令格式： 　　XOR　reg, reg　　　　　　　　　XOR　reg, imm 　　XOR　mem, reg　　　　　　　　XOR　mem, imm 　　XOR　reg, mem　　　　　　　　XOR　accum, imm

附录 D　DOS 功能调用(INT 21H)

表 D.1　DOS 功能调用(INT 21H)

AH	功能	入口参数	出口参数
00	程序终止	CS = 程序段前缀地址	
01	键盘输入并回显		AL = 输入字符的 ASCII 码
02	显示输入字符	DL = 输出字符的 ASCII 码	
03	从 COM1 读一个字符		AL = 从通信口获得的字符
04	向 COM1 写一个字符	DL = 输出字符的 ASCII 码	
05	打印机输出	DL = 打印字符的 ASCII 码	
06	直接控制台 I/O	DL = FF(输入) DL = 字符的 ASCII 码(输出)	AL = 输入字符的 ASCII 码
07	键盘输入无回显		AL = 输入字符的 ASCII 码
08	键盘输入无回显并检测 Ctrl – Break		AL = 输入字符的 ASCII 码
09	显示字符串	DS：DX = 串首地址,串结束符" $ "	

续表 D.1

AH	功能	入口参数	出口参数
0A	键盘输入到缓冲区	DS：DX = 缓冲区首地址 (DS：DX) = 缓冲区的长度 < = 255	(DS：DX + 1) = 实际键入字符数
0B	检测键盘状态		AL = 00H（有输入），FFH（无输入）
0C	清除输入缓冲区并调用键盘功能	AL = 01H，06H，07H，08H 或 0AH	见 01H，06H，07H，08H 或 0AH 的出口
0D	磁盘复位		删除磁盘缓冲区的所有文件名
0E	选择默认的磁盘驱动器	DL = 驱动器号（0 = A：、1 = B：、…）	AL = 驱动器总数
0F	打开文件	DS：DX = FCB 首地址	AL = 00H，文件找到 AL = FFH，文件未找到
10	关闭文件	DS：DX = FCB 首地址	AL = 01H，关闭成功 AL = FFH，目录中未找到文件
11	查找第一个项目	DS：DX = 待查找的 FCB 首地址 （文件名可带通配符 * 和?）	AL = 00H，文件找到 AL = FFH，文件未找到
12	查找下一个项目	DS：DX = 待查找的 FCB 首地址	AL = 00H，文件找到 AL = FFH，文件未找到
13	删除文件	DS：DX = 待删文件的 FCB 首地址	AL = 00H，删除文件成功 AL = FFH，文件未找到
14	顺序读	DS：DX = FCB 首地址	AL = 00H，读文件成功 AL = 01H，文件尾，记录中无数据 AL = 02H，DTA 空间不够 AL = 03H，文件结束，记录不完整
15	顺序写	DS：DX = FCB 首地址	AL = 00H，写文件成功；AL = 01H，盘满 AL = 02H，DTA 空间不够

续表 D.1

AH	功能	入口参数	出口参数
16	建立文件	DS：DX = FCB 首地址	AL = 00H，建立文件成功 AL = FFH，无磁盘空间
17	该文件名	DS：DX = FCB 首地址 (DS：DX + 1) = 旧文件名 (DS：DX + 17) = 新文件名	AL = 00H，成功 AL = FFH，不成功
19	取默认的磁盘驱动器		AL = 默认的磁盘驱动器
1A	置 DTA 地址	DS：DX = FCB 首地址	
1B	取默认驱动器 FAT 信息	3B	AL = 每簇的扇区数 DS：BX = FAT 标识字节 CX = 物理扇区的大小 DX = 默认驱动器的簇数
1C	取任一驱动器 FAT 信息	DL = 驱动器号	同上
21	随机读	DS：DX = FCB 首地址	AL = 00H，读文件成功 AL = 01H，文件尾，记录中无数据 AL = 02H，缓冲区溢出 AL = 03H，缓冲区不满
22	随机写	DS：DX = FCB 首地址	AL = 00H，写文件成功 AL = 01H，盘满 AL = 02H，缓冲区溢出
23	测定文件的大小	DS：DX = FCB 首地址	AL = 00H，成功，文件长度填入 FCB AL = FFH，文件未找到
24	设置随机记录号	DS：DX = FCB 首地址	
25	设置中断向量	DS：DX = 中断向量 AL = 中断类型号	
26	建立程序段前缀(PSP)	DX = 新的程序段的段前缀	
27	随机块读	DS：DX = FCB 首地址 CX = 记录数	AL = 00H，读文件成功 AL = 01H，文件结束 AL = 02H，缓冲区小，传输结束 AL = 03H，缓冲区不满

续表 D.1

AH	功能	入口参数	出口参数
28	随机分块写	DS：DX = FCB 首地址 CX = 记录数	AL = 00H，写文件成功 AL = 01H，盘满 AL = 02H，缓冲区溢出
29	分析文件名	ES：DI = FCB 首地址 DS：SI = ASCII Z 串地址 AL = 控制分析标志	AL = 00H，标准文件 AL = 01H，多义文件（可带通配符） AL = 03H，非法盘符
2A	取日期		CX = 年 DH：DL = 月：日（二进制）
2B	设置日期	CX = 年（1980 ~ 2099） DH：DL = 月：日（二进制）	AL = 00H，成功 AL = FFH，无效
2C	取时间		CH：CL = 时：分 DH：DL = 秒：1/100 s
2D	设置时间	CH：CL = 时：分 DH：DL = 秒：1/100 s	AL = 00H，成功 AL = FFH，无效
2E	置磁盘自动读写标志	AL = 00（关闭标志） AL = 01（打开标志）	
2F	取磁盘缓冲区的首地址		ES：BX = 磁盘缓冲区的首地址
30	取 DOS 版本		AH = 发行号 AL = 版本号
31	终止并驻留	AL = DOS 返回码 DX = 驻留区大小	
33	检测 Ctrl – Break	AL = 00 取状态 AL = 01 置状态 DL = 00 关闭检测 DL = 01 打开检测	DL = 当前 Ctrl – Break 状态
35	读取中断向量	AL = 中断号	EX：BX = 中断向量
36	取空磁盘空间	DL = 驱动器号	失败：AX = FFFFH，驱动器无效 成功：AX = 每簇扇区数 　　　　BX = 有效簇数 　　　　CX = 每扇区字节数 　　　　DX = 驱动器上的簇数

续表 D.1

AH	功能	入口参数	出口参数
38	返回国家代码	DS：DX = 信息区首地址 AL = 00 当前国家代码 BX = 16 位的国家代码	AX = 错误代码 BX = 国家代码
39	创立子目录	DS：DX = ASCII Z 串地址	AX = 错误代码
3A	删除子目录	DS：DX = ASCII Z 串地址	AX = 错误代码
3B	更改子目录名	DS：DX = ASCII Z 串地址	AX = 错误代码
3C	创建文件	DS：DX = ASCII Z 串地址 CX = 属性字	
3D	打开文件	DS：DX = ASCII Z 串地址 AL = 访问码（0 读、1 写、2 读/写）	失败：AX = 错误代码 成功：AX = 文件句柄
3E	关闭文件	BX = 文件句柄	失败：AX = 错误代码
3F	读文件	DS：DX = 数据缓冲区地址 BX = 文件句柄 CX = 读取字节数	失败：AX = 错误代码 成功：AX = 实际读取的字节数
40	写文件	DS：DX = 数据缓冲区地址 BX = 文件句柄 CX = 要写入的字节数	失败：AX = 错误代码 成功：AX = 实际写入的字节数
41	删除文件	DS：DX = ASCII Z 串地址	失败：AX = 错误代码
42	移动文件指针	AL = 移动方式（0、1、2） BX = 文件句柄 CX：DX = 指针移动的字节数	失败：AX = 错误代码 成功：AX = 实际移动的字节数
43	读/写文件属性	DS：DX = ASCII Z 串地址 AL = 0 读文件属性 AL = 1 写文件属性 CX = 属性字	失败：AX = 错误代码 成功：CX = 属性字
44	I/O 设备控制	AL = 0 取状态 　AL = 1 置状态 DX AL = 2 读数据 　AL = 3 写数据 AL = 6 取输入状态 　AL = 取输出状态	失败：AX = 错误代码 成功：DX = 设备信息
45	复制文件句柄	BX = 当前文件句柄	失败：AX = 错误代码 成功：AX = 复制的文件句柄
46	人工复制文件句柄	BX = 当前文件句柄 CX = 新文件句柄	失败：AX = 错误代码

续表 D.1

AH	功能	入口参数	出口参数
47	读当前路径	DL = 驱动器号 DS：SI = ASCII Z 串地址	失败：AX = 错误代码 成功：（DS：SI）= ASCII Z 串地址
48	分配内存空间	BX = 申请的内存段的容量 CX = 新文件句柄	失败：BX = 最大可用空间 成功：AX = 分配内存首地址
49	释放内存空间	EX = 内存起始段地址 CX = 新文件句柄	失败：AX = 错误代码
4A	调整已分配的内存块	BX = 新请求内存块的容量 ES = 原内存块起始地址	失败：AX = 错误代码 BX = 最大可用空间
4B	装配或执行程序	AL = 功能号 ES：BX = 参数块地址 DS：DX = ASCII Z 串地址	失败：AX = 错误代码
4C	带返回码终结程序		AL 表示程序是否正常终止的代码 AL = 0 正常终止 AL = 1 用 Ctrl + C 键终止 AL = 2 严重设备出错终止 AL = 3 用 AL = 31H 终止 AL = 0FFH CPU 出错引起的终止
4D	读取返回代码		AX = 返回错误代码
4E	查找第一个匹配文件	DS：DX = ASCII Z 串地址 CX = 文件属性	若 CF = 1 表示未找到文件 AX = 出错代码(02、18)
4F	查找下一个匹配文件	DS：DX = ASCII Z 串地址	若 CF = 1 表示未找到文件 AX = 出错代码(18)
50	设置程序段前缀地址	BX = 新 PSP 偏移地址	
51	获得 PSP 地址		BP = 当前 PSP 段地址
54	读磁盘校验标志		AL = 当前标志值(00 校验关闭，01 校验开启)
56	更改文件名	DS：DX = 旧 ASCII Z 串地址 ES：DI = 新 ASCII Z 串地址	AX = 出错代码(03，05，17)
57	读/置文件日期和时间	AL = 功能号(0 读取，1 设置) BX = 文件句柄 CX = 新时间 DX = 新日期	失败：AX = 出错代码 成功：CX = 时间 DX = 日期

续表 D.1

AH	功能	入口参数	出口参数
58	取/置分配策略码	AL = 0 取码 AL = 1 置码(BX)	失败：AX = 出错代码 成功：AX = 策略码
59	取扩展的错误码		AX = 扩展的错误码 BH = 错误类型 BL = 建议的处理方法 CH = 出错设备代码
5A	建立临时文件	CX = 文件属性字 DS：DX = ASCII Z 串地址	失败：AX = 错误代码 成功：AX = 文件句柄
5B	创建一个 DOS 文件	CX = 文件属性字 DS：DX = ASCII Z 串地址	失败：AX = 错误代码 成功：AX = 文件句柄
5C	文件内容加锁/开锁	BX = 文件句柄 CX：DX = 加锁/开锁区域的偏移地址 SI：DI = 文件长度 AL = 00 加锁 AL = 01 开锁	失败：AX = 错误代码
5E	网络/打印机	AL = 00(得到网络名) DS：DX = 包含网络名称的 ASCII Z 串地址	若 CF = 1，表示出错 若 CF = 0，CL = netBIOS 名称号
		AL = 02(定义网络打印机) BX = 重定向列表 CX = 设置串的长度 DS：DX = 打印机设备的缓冲区地址	若 CF = 1，表示出错
		AL = 03(读网络打印机设置串) BX = 重定向列表 DS：DX = 打印机设备的缓冲区地址	若 CF = 1，表示出错 若 CF = 0，CX = 设置串的长度 ES：DI = 打印机设备的缓冲区地址
62	得到程序段前缀地址		BX = 当前程序段地址
65	得到扩展的国别信息	AL = 功能代码 ES：DI = 接收信息的缓冲区地址	若 CF = 1，表示出错 CX = 国别信息长度
66	得到/设置代码页	AL = 功能代码 BX = 代码页号	若 CF = 1，表示出错 BX = 活动的代码页号 DX = 默认的代码页号

续表 D.1

AH	功能	入口参数	出口参数
67	设置句柄计数	BX = 请求的句柄数	若 CF = 1，表示出错
68	提交文件	BX = 提交文件的句柄号	CF = 0，日期、时间标志写入目录 CF = 1，表示出错
6C	扩充的打开文件	AL = 00 BX = 打开模式 CX = 属性 DX = 打开标志 DS：SI = ASCII Z 串文件名首地址	CF = 1，则 AX = 出错代码 CF = 0，AX = 句柄 CX = 0001H，文件存在并已打开 CX = 0002H，文件不存在，但已创建

附录 E　BIOS 功能调用

表 E.1　BIOS 功能调用

INT	AH	功能	入口参数	出口参数
10	0	设置显示方式	AL = 00 40×25 黑白文本 AL = 01 40×25 彩色文本 AL = 02 80×25 黑白文本 AL = 03 80×25 彩色文本 AL = 04 320×200 彩色图形（EGA、VGA） AL = 05 320×200 黑白图形（EGA、VGA） AL = 06 640×200 黑白图形 AL = 07 80×25 单色文本方式 AL = 08 160×200 16 色图形（PCjr） AL = 09 320×200 16 色图形（PCjr） AL = 0A 640×200 16 色图形（PCjr） AL = 0D 320×200 彩色图形（EGA、VGA） AL = 0E 640×200 彩色图形（EGA、VGA） AL = 0F 640×350 单色图形方式 AL = 10 640×350 彩色图形 AL = 11 640×480 单色图形方式 AL = 12 640×480 16 色图形（EGA、VGA） AL = 13 320×200 256 色图形（EGA、VGA）	

续表 E.1

INT	AH	功能	入口参数	出口参数
10	1	置光标位置	$(CH)_{0-3}$ = 光标起始行 $(CL)_{0-3}$ = 光标结束行	
	2	置光标位置	BH = 页号 DH、DL = 行、列	
	3	读光标位置	BH = 页号	CH = 光标起始行 DH、DL = 行、列
	4	读光笔位置		AH = 0 光笔未触发或未放下 AH = 1 光笔触发或放下 CH = 像素行（0~348） BX = 像素列（0~316 或632） DH = 字符行（0~24） DL = 字符列（0~39 或79）
	5	置显示页	AL = 页号	
	6	文本窗口上卷	AL = 上卷行数（AL = 0 时，卷动全屏） BH = 卷入行的文本属性 CH = 窗口左上角行号（0~24） CL = 窗口左上角列号（0~79） DH = 窗口右下角行号（0~24） DL = 窗口右下角列号（0~79）	
	7	文本窗口下卷	AL = 下卷行数（AL = 0 时，卷动全屏） BH = 卷入行的文本属性 CH、CL、DH、DL 均同 AH = 07H	
	8	读光标位置的字符和属性	BH = 显示页号	AH = 字符属性 AL = ASCII 字符
	9	在光标位置显示字符和属性	BH = 显示页号 BL = 属性（文本）或彩色值（图形） AL = ASCII 字符 CX = 字符重复次数	
	A	在光标位置显示字符	BH = 显示页号 AL = ASCII 字符 CX = 字符重复次数	

续表 E.1

INT	AH	功能	入口参数	出口参数
	B	置彩色调色板	BH = 所置彩色调色板 ID BL = 和 ID 配套使用的颜色值	
		置 CGA 调色板	BH = 0，则 BL = 图形底色（0~15）或文本边缘彩色（0~15）；BH = 1，则 BL = 调色板号（0 或 1）	
	C	写像素点	AL = 颜色号 BH = 页号 CX = 像素点的列号（0~319 或 639） DX = 像素点的行号（0~199 或 479）	
	D	读像素	DX = 像素点的行号（0~199 或 479） CX = 像素列号（0~639） AL = 像素值	
	E	显示字符	AL = ASCII 字符 BH = 页号 BL = 字符颜色（前景色）	
	F	取当前显示方式		AH = 显示列数 AL = 显示方式
	10	置 EGA 调色板寄存器	AL = 0，置单个调色板寄存器 BL = 调色板寄存器 BH = 彩色数据 AL = 1，置边框色彩 BH = 彩色数据 AL = 2，置全部调色板寄存器 ES：DX = 调色板寄存器 AL = 3，闪烁/亮度控制 BL = 0（允许底色加亮） BL = 1（允许底色闪烁） AL = 7，读单个调色板寄存器（VGA） AL = 8，读置边框彩色寄存器（VGA） AL = 9，读全部调色板寄存器（VGA） ES：DS = 指向 17B 数据表地址	BH = 调色板寄存器值 BH = 边框色彩寄存器值 存在［ES：BX］的 17B
	11	装入字符发生器	AL = 各种装入方式	
	12	取 EGA 状态	BL = 各种子功能号	

续表 E. 1

INT	AH	功能	入口参数	出口参数
13		显示字符串	BH = 显示页号 ES：BP = 串首地址 CX = 串的长度 DH、DL = 串的起始行、列 AL = 0，BL = 所有字符的属性，光标返回起始位置 串：char, char,… AL = 1，BL = 字符属性，光标随动 串：char, char,… AL = 2，包含 ASCII 字符及其属性的字符串，光标返回起始位置 串：char, attr, char, attr,… AL = 3，包含 ASCII 字符及其属性的字符串，光标随动 串：char, attr, char, attr,…	
11		设备检测	.	AX = 返回值，其中个位含义： B0 = 1，有磁盘 B1 = 1，有协处理器 B4、B5，各种彩显板 B4B5 = 01，40 × 25BW（彩显板） B4B5 = 10，80 × 25BW（彩显板） B4B5 = 11，80 × 25BW（黑白板） B6，B7 = 软盘驱动器号 B9 ~ B11 = RS – 232 板号 B12 = 游戏适配器 B13 = 串行打印机 B14、B15 = 打印机号
12		测定存储器容量		AX = 字节数（KB）
13	2	读磁盘	AL = 扇区数 CH、CL = 磁道号、扇区号 DH、DL = 磁道号、驱动器号 ES：BX = 数据缓冲区首地址	读成功：AH = 0 AL = 读取的扇区数 读失败：AH = 出错代码

续表 E. 1

INT	AH	功能	入口参数	出口参数
13	3	写磁盘	同上	写成功：AH = 0，AL = 写入扇区数 写失败：AH = 出错代码
	4	检查扇区	AL = 扇区数 CH、CL = 磁道号、扇区号 DH、DL = 磁道号、驱动器号	检验成功：AH = 0，AL = 检验的扇区数 检验失败：AH = 出错代码
	5	格式化磁道	ES：BX = 磁道地址	成功：AH − 0 失败：AH = 出错代码
14	0	初始化串行通信口	AX = 初始化参数 DX = 通信口号（0 或 1）	AX = 通信口状态 AL = 调制解调器状态
	1	向串行口读字符	AL = 字符 DX = 通信口号（0 或 1）	写成功：AH 的 B7 = 0 写失败：AH 的 B7 = 1 AH 的 B0 ~ B6 = 通信状态
	2	从串行口读字符	DX = 通信口号（0 或 1）	读成功：AH 的 B7 = 0，AL = 字符 读失败：AH 的 B7 = 1 AH 的 B0 ~ B6 = 通信状态
	3	取通信口状态	DX = 通信口号（0 或 1）	AX = 通信口状态 AL = 调制解调器状态
15	0	启动盒式磁带电动机		
	1	停止盒式磁带电动机		
	2	磁带分块读	ES：BX = 数据传输区首地址 CX = 字节数	AH = 状态字节 AL = 00，读成功 AL = 01，冗余校验错 AL = 02，无数据传输 AL = 04，无引导 AL = 80，非法命令
	3	磁带分块写	ES：BX = 数据传输区首地址 CX = 字节数	同上

续表 E. 1

INT	AH	功能	入口参数	出口参数
16	0	从键盘读字符		AH=扫描码 AL=字符码
	1	读键盘缓冲区字符		ZF=0：AH=扫描码， AL=字符码 ZF=1：缓冲区空
	2	取键盘状态字		AL=键盘状态字
17	0	打印字符，回送状态字	DX=打印机号 AL=字符	AH=打印机状态字
	1	初始化打印机，回送状态字	DX=打印机号	AH=打印机状态字
	2	取打印机状态字	DX=打印机号	AH=打印机状态字
1A	0	读时钟		CH：CL=时：分（BCD） DH：DL=秒：1/100 s（BCD）
	1	置时钟	CH：CL=时：分（BCD） DH：DL=秒：1/100s（BCD）	
	2	读实时时钟		CH：CL=时：分（BCD） DH：DL=秒：1/100 s（BCD）
	3	置闹钟	CH：CL=时：分（BCD） DH：DL=秒：1/100 s（BCD）	
	4	复位闹钟		

参考文献

［1］Irvine. 汇编语言 基于 x86 处理器 ［M］. 贺莲，龚奕利，译. 北京：机械工业出版社，2016.

［2］Detmer. 80x86 汇编语言基础教程 ［M］. 郑红，陈丽琼，译. 北京：机械工业出版社，2009.

［3］Irvine. Intel 汇编语言程序设计（第四版）［M］. 温玉杰，等译. 北京：电子工业出版社，2006.

［4］钱晓捷. 32 位汇编语言程序设计 ［M］. 北京：机械工业出版社，2016.

［5］Blum. 汇编语言程序设计 ［M］. 马朝晖，等译. 北京：机械工业出版社，2006.